创 新 设 计 思 维 与 方 法

丛书主编　何晓佑

# 联结性设计
## 过程可视化的产品设计

孔祥天娇　著

江苏凤凰美术出版社

**图书在版编目（CIP）数据**

联结性设计：过程可视化的产品设计 / 孔祥天娇著.
南京：江苏凤凰美术出版社，2025.6. -- (创新设计思
维与方法 / 何晓佑主编). -- ISBN 978-7-5741-3236-8

Ⅰ. TB472

中国国家版本馆CIP数据核字第2025C31E20号

责任编辑　孙剑博

编务协助　张云鹏

责任校对　唐　凡

责任监印　唐　虎

责任设计编辑　赵　秘

| | | |
|---|---|---|
| 丛 书 名 | 创新设计思维与方法 |
| 主　　编 | 何晓佑 |
| 书　　名 | 联结性设计：过程可视化的产品设计 |
| 著　　者 | 孔祥天娇 |
| 出版发行 | 江苏凤凰美术出版社（南京市湖南路1号　邮编：210009） |
| 制　　版 | 南京新华丰制版有限公司 |
| 印　　刷 | 南京新世纪联盟印务有限公司 |
| 开　　本 | 718 mm × 1000 mm　1/16 |
| 印　　张 | 20.25 |
| 版　　次 | 2025年6月第1版 |
| 印　　次 | 2025年6月第1次印刷 |
| 标准书号 | ISBN 978-7-5741-3236-8 |
| 定　　价 | 85.00元 |

营销部电话　025-68155675　营销部地址　南京市湖南路1号
江苏凤凰美术出版社图书凡印装错误可向承印厂调换

# 前言

　　需求的升级、问题的跨界、社会结构的变革要求设计及设计研究也要加速转变，在这样的时代背景下，使得人们开始从研究设计对象本身到研究设计背后的关系和成因，并在设计研究领域也开始注重了解设计活动中所运用或涉及的认知机制，尤其是对设计过程在思维层面的定量化挖掘，希望可以通过研究来了解设计过程中复杂的心理活动和认知现象。联结性设计思维是贯穿设计过程始终的思维活动，而如何记录并分析联结性设计思维对建立设计认知具有重要意义。因此本书通过设计思维的联结性特征，解析复杂的设计内涵，探索抽象的思维活动，对设计的内容与结构、团队合作关系、设计创新力等与之相关的关键设计因素进行深入分析和实验，对创新设计思维与方法的研究具有重要的学术价值和应用价值。

　　本研究主要针对联结性设计思维对设计过程的记录与分析等复杂的认知问题，在设计过程中选取了蕴含丰富信息的思维数据，并通过构建联结模型实现思维数据的结构性转化和设计推理过程中信息挖掘，从而对设计过程中的联结性思维进行深入研究。基于原案分析法和联结模型的联合运用实现了设计过程从语言到图表的转化以及思维的可视化表达，编码系统和关联机制的拓展分析深入剖析了联结性设计思维的表现，促进了对设计认知隐性知识的显化表达，并通过可视化的方式呈现出在设计过程中所体现的联结性思维。

　　最后通过实验收集设计结构图形、联结密度、团队合作效率、设计过程中的关键步骤、关键路径以及创造力体现等具体设计参数，验证分析联结性设计思维在推理过程中的机制和特征，将复杂的设计思维过程可视化，有助于设计师及团队用理性、逻辑和验证的方法分析展开的设计过程，分析其中的优势和不足，进而便于进一步优化设计中遇到的问题。

# 目录

# 绪论

## 第一节　研究背景与研究问题

### 一、研究背景

　　进入 21 世纪后工业社会与全球化时代以来，高速发展的高科技产业使得设计产业呈现出复杂化和多领域耦合的特征，所有领域的设计师都面临着比以往更大的不确定性，他们必须应对许多未知因素，以及灵活应对连续变化的新需求。社会结构的变革要求设计及设计研究也要加速转变，传统的设计方法和工具不能满足新社会环境下的改变，对设计师及团队解决系统性复杂的新问题，解决问题的创造力、适应力与整合力、控制力也提出了更高的要求。这一变革为跨学科及跨领域合作创造了有利的环境，设计活动也逐渐由"单一"的设计师团队演变成多学科团队协同的创新行为，这对设计思维的研究及认知过程的分析提出了新的要求。然而，传统的设计研究侧重于通过对实践经验的总结，以及对设计师灵感、直觉等潜能的挖掘，但在时代发展的今天，生存语境发生的巨大变化使人们开始从研究设计对象本身到研究设计背后的关系和成因，在设计研究领域开始注重了解设计活动中所运用或涉及的认知机制，尤其是对设计过程在思维层面的定量化挖掘，例如从事心理实验、收集分析数据、试图解释设计过程中复杂的心理活动和认知现象。只有深入探究设计过程和相关现象的本质，才能进而探索设计过程中概念的产生、方案的演化、创造力的形成条件以及设计过程的内容和结构对设计结果的影响等。

　　设计是由人类的认知来操控问题解决的过程。[1] 对于设计的理解也可以从内外两个角度来看，一个是从内在的心智活动过程来看待设计本身，另一个是根据外在的目标对象来分析。其中，内在的心智活动就是设计者在内心所进行的所有思量、推理和权衡；外在的则体现在设计者为了达到某些目的所创造出的实物。前者的内在过程是指逻辑性的心智推理活动，后者则是心智活动之后所得到的结果。设计者在心智层面经过对一系列信息的系统化处理，在心中合成一个结果，进而创造出一个能满足一定要求的人造物品。而这些在设计者的内心所经历的心智过程就是设计学界所称之为的设计思维。研究设计思维的目的在于探讨设计师做

---

1 陈超萃. 风格与创造力：设计认知理论 [M]. 天津：天津大学出版社，2016：65.

设计时，整个智慧酝酿、知识运作、寻找策略、交付行动并付诸实现的心智现象。在对设计思维探索性的研究中，研究者发现对实际设计行为的良好描述对于理解思维的进展至关重要，因为它发生在真实的设计实践中。对描述性理论的发展可为设计理论和方法提供依据，为提高设计效率和设计质量提供指导。[2]

由此可以看出，设计过程需要经过一系列的心智运作，操控智慧去解决所面临的设计问题。在设计过程中，设计者需要通过感知获取设计信息；同时利用自身的意识进行分析、处理各项数据，从而得到满意的设计结果。整个设计过程充满随机性和复杂性，因此想要对设计过程进行深入分析，就需要将各设计阶段进行有序排列，梳理多样化的设计发展脉络，如果能将设计过程变得透明化，则设计大师的思路可以公开作参考，也能为设计初学者提供学习的机会。而且透明的设计过程也可提出可视的清晰依据以做明确的历程回溯，成为提供设计修改和评估的依据。尤其是在团队设计过程中，许多研究指出，很多设计师都不记得群体之间是如何发展出此主要的设计概念，他们虽然试图回想当时是由哪一个个体第一个所提出，但通常都力有未逮。[3]为解决类似的问题，就必须用一些实证性研究方法加上分析性科学步骤，逐步地分析设计的过程。因此，设计研究需转向科学性探讨设计的"思考过程"的新方向。

中外学者研究"设计思维"的根源，亦即思考的方式，已经有数十年，不少研究成果已出版。例如从解题理论、人类认知以及"信息理论学"等角度切入，解释设计是如何形成的，设计者用什么方法创造出一个设计成果以及如何能精确地形容设计从头到尾生成的因果关系，等等。虽然经过这么多年许多学者投入心血的研究，设计思维和设计过程也总是被谈及，但设计过程的本质、设计师到底是怎样思考的，设计师在设计过程中都产生了哪些想法，想法和想法之间有没有关联，然后又做了哪些决定，做这些决定的依据是什么，这些问题仍是当前学界的聚焦议题，始终没有一个明确而且科学化的结论。因此，这就是本选题的研究起始点，希望能够抓住这个机遇，回顾传统的研究结果，反思已用的研究方法，复审走

2 侯悦民，季林红 . 设计科学：从规范性到描述性 [J]. 科技导报，2017, 35(22): 25-34.
3 Bryan Lawson. Design in Mind[M]. New York: Architectural Press, 1994(9): 107.

过的方向，特别是在设计的角度切入方面。只有在设计认知被充分定义及了解以后，才能确切地分析设计思维的本质及创造力是如何发生的，从而更好地为设计者提供设计过程的反馈与指导。

## 二、研究问题

思维是在大脑中运行的，在以往的概念里，人类的大脑就像一个黑箱子，无法透明地显示出其思考的过程，然而认知科学领域的发展突破了这一局限。认知科学是一门研究关于信息在大脑中如何形成并完成转路过程的综合性学科，它指出人的行为都被一个相应的思维过程所支配，人类行为的变化是可观察的，并且通过行为的变化可以推断出人的内心活动和思维过程。[4]近年来，认知科学已经在设计领域的研究里产生一些作用。它对设计者如何认知设计问题、如何学习设计方法、如何产生有效的设计成果、如何在设计中使用不同的解决方法等，都产生了一些研究成果。如果将这种方法应用到对于设计思维的研究中，便可以把原本抽象的思维过程可视化、具体化，进而可进一步优化具体的逻辑推导过程。将设计思维过程可视化能够对理解设计过程的内容和结构带来方便，如观察设计前期阶段多重信息的分析与综合、中期阶段主要概念的提出、后期阶段细节的演化与处理等。尤其在多人合作或者多团队合作的情况下，将复杂的设计思维过程可视化，有助于设计师及团队用理性、逻辑和验证的方法分析展开的设计思维过程，分析其中的优势和不足，进而便于进一步优化设计过程中的问题。

目前对思维的研究方法有四种，分别为访谈、案例分析、问卷调查以及原案口语分析。任何一种数据收集法的基本考虑是所用方法必须有效，而且能科学化地证明任何研究思考所提的假说。因此，在本文的研究中，如何真实有效地收集数据，并科学化地分析验证设计思维的联结性特征，是首先要解决的问题。

在设计领域，设计创作与创意思考常被放在一起讨论，设计与创造力被视为有很大的相

4 李发权，熊德国，Tang XinKui，等 . 设计认知过程研究的发展与分析 [J]. 计算机工程与应用，2011, 47(20): 24–27, 37.

关性，[5] 每一个有创意的结果都可以追溯出好的想法。将设计过程图示化，便为追溯想法的来源提供了机会。联结性设计思维的概念是以创意的结果必然初始于一个想法及其后有许多与之相关的信息相连而成的假设为基点，如同玛格丽特·安·博登（Margaret Ann Boden）所认为，创造力是心智的过程，而非心智产品[6]。之后，阿什温·拉姆（Ashwin Ram）等人进一步指出创意结果并不是杰出的心智过程的结果，而是一连串的普通思考过程的结果[7]。霍华德·格鲁伯（Howard Gruber）也曾提到创造力从来就不是来自单一的步骤，而是一连串复杂的行动所造成的连锁反应[8]。同样，罗纳德·芬克（Ronald Fink）等人也认为创造力不只是单一的过程，而是许多心智过程集合成的创意发现。[9] 因此，本文第二个要验证的问题就是设计思维的联结性对设计结果以及创造力的影响，在科学地记录设计过程中各思维单元的联结关系后，探讨每个思维单元彼此之间的关系，识别设计过程中起到重要作用的关键步骤，分析关键步骤的内容及所在位置对设计结果和创造力形成的影响，或者找到过程中不足以解决问题而缺失的联结结构，以及步骤中所存在的问题，结果也将进而能够对设计教育和设计方法的运用进行反思。

5 范圣玺. 关于创造性设计思维方法的研究 [J]. 同济大学学报（社会科学版），2008, 19(6): 48–54, 61.

6 Boden, M. A. The Creative Mind: Myths and Mechanisms[M]. London: Abacus. New York: Basic.1990.

7 Ram, A., Wills, L., Domeshek, E., Nersessian, N. Understanding the Creative Mind: a Review of Margaret Boden's Creative Mind[J]. Aritificial Intelligence，1995(79): 111–128.

8 Gruber, H. E. Afterword, in D H Feldman (ed) Beyond Universals in Cognitive Development[M]. Ablex Publishing Corp., Norwood, NJ, 1980：177–178.

9 Finke, R. A., Ward, T. M. and Smith, S. M. Creative Cognition: Theory, Research, and Applications[M]. Cambridge. MA: MIT Press.1992.

## 第二节 研究现状及分析

### 一、国外研究现状

关于设计与思维的科学性研究，从欧洲文艺复兴之时起，就包含"工具论"和"本体论"两方面的含义，即设计是手段还是目的。[1] 自亚里士多德（Aristotle）创立"逻辑学"和"工具论"，至世界著名的科学家、哲学家和数学家笛卡儿（René Descartes，1596—1650）在《正确思维和发现科学真理的方法论》中提倡科学的研究，强调分析和演绎，设计开始作为一种人类改造世界的创造性活动的工具被逐渐系统化、科学化地研究和运用。[2] 1920 年之后，以乌尔姆造型学院倡导的探讨设计的科学方法就开始出现[3]，直到 1969 年赫伯特·西蒙（Herbert Simon）的《人工科学》正式提出设计是"人为事物的科学"，认为研究设计的手段应该由科学方法着手。[4] 自此，在设计研究领域初步建立了"应该用科学化方法有系统地研究设计"的观点。

真正具有现代意义的设计研究起源于 20 世纪 60 年代的现代设计方法运动，于 1962 年在英国伦敦皇家艺术学院（Royal College of Art）召开的"设计方法大会"是其标志性事件，四年后"设计研究学会"也在英国伦敦成立。[5] 与此同时，现代设计方法运动的先驱亚历山大·琼斯（Alexander Jones）在曼彻斯特大学创立了专门的设计研究实验室。阿舍尔（Archer）在位于伦敦的皇家艺术学院成立了设计研究系，他本人也成了设计研究领域的第一位教授。现代设计方法运动的源头可以追溯到"二战"后无法满足大量生产需求，生产设计的研究开始专注于如何达到有效的机械化以便改进生产效能。[6] 例如当时的工业设计就开始研究在设计中如何有系统地生产，让生产过程更为方便和有效率。[7] 20 世纪 50 年代到 60 年代，设计学习的

---

1 侯悦民，季林红，金德闻 . 设计的科学属性及核心 [J]. 科学技术与辩证法，2007, 24(3): 23–29.

2 赵江洪 . 设计和设计方法研究四十年 [J]. 装饰，2008(9): 44–47.

3 Nigan Bayazit. Investigating Design: A Review of Forty Years of Design Research[J].Design Issues, Vol.20, No.1, Winter 2004.

4 Simon H. Sciences of the Artificial[M]. 3rd ed. Cambridge: MIT Press, 1996.

5 赵江洪 . 设计和设计方法研究四十年 [J]. 装饰，2008(9): 44–47.

6 胡越 . 建筑设计流程的转变：建筑方案设计方法变革的研究 [M]. 北京：中国建筑工业出版社，2012: 22.

7 雷绍锋 . 中国近代设计史论纲 [J]. 设计艺术研究，2012, 2(6): 84–90, 117.

研究重点主要被设计中的系统理论及系统分析所影响，并且奠定了后来的"设计方法运动"的基础。[8] 系统理论及分析源于信息处理学和运筹学这两个研究学科中的理论，因此当时试图运用科学、理性的设计研究方法去改造传统设计方法，使设计真正成为一门在"知识上理性的、可分析的，部分可形式化的，部分经验性的，可讲授的"经验与形式共存的科学学科[9]，并且制定了一些系统性方法让设计师采用。

　　这一时期有两篇重要的文献资料，第一篇为工业设计师洁·西·琼斯（J. C. Jones）在第一届设计方法研讨会中发表的关于《系统设计的一种方法》一文。1950 年他利用人体工程学作为考虑因素，了解工程师在设计电子设备的过程中如何妥当地应对使用者的需求。当他研究发现工程师并没有考虑用户的行为时，他重新设计了工程师的设计过程，提议首先要满足使用者的需求，然后再去满足机器的运作需求。如此一个在设计中有次序的运用过程，让直觉设计和理性考虑并存的理念，就大致上被看成一种设计方法了。除了在设计过程中生成并应用设计方法外，琼斯提出设计师分析、综合并评估的重复循环式过程。这个概念中的分析期单元要求在分析问题的时段中，要为所有设计要求列出一份清单，细心研究这些要求的交互关系，梳理出一个理性的设计任务书；综合期是为每个设计任务寻找答案，并且做出一个合乎整体而且有最少冲突的设计解答；评估期是要测试所有已做出的可能解答的正确性，并选择最终的解决方法。这三个程序会依照所需要的功能，在设计中重复循环运作。他简单地形容重复出现的三个基本的设计行为阶段是"把问题打散成小问题（分析期）"，"把这些小问题以新方法整合成一个整体（综合期）"，"测试以便发现实际应用新解法的后果（评估期）"。他所做的研究事实上有两个目的：其一为减少设计错误，减少重复设计及延误时间和人力上的浪费；其二做出更富想象力和更进步的设计结果。[10]

　　第二篇重要的成果是美国建筑设计师克里斯托弗·亚历山大（Christopher Alexander）提出的"模式语言"设计方法，发表在《建筑模式语言》上。模式语言的基本概念是解决设计

8 Nigel Cross.Developments in Design Methodology[M]. New York: John Wiley& Sons, 1984.
9 司马贺 . 人工科学：复杂性面面观 [M]. 武夷山，译 . 上海：上海科技教育出版社，2004: 3.
10 J. C. Jones. a Method of Systematic Design[M].Oxford: Pergamon Press, 1963: 53–73.

问题的方法，可由所选取的设计形态（模式）组合。其中大致包括一个"问题陈述"说明问题的总体脉络、一个明确列出规则的"解答"、一个大致示意解法的"草图"以及一个将解法和其他问题组合的"局部脉络说明"等四个部分。模式间的文法规则及模式形态里的内在解答，则不是已被套定的简单安排，每位设计师都可创造出自己的语言规律，并且分享。分享的语言经过演进，就可达到一个更完备的整体性。好的模式会被广为流传，而坏的模式也会被逐渐淘汰。因此，在这种情况下，经由设计师不断地持续性改变和修订，总会发展出一个完美、均衡，而且是全面性真实的整体环境。[11]

除此之外，在 1960—1970 年间为了有系统地管理设计过程而发展出程序性技术作为设计补助的研究类中，布鲁斯·阿彻（Bruce Archer）在《设计师的系统化方法》中提出用来解决工业设计问题的系统化模型。[12]他指出工业设计有六个连续阶段，分别是：①收集设计问题，分析问题，准备细节化的方案并评估预算；②收集数据，准备做出性能规格，重新理清所提方案及价格；③准备做出设计提案大纲；④发展设计的原型；⑤准备并执行对解决方案做验证性的研究；⑥准备厂家所需的制造规格文件。[13]这六个阶段理性上涵盖了从设计开始到结束完工的整个过程，并以一个完整的清单将工业设计过程里的 227 种可能活动列出，供工业设计师作为设计参考。阿彻的整个研究说明中，除系统方法论之外，解题理论及运筹学这两个学科也对其研究产生影响，这种影响显示出设计研究的科学性趋向。

然而在 20 世纪 70 年代，现代设计方法运动面临巨大考验，这期间的研究也被批评是只看结果没看手段，也仅仅是对过程的一般描述而已，并没有深刻切入到设计思维层面，亦即人类自然天性的核心。[14]包括亚历山大本人也指出这些"设计方法论"的观点对设计是没有帮助的，因为它缺乏能产生好建筑的设计动机和机会；同样地，琼斯也摒弃了设计方法论并

11 克里斯托弗·亚历山大 . 建筑模式语言：城镇、建筑、构造 [M]. 王昕度，周序鸿，译 . 北京：知识产权出版社，2002.
12 Nigel Cross.Developments in Design Methodology[M].UK: John Wiley and Sons Ltd, 1984: 57–82.
13 顾文波 . 工业设计中的系统设计思想与方法 [J]. 艺术与设计（理论），2011, 2(12): 116–118.
14 Chiu–Shui Chan. Phenomenology of Rhythm in Design[J]. Frontiers of Architectural Research, 2012, 1(3).

改变了他的研究方向。[15]20 世纪 80 年代初，有三个因素影响了设计方法论的研究，让研究产生了一些变化，开始倾向于研究"设计思考的方法"，并将重点变成了探讨设计活动及思考的本质。[16]

第一个因素是科学化研究法。此法希望学者有系统地、客观地去发现事实的本相，再用变量界定现象间的因果关系，并且归纳成普遍性的规则，使得他人可以依存利用这些科学知识做进一步的预测或进行更深入的发展。[17]第二个因素是学者开始注意到设计师的思考路程是和心理历程有密切关系的，并认为设计是一个解决问题的心理过程。为了要解决复杂的设计问题，使其符合使用者的需求，设计就必须是解题及做决策的心智活动。因此，对设计的研究，开始专注于发掘基本的智慧与认知，并以此为重心。[18]第三个因素是考虑将系统理论应用于设计的恰当性。在程序性的方法研究上，借由研究设计过程去了解设计活动的本性。另一方面，如果设计师要改进他们的设计程序，则要先对设计思考的方式有更深入的了解。[19]

20 世纪 80 年代之后，设计思维的研究开始集中于了解在设计活动中所运用或涉及的认知机制。[20]一系列设计思维研究的专业杂志相继问世，许多关于认知的研讨会也开始逐渐组成，最有名的是 1991 年在荷兰代尔夫特理工大学由英国设计研究学者奈杰尔·克罗斯（Nigel Cross）等人设立的设计思维研讨会。由于第一次会议举办成功，随后每两年依序召开，着重于研究设计能力的本质，设计师如何思索以及探讨以一般性的方法了解设计等。每次年会都有自己特别的主题，例如 1994 年在荷兰代尔夫特理工大学研究口语分析的运用[21]，1996 年在土耳其伊斯坦布尔科技大学研究描述性的设计模型[22]，1999 年在麻省理工学院的表征研究[23]，

15 Marc J de Vries，Nigel Cross，D.P. Grant. Design Methodology and Relationships with Science[M]. Springer Science & Business Media.1993: 15–27.

16 陈超萃，风格与创造力：设计认知理论 [M]. 天津：天津大学出版社，2016: 33.

17 Pahl G, Beitz W, Feldhusen J, et al. Engineering Design: A Systematic Approach[M]. Springer, 2007.

18 Cross N. Forty Years of Design Research[J]. Design Studies, 2007: 28(1): 1–4.

19 Grant D P. Design Methodology and Design Methods[J]. Design Methods and Theories, 13(1): 46–47.

20 认知机制指的是认知过程中所包含的认知元素操作，也因为使用或运用这些认知元素而产生认知结果。

21 Nigel Cross, Henri Christiaans and Kees Dorst. Analysing Design Activity[M].Chichester, UK: John Wiley &Sons, 1996.

22 Akino. Descriptive Models of Design[J].Special issue of design studies, 1997, 18: 4.

23 Goldschmidt Gabriela, Porter William L. Design Representation[M].london: Springer Verlag, 2004.

2001 年在荷兰代尔夫特理工大学研究跨领域运用 [24]，2003 年在悉尼科技大学研究专家设计师的设计本质 [25]，2007 年在伦敦艺术大学研究如何分析设计 [26]，2010 年在悉尼解析不同领域的设计思考 [27] 以及 2012 年在英国诺桑比亚大学对一个给予的设计课题会产生所有的不同反应的分析 [28] 等。这些研究也将设计思维带到另一个境界，并对思维的研究给予高度评价，列成与其他研究领域并驾齐驱的个别领域。

## 二、国内研究现状

我国在现代设计思维与方法领域的研究相较于西方发达国家起步较晚。1984 年，中国现代设计方法研究会成立，并在同年召开了首次会员代表大会。中国现代设计方法研究会的成立对于我国现代设计理论以及现代设计方法的研究起到了重要推动作用。[29] 在这次大会之后，国内的报纸、期刊上出现了许多与设计理论有关的专栏，比如《光明日报》《机械设计》以及《科学与人》等。中国建筑工业出版社于 1985 年出版了"现代设计法"丛书。1987 年，辽宁出版社推出了"科学方法论"丛书 [30]。同年，中国建筑工业出版社出版了"现代设计法丛书"，该系列丛书由戚昌滋和胡元昌编写，是国内最早一批对现代设计方法进行介绍的丛书。[31]

从国内的学术和出版情况来看，我国关于设计思维的研究多为对国外研究的介绍，文章内容大多针对具体的设计方法，图书也多为教材类的。拥有独特视野且系统性较强的理论专著近几年才慢慢出现，比如陈超萃于 2008 年出版的《设计认知——设计中的认知科学》，陈超萃于 2016 年出版的《风格与创造力：设计认知理论》以及胡飞于 2007 年出版的《中国传统设计思维方式探索》。随着设计实践的丰富，我国设计师与学者也开始深入研究有关设

24 Lloyd, P. and Christiaans, H. Designing in Context: Proceedings of Design Thinking Research Symposium[M]. The Netherlands: Delft University Press.2001.

25 Nigel Gross 著 . 设计师式认知 [M]. 任文永，陈实，译 . 武汉：华中科技大学出版社，2013: 91—92.

26 McDonnell, Janet and Lloyd, Peter.About: Designing – Analysing Design Meetings[M].UK: CRC Press, 2009.

27 Susan C. Stewart, Interpreting Design Thinking[J].Special issue of design studies, 2011, 32: 6.

28 Paul Rodgers, Articulating Design Thinking[M]. Libri Publishing Ltd, 2012, 4.

29 赵伟 . 广义设计学的研究范式危机与转向：从"设计科学"到"设计研究" [D]. 天津：天津大学，2012.

30 胡越 . 建筑设计流程的转变：建筑方案设计方法变革的研究 [M]. 北京：中国建筑工业出版社 .2012: 23.

31 陈玉和 . 设计科学：引领未来发展的科学 [J]. 山东科技大学学报（社会科学版），2012, 14(4): 1—10.

计思维与方法的问题，相关设计理论在学界引起越来越多的关注。如范圣玺教授在《关于创造性设计思维方法的研究》一文中，对设计思维与认知科学以及具有可操作性的创造性设计思维方法也做了探索和研究；此外，还有何晓佑教授于 2011 年在《南京艺术学院学报》上发表的《论互补设计方法》；李立新教授于 2010 年出版的《设计艺术学研究方法》以及刘征等人在 2010 年《浙江大学学报》上发表的《基于设计认知的草图研究综述》，等等。

　　设计思维与设计方法是高校博士论文研究持续关注的课题，近年来博士论文对这个领域的研究主要聚焦于创造性与创新、复杂性、系统观、思维结构等主题。其中，部分博士论文有《设计事理学理论、方法与实践》《基于多维特征和整体性认知的产品设计方法研究》《支持概念设计的手势描述和草图设计系统的研究》《建筑设计创新思维研究》《从概念到建成建筑设计思维的连贯性研究》《基于视觉传达设计领域的互补设计方法研究》等。此外，我国也翻译出版了一些国外的专著，如西蒙的《人工科学：复杂性面面观》、克罗斯的《设计思考：设计师如何思考和工作》、布莱恩·劳森的《设计思维：建筑设计过程解析》以及彼得·罗的《设计思考》等。

## 三、本课题对研究现状的补充与拓展

　　综上所述，能够看出国外对该领域的理论研究已经持续了半世纪之久，第一代设计研究从 60 年代受数学、运筹学和系统理论学的影响而研究系统的设计方法，但在战争后发现先前研究的所谓现代设计方法无法解决复杂的现实问题；到 80 年代后，第二代设计研究开始转向研究设计的本质。这个转向的变动采纳认知科学中的理论，先开始设定一些对设计现象及行为的假设，然后进行心理实验去测定、证明或修正这些假设。关于设计师"如何思考"这一课题仍是当前主要的研究潮流，也产生了许多深入的研究成果。但这些研究成果与设计实务或设计实践或多或少有些脱离，其研究结果多与抽象的设计原则、理论架构有关，很难直接应用到设计实践中。

　　本课题的预期成果不仅仅是抽象的设计原则、理论架构，也不是硬性的设计流程、解题程序，而是通过梳理与联结性设计思维相关的设计理论、设计方法以及模型，讨论联结性设计思维是如何影响设计过程的。其中重点通过原案分析法和联结设计模型，去讨论和研究联结性设计思维的形成原因以及运作方式。同时，在总结和分析联结性设计方法和模型的基础上，通过实验去进一步分析设计结构图形、联结密度、团队合作效率、设计过程中的关键步骤以及关键路径等设计参数是如何表征联结性设计思维并影响设计结果的。

# 第三节　研究目的与创新点

## 一、研究目的

英国开放大学的设计认知理论学教授奈杰尔·克罗斯在创意设计过程的研究中指出，对创意设计过程的研究方式皆从追溯设计概念发展历程的分析而来。[1] 本研究旨在以思维可视化的方法探究创造性发现及设计过程的本质，通过分析和理解"联结""联结性设计思维"的概念，借助认知心理学以及认知科学的相关研究方法，建立联结的转译与编码规则，构建利于认知行为分析、特征知识提取的结构性模型。本研究通过实证分析调查以下问题来收集关于设计过程中的联结性是如何影响设计结果及创造力的经验证据：设计想法或设计决策的联结关系、联结的密度、设计过程中的关键步骤和关键路径，以及关键步骤和其所在位置在对设计过程的内容和结构以及最终的设计结果产生了怎样的影响？通过识别这些联结的特性和所形成的联结结构，进一步理解设计推理过程中创造力和创新的发生条件。

在团队合作中，通过联结性设计模型记录设计想法的归属以及与其他想法之间联结的关系，追溯主要设计概念发展的缘起和历程，考量团队各成员的作用和贡献、互动的行为模式，将有助于设计团队的创新性评价、阶段性分析以及设计缺陷补充，从而指导完善设计过程，通过可视化信息的反馈更好地指导团队以及跨领域设计。

## 二、创新点

本文将从时间序列的角度描述设计全过程的认知活动，将思维之间的联结关系用图示化的语言呈现出来，追踪过程之间的关联性，实现对多样化设计认知和复杂设计过程的可靠评价。传统认知中，设计评价多与设计对象的使用体验和实际功能相关，而对设计主体认知的研究还未触及复杂设计问题的情境认知特征，更多的是停留在概念阐释层面。因此，本研究的重要任务是针对设计思维的复杂性特征，建构利于特征知识选取、设计思维分析的设计结构模型，并基于思维可视化实现对设计过程的深入分析与评价。

---

1 Nigel Cross. Descriptive Models of Creative Design: Application to an Example[J]. Design Studies, 1997, 18(4).

本文基于设计认知领域的研究背景，对设计过程中的思维数据进行筛选、提取与分析，通过构建联结模型实现思维可视化，从而深入研究联结性思维。本课题在研究角度、研究方法、研究成果三个方面具有特色与创新之处：

1. 研究角度的创新

在设计研究领域从关注设计对象本身到更加关注设计背后过程的背景下，由于设计师的认知构建是一个自下而上的过程，它基于对外部信息的感知再发展到设计相关概念演化，这个不断变化的过程时刻影响着认知。基于此思想，本课题提出以设计思维的联结性特征为主要研究对象，以"联结""联结性思维"和"联结性设计思维"的概念为基础，以研究知识概念发展演化的作用机理、揭示驱动认知变化的设计推理行为为目标，提出基于原案分析和链接表记构建的用于描述设计全过程的认知活动的联结模型；进而通过所形成图形特征对设计过程中的内容单元之间的联结性进行量化表达，主要包括联结图形、联结密度、关键步骤和关键路径的特征，由这些特征可以观察设计过程中设计想法的整体发展、重要想法产生在整个设计过程中所扮演的角色，以及详细检视设计推理过程。

2. 研究方法的创新

首先是对在"黑箱"中运行的设计思维进行可视化表达的方法创新。基于心理学领域对认知活动和知识记忆的相关研究，为联结性思维可视化提供理论基础。在经典的设计认知模型基础上将语义相关的知识应用到可视化思维模型中，应用原案分析法得到设计过程信息并由此建立联结性模型，从而更深入地对认知过程进行研究。特别是在当前由个人设计师的工作形态转向团队合作的背景下，多人多团队合作的情况中无法辨别群体之间是如何发展出其主要设计概念的现象普遍存在，他们虽然试图回想当时是由哪一个个体第一个所提出，但通常都力有未逮。采用原案分析法和联结模型将设计过程记录下来，可以追踪每个设计想法的归属和由来，通过可视化信息的反馈更好地指导团队以及跨领域设计。

其次是根据联结性设计模型的方法创新。设计过程的发展伴随着发散性思维和收敛性思维的相交运行，设计思维的联结性体现在问题空间和解决方案空间迭代和综合的过程中。观察和记录设计过程中思维、语言、草图、情境行为等各种信息，并选取跟方案相关的内容转译为设计单元，建立编码系统和联结机制，以外在形式呈现出设计认知规律，是获取设计认知特征信息数据的基础。

最后是特征量化分析的方法创新。通过图形特征呈现设计单元间的联结性关系，主要有设计过程的结构图形、联结密度、团队合作效率、设计过程中的关键步骤、关键路径以及创造力体现等具体参数的研究与实验，深入分析联结性设计思维在推理过程中的机制和特征，有助于设计师及团队用理性、逻辑和验证的方法分析展开设计过程，分析其中的优势和不足，进而便于进一步优化设计中遇到的问题。

### 3. 研究成果的创新

基于学界对设计思维以及"联结"这一概念的思考与研究，本论文的成果不是一成不变的解题程序或设计流程，而是兼具边界弹性、科学内核稳定性的实践指南和思维框架。针对设计认知思维的局限性，在一个能够反映复杂设计系统的模型框架上，指出联结性思维的设计着力点，获取过程数据的受力点以及多样化的发展路径，从而引导分析联结性思维是如何影响设计过程，对其中重要的设计参数做深入探究与实验。通过对设计数据的采集、编码与转译实现联结模型可视化表达并由此实现联结性认知的分解表达。最终通过设计结构、联结密度、关键步骤与关键路径的量化与定位捕捉，实现了对设计过程的综合分析，有效地验证联结性设计思维对设计过程产生的影响。

# 第四节 研究内容与研究方法

## 一、研究内容

依据本研究的问题与目的，文章共分为五个章节的内容。首先通过对文献资料进行分析、归纳，明确联结性设计思维的概念，深入理解与联结性有关的各项研究。发现联结性设计思维是设计过程必不可少的设计动作，同时联结性也是自然界乃至人类社会普遍存在的思维方式，这种思维方式更是植根于传统的中国文化当中。所以，在第一章中会对联结这一概念的中西方起源、多学科视角下的联结性研究以及在今天全球化视角下的联结性概念做深入分析。

其次，根据相关设计过程的研究和模型，对联结性设计思维的认知模式、创造力体现以及团队设计中的联结性思维模式进行深入研究和分析。

再次，通过对联结性设计思维的表达方法、记录方法、评价方法的研究，去总结联结性设计方法的应用范畴以及编码系统。同时，通过对联结性设计模型以及经典案例的分析，进一步讨论联结性设计思维是如何在设计过程中被记录和分析的。

最后，根据在前期研究中有待实践求证的问题，通过团队设计实践的方式进行实验。根据实验选题的设计、实验过程记录、联结设计模型构建以及实验结果分析等，对前期研究中所遇到与联结性方法、模型构建与分析等相关问题进行实践考证。

## 二、研究方法

依照研究目的和研究框架的设定，本文的研究方法主要针对数据收集和特征分析两个方面。具体方法如下：

1.原案分析法

结合口语报告法、个案分析和行动研究法，对语言交流、草图表达及肢体动作等进行全程录像及录音。口语报告法可直观地研究复杂设计认知行为，行动研究法则需要研究人员以观察者的身份实地参与设计活动，并以半结构访谈形式定向追访及补充表情和动作等非语言信息，从而提升数据的有效性和完整性。借助链接表展现整体设计过程并对编码后的数据进

**联结性设计思维与方法研究**

---

**第一章 "联结"的理解** — 理论基础

| 思想探源 | 多学科概念 | 设计基础理论 | 认知基础 |
|---|---|---|---|
| 西方文化 / 中国传统 / 化领域当今全球 | 系统学 / 社会学 / 心理学 / 设计学 | 知与设计认识认知科学 / 设计问题 / 化思维可视 | 号系统关联与符 / 散收思维效与发 / 合分析与综 |

---

**第二章 设计过程中的联结性思维研究** — 联结性设计思维与方法

| 设计过程 | 联结性设计思维的认知模式 | 联结性设计思维中的创造力 | 团队合作中的联结性设计思维 |
|---|---|---|---|
| 研究历程 / 研究内容与模型 / 构内容与结 | 表达思维的设计联结性 / 模式联结性的设计思维 / 表征联结性的设计思维 | 创造力 / 考创造性行设计中思维的 / 认知创造力中的设计 / 计思维设联结性 | 的计改变设计师角色与 / 维模式思团队设计合作 / 体现的计合作流程式设联结性中 |

---

**第三章 联结性设计的方法研究**

| 表达方法 | 记录方法 | 团队合作方法 | 评价方法 |
|---|---|---|---|
| 思维导图 / 概念图法 / 原案分析 | 原案转译 / 建立编码 / 联结类型 | 构和合作模型框架行为 / 通互动模式与沟 / 编合作码与系统原案 | 联结结构 / 创造力 / 团队合作 |

---

**第四章 联结性设计思维与方法的模型建构** — 模型构建

| 模型构建的前期基础 | 典型描述性模型的联结特征 | 联结模型的内容与特征 | 联结性设计模型的应用与分析 |
|---|---|---|---|
| 到描述性从规范性 / 设计问题空间 / 计模式决策与问题空间设 / 问题求解 | 识理论概念、知 / 模型概念依存 / 链接表 | 内容的联结建构 / 类型的联结关系 / 径与关键联结路步骤 | 联结图形 / 联结密度 / 的联结转折点构 |

---

**第五章 联结性设计方法的实证分析** — 实验检验

| 实验计划 | 实验内容 | 原案分析记录与模型生成 | 结果分析 |
|---|---|---|---|
| 定与实题目拟目的与实 / 准备与实验 / 受测者选择与实验 / 验限制说明与实 / 实验过程与实 | 第一组 / 第二组 / 第三组 | 编码系统 / 记录原案分析 / 型联结性的生成模 | 联结结构 / 与关键路径想法 / 创造力 / 合作关系 |

---

**结论**

0– 研究框架

行思维可视化分析，同时对应到设计节点内容，用网络进行概念关系的可视化以及语义概念的聚类展示。数据的可视化提供了设计认知的有效分析途径，更为直观地呈现了设计过程和语义概念的演化。

2. 观察与案例研究

观察与案例研究的研究方式通常着重在某一特定的设计案，并观察和记录其发展，探讨其因果关系等全面性的议题。为使案例的背景尽可能具有广泛的代表性，分别从设计教育和设计实践两个不同的设计师群体各挑选一个设计案例来做观察结果的验证和比较。对两个案例分别进行审视和讨论，最后根据分析的结果，对联结性设计思维与方法进行优化。

3. 特征量化分析

设计认知对概念分析和设计发展过程探索，由表及里揭示设计认知活动的联结性特征。通过原案分析方法对设计认知信息进行提取与记录，并以联结性设计认知特征的分析结果作为设计认知研究的支撑。

# 第一章　"联结"的理解

## 第一节　"联结"的思想探源

"联结（Association）"，在《现代汉语词典》（第六版）中的释义为联系、结合。"联"代表着有关联、有联系；"结"代表着相结合，即将两者或多者有关联的个人或事物结合在一起。在此基础上，联结有一个规定性的前提，即人物或事物之间存在着某些关联性。也就是说，联结是两个人或组织之间的联合性，或是在思考或"联想"两个（或多个）抽象概念或对象之间的连接性。

从词意的角度与相近词作比较，"联结"与"连接""链接"既有相似之处，也各有侧重点。在《现代汉语词典》（第六版）解释中，"连接"主要有两个意思，第一个意思是"（事物）相互衔接"，第二个是"使连接"；"联结"的意思则是"二者或多者结合（在一起）"，重在同质的关联与结合。"连接"主要描述的是事物之间头尾衔接处以及有所重合的部分；"联结"则强调的是有一种中间物质将两种事物结合、融合在一起。而"链接"这一概念是随着互联网的兴起而出现的，主要指通过互联网技术手段将不同的信息数据联系起来，一点击网址、文字、图片等就出现网页页面。从宏观的角度看"联结"的释义，宇宙以及世界的各种范畴，基本上都是同质并且交互影响的，这是"联结"关系产生的哲学基础。在这个基础上，本节将从西方文化、中国传统文化以及现如今全球化领域三个角度深入分析"联结"思想的溯源。

## 一、西方文化中的"联结"观

"联结"这一概念，最早源于柏拉图（Plato）和亚里士多德（Aristotle）的思想，他们在探究记忆、联想形式等问题时都曾界定过联结的不同形式。后来，这一概念的应用范围逐步扩大，约翰·洛克（John Locke）在《人类理解论》中首次采用了"观念的联结"概念。大卫·休谟（David Hume）在《人性论》提出联结的三种基本形式：相似联结、时空相邻联结及因果联结。

### 1. 亚里士多德的联结规律

联结作为西方近现代哲学和心理学研究的术语，最早出现在柏拉图（Plato）的《斐多篇》

中，他提出的联结形式作为记忆学说的一部分，启发了亚里士多德（Aristotle）所提出的联结要领和联结规律。[1] 所谓联想，即各种观念之间的联结。亚里士多德将联想和联结看成记忆或回忆发生的条件，认为一种观念的发生必然伴以另一种与它类似的、或相反的、或接近的观念发生。"当我们完成一个回忆的动作时，我们要经过一系列的先行动作，直到我们达到一个动作，在这个动作上，我们所追求的那个动作通常是随之而生的。因此，我们也同样是通过思维的训练，从现在或其他事物，从它的类似的、相反的或相邻的事物中获得启发。通过这个过程，怀旧得以实现。因为在这种情况下，运动有时是同一的，有时是同一时间的，有时是同一整体的一部分；因此，后来的运动已经完成了一半以上。"[2] 亚里士多德在这段话中指出了联想与联结的形成所遵循的原则即"接近""相似"和"对比"。相似律是指相似的观念易形成联结；对比律是指能够相互比较的观念易形成联结；接近律指的是时间或空间上接近的事物容易发生联结。联结规律对心理学和认知学研究的影响一直延续至今。

2. 洛克的观念联结论

英国经验主义哲学家约翰·洛克（John Locke，1632—1704）在 1690 年出版的《人类理解论》一书中对笛卡儿提出的天赋观念进行了驳斥，同时肯定了亚里士多德的观点，即人在出生时就如同一块白板（Clean Slate），心灵通过经验所获取的养料都是有关于推理和知识。[3] 洛克是西方哲学史上首次使用"联结"一词的人，他认为联结是观念的联合，之后，联结成了心理学中最常用的术语之一。洛克认为观念有两个来源：一是来自感觉，外物刺激人的感官引起感觉，从而获得外部经验；二是来自反省，人通过一种内心活动的反省来获得内部经验。[4] 洛克建立了一套联结论（Associationism），认为心理事件由联想规律所控制，而在意识中发生的一切由心理事件彼此之间的联结关系所决定。[5]

1 柏拉图. 柏拉图全集 [M]. 王晓朝，译. 第一卷. 北京：人民出版社，2015.
2 谢平. 探索大脑的终极秘密：学习、记忆、梦和意识 [M]. 北京：科学出版社，2018.
3 洛克. 人类理解论 [M]. 关文运，译. 北京：商务印书馆，1959.
4 顾凡及. 意识之谜的自然科学探索 [J]. 科学，2012，64(4)：43–46，63，4.
5 Koch C, Greenfield S. How does Consciousness Happen[J]. Scientific American.2007.

### 3. 休谟的《人性论》

英国哲学家大卫·休谟（David Hume，1711—1776）在《人性论》中提出联结的三种基本形式：相似联结、时空相邻联结及因果联结。休谟的观点是唯一可以使心灵超越感知的就是因果关系，而且它存在着必然联系。他认为，"只有因果能够产生这样一种联系，以至于使我们从一个客体的存在或行为可以肯定地相信有另外一个存在或行为跟随或超前于它；其他两种关系（等同关系、时空关系）从来没有能在思维中被如此运用，除非它们影响到它或受它的影响。"[6]

休谟认为，印象和观念只是知识的材料，它们本身还不是知识。知识的获得必须借助于心灵对各种知觉的"关系"的比较、判断和推理。因为联系（包括因果联系）并不存在于世界中，各知觉元素之间也是互相独立、没有任何联系的[7]，这就是观念原子主义。观念通过记忆和联想这两种心理活动被联系在一起，记忆将人类的观念保留下来，而联想又将各种观念进行分类和重组。由此，休谟提出了"联想原理"："想象可以自由地移置和改变它的观念。"[8]绝大多数的联结关系并不是杂乱无序的，而是需要遵循"自然规律"以及"普遍规则"。而联结活动是基于联想状态中原子状态的知觉相互作用、联系，从而使思维能动性变为可能。

### 4. 艾宾浩斯的记忆研究

赫尔曼·艾宾浩斯（Hermann Ebbinghaus）在理论上是联想主义者。但他作为一名实验心理学家，对记忆进行了系统的实验研究。他不同于英国联想主义心理学的地方是，他用实验的方法验证和证明了联想的规律，因此，他被称为是"现代联想心理学的开创者"。他用无意义音节作为实验材料研究了直接联想和间接联想、顺向联想和反向联想。他还发现联想

6 休谟. 人性论 [M]. 关文运，译. 北京：商务印书馆，2016.
7 托马斯·哈代·黎黑. 心理学史：心理学思想的主要流派 [M]. 蒋柯，胡林成，奚家文，等，译.6版.上海：上海人民出版社，2013.
8 休谟. 吕大吉，译. 人类理智研究 [M]. 北京：商务印书馆，1999：23–44.

是双向的，除了顺向联想外，还可以按相反的方向形成反向联想。艾宾浩斯与英国联想主义者的区别是他采用实验和统计的方法，把形成联想的过程和条件以及某些联想律做了比较深入和精确的分析研究。也就是说，他用实验的方法验证了哲学联想主义者的猜想和推理。

### 5. 桑代克的联结理论

爱德华·李·桑代克（Edward Lee Thorndike）是美国机能主义心理学家和动物心理学家。他是以研究动物开始其心理学研究的。1898年，他完成了博士论文《动物智慧：动物联结过程的实验研究》。在动物心理的实验研究中，他确定了联结的概念，并且建立了联结主义心理学（Connectionism Psychology）体系。他说："心的一个完善而简单的定义或描述如下：它是人的联结系统，是人在适应他的情景中所做出的思想、感情和行动反应的联结系统。"从联结单元的性质来看，他认为有感觉印象、观念和动作三种，而从联结的来源看有天生和习得两种。这样就产生了六种联结（或联想），分别是天生的印象联结、习得的印象联结、天生的联想联结、习得的联想联结、天生的动作联结、习得的动作联结。他认为人的一切心理行为都是由这些联结构成的。

桑代克也是美国哥伦比亚功能主义心理学的主要代表学者，他认为实验法比起直接观察法的优点有三个方面：（1）可按照自己的设计重复各种条件，以便验证动物的行为反应是否为偶然的巧合。（2）可用多种动物做相同的实验，以便得到具有代表性的结果。（3）可把动物安排在一种情境中，观察其行为对人们是否有启示作用。其研究发现，动物学习不存在思维和推理的作用，而存在情境刺激与反应间的联结，其心理学称为联结主义心理学（Connectionism Psychology）。[9]动物的学习并非基于推理演绎或观念，只是通过反复尝试错误而获取经验，其本质是在刺激和反应之间形成联结，因此，学习就是联结的形成与巩固。人类的学习方式在本质上来说也是一致的，只是更为复杂。桑代克以饥饿的猫为实验对象，

---

9 Harald Maurer. Cognitive Science: Integrative Synchronization Mechanisms in Cognitive Neuroarchitectures of Modern Connectionism[M]. CRC Press, 2021.

探究其看到笼子外的食物时，如何触碰门闩、打开门闩、离开笼子的行为。猫从多次尝试错误中发现某种反应可以开启门闩，得到食物获得奖赏，而将此反应保留下来，至于其他尝试错误无法得到食物的反应则会放弃。因为食物对猫具有酬赏作用，使得刺激情境（笼子关闭无法得到笼外的食物）与表现反应（用前爪碰触门闩处）间产生联结。尝试错误学习中，桑代克提出了影响刺激与反应的联结强度有三大因素：

（1）练习律（Lawofexercise）——学习要经过反复的练习，有时一个联结的使用（练习）会增加这个联结的力量，有时一个联结的失用（不练习）会减弱这个联结的力量或使之遗忘。

（2）准备律（Lawofreadiness）——联结的增强和削弱取决于学习者的心理调节和心理准备；

（3）效果律（Lawofeffect）——当建立了联结时，导致满意后果（奖励）的联结会得到加强，而带来烦恼效果（惩罚）的行为会被削弱或淘汰。

练习律含有熟能生巧的意涵；一回生、二回熟、三回成高手也是练习律的效用，经验的重复会提高正确反应的可能性，但若重复一些无法获得满意结果的经验并不能增进学习。准备律是指主宰满足或痛苦状态的条件，当个体回应一种强烈的冲动而进行的某行动即为满足；另一方面，当个体想要有所反应而受到抑制，或个体不想有所反应却被逼着执行某行动，则为痛苦。[10] 效果律是指反应若带来令人满意的结果，将强化刺激与行为间的联结；行为反应若是产生痛苦的结果，则会削弱刺激与行为间的联结。桑代克后来修正效果律的内涵，使得惩罚效果与奖赏效果对个体所造成的影响是不相称的或不相等的。联结理论强调接近性原则，刺激与反应间的重复配对能把两者间的关系导向最大化，以接近性作为学习机制的学习论点，学习者是被动而非主动的。当事件发生且同时发生时，学习者只是被动地、自动化地学习什么事件会接连什么事件，或是有哪些事件同时发生。

这种联结主义的立场是较为古老的哲学联想主义的直接的继续。20 世纪 80 年代初，认

---

10 Terence Horgan. Connectionism and the Philosophical Foundations of Cognitive Science[J]. Metaphilosophy, 1997, 28(1–2)：1–30.

知心理学中兴起的一种认知研究范式，亦即网络模型。联结主义的指导性启示和主要灵感来自大脑或神经系统，它把认知看成网络的整体活动。网络是个动态的系统，它由类似于神经元的基本单元和结点构成，每个单元都有不同的活性。随着时间的衰减，外部输入和其他单元的活性传递都会使一个单元的静息活性发生动态的改变。联结主义赋予网络以核心性的地位，采纳分布表征和并行加工理论，强调的是网络的并行分布加工，注重的是网络加工的数学基础。20 世纪 80 年代以来，网络取向的联结主义取代了符号取向的认知主义，成为现代认知心理学的理论基础。桑代克认为，联结是行为的基本单元。他把行为区分为先天的反应趋势和习得的反应趋势两类：前一类的反应趋势或联结主要是本能，后一类的反应趋势或联结主要是习惯。在桑代克的研究中，只讲情境和反应之间的联结，而不讲观念之间的联想或联结。他用"联结"，而不用"联想"，是为了与观念联想区别开，认为动物没有观念和观念的联想，而联结不仅动物有，人也有。学习就是联结。心理是人的联结系统。本能是不经学习的先天联结，习惯是后天习得的联结，由此可见联结的普遍性及重要性。

## 二、中国传统文化中的"联结"思维

### 1. 儒家思想中的"联结"探源

中华文化经过数千年的发展积累了极其丰厚的思想遗产，其中，"联结"的观点可以说是最具有中国特色而且对现代最有启示意义的。"联结性思维方式"在这里可以被视为一种具有中国传统文化属性的思维方式，这种思维方式可以反映出个人、世界乃至宇宙的联结性关系。《周易·系辞下》说："古者包牺氏之王天下也，仰则观象于天，俯则观法于地，观鸟兽之文与地之宜，近取诸身，远取诸物，于是始作八卦，以通神明之德，以类万物之情。"由此可以看出世间万物在千差万别的表象下，都具有共通的内核属性。[11] 由于宇宙万物皆存有这种共同质素，所以诸多存在或现象之间均有其可类比性。董仲舒（约前 179—前 104）

---

11 黄俊杰. 东亚儒学史的新视野 [M]. 上海：华东师范大学出版社，2008: 265–277.

的《春秋繁露·四时之副》认为"庆赏罚刑，与春夏秋冬，以类相应也"，凡此种种说法，都显示古代中国人深信：宇宙万物与现象有其同质性，故有其可类比性。[12]

由于在中国的传统文化中对于宇宙的理解具有"同质性"，所以大多古代中国人也相信宇宙是一个相互关联的大型有机体。宇宙这个有机体具有相互感应、相互渗透的特性，不仅是有机体内部个体与个体之间存在这种特性，整体与个体间也有着类似的影响。《孟子·尽心上·一》说"万物皆备于我"，这句话的含义固然是就人的道德修养而言，但是，这句话也可以从另一个角度解读：作为宇宙的"部分"的"我"，与作为"全体"的"万物"有其共同的本质，因此，就一方面观之，从"我"（部分）就可以掌握"万物"（全体）的本质；另一方面，则"万物"（全体）的特征也显现在"我"（部分）之中。[13]由此就可以看到个体与整体就构成了相互感知的关系。所以，宇宙中的联结关系又可以看作是一种无限往返相交的循环。这种"联结性思维方式"把宇宙看作一个系统，该系统由不同组成部分有序建构而成。前文中所描述的这种思维方式与中国古代文明中的"整体性宇宙形成论"有所关系，同样这种观点在儒家和道家的学说中都表现为"整体思维"的理论观念。

2. 从道家思想中看"联结"思维

道家思想将宇宙看作一个整体，并认为其具有一个终极之因，举例来说，《道德经》中所讲的宇宙万物皆生之于道："道生一，一生二，二生三，三生万物。万物负阴而抱阳，冲气以为和。"（《道德经·第四十二章》），因此，宇宙万物的形成都可视作一种"道"。《道德经·第三十九章》说："昔之得一者，天得一以清，地得一以宁，神得一以灵，谷得一以盈，万物得一以生，侯王得一以为天下正"，可以作此解释。道家的宇宙观认为，万物因分享共通的质素而可相互结合、转化。学者张亨先生曾在文章中提到"化"这个字在《庄子》中总计出现了 70 多次，其基本意思都为一种"有"可以转化为另一种"有"[14]。这种思想将宇宙

---

12 黄俊杰. 传统中华文化与现代价值的激荡 [M]. 北京：社会科学文献出版社，2002.
13 南怀瑾. 孟子与尽心篇 [M]. 北京：东方出版社，2014.
14 张亨. 思文之际论集：儒道思想的现代注释 [M]. 北京：新星出版社，2006: 54.

看作一个整体，将"联结性思维"建立在"整体思维"之上。所以，"知"字在《庄子》一书中出现了 539 次，且对知识的态度大多为否定的，庄子的观念是知识会破坏生命的完整性，所以会对生命造成伤害。从这些观点中都能够看出道家思想对"联结性思维"是有所体现的。

3. 在中国传统的思维方式中看"联结"

中国文化源远流长，在数千年的绵延发展中留下了德泽丰厚的思想遗产，其中最具有中国特色而且对现代最有启示意义的就是联系性思维方式。[15] 这种思维方式在诸多两极之间建构相互沟通或交互渗透之关系，古代儒道两家思想是这种思维方式的源头，而且可以互为补充。所谓"联系性思维方式"，是具有中国文化的特殊性的一种思维方式，这种思维方式是将个人、世界、宇宙的诸多部分之间建构紧密的联系性关系的一种思维方式。这种思维方式基本上认为在宇宙间的部分与部分之间，以及部分与全体之间是一种有机的而不是机械的关系，牵一发而动全身。因此，整个宇宙各个部门或部分互相渗透、交互影响，并且互为因果。

在传统中国的联系性思维方式的影响之下，诸多两极之间皆被视为存有互相渗透之关系，尤其在以下三个方面表现得最为清楚：

（1）自然与人文的联系性：传统中国思想家多认为自然秩序与人文秩序存有紧密的联系性。《易经·系辞传》说："圣人观乎天文以察时变，观乎人文以化成天下"，认为自然秩序的变动，及其所潜藏的诸多原理与原则，与人文现象的内在结构之间具有同构性，因此具有可参考性。《道德经·第二十三章》："飘风不终朝，骤雨不终日，孰为此者？天地。天地尚不能久，而况于人乎？"古代道家认为自然世界的诸多变化如飘风、骤雨等现象，对于人文现象的思考具有高度的启发性。这种模拟思维都隐含一种人文与自然之间存有联系性的假设。心理分析大师荣格（Carl G. Jung, 1875—1961）曾经以共时性原理（Principle of Synchronicity）一词来形容中国古代思想世界中所见的人文与自然世界之间的联系性与交互渗透性。由于有这种联系性思维方式，中国人常常在自然现象中读出人文意义。

---

15 黄俊杰. 传统中华文化与现代价值的激荡 [M]. 北京：社会科学文献出版社，2002: 11.

（2）身与心的联系性：传统中国的思想家多半认为人的"身"与"心"之间构成一种互相渗透的有机联系关系。古代中国人思想中的身体大致可以区分为两套系统：一是以"明堂经络图"为代表的身体观，认为身体是由气的流动所构成的；一是以"五脏六腑"为代表的身体观，将身体视为脏器的储存场所。从思想史的观点来讲，第一套系统的身体观较具有思想史及文化史的意义，这种身体观将身体视为一个流动的整体，而由"气"贯串于其间。《黄帝内经·素问》提出一套"生气通天"论："夫自古通天者，生之本，本于阴阳。天地之间，六合之内，其气九州、九窍、五脏、十二节，皆通乎天气。"这一套说法认为，人的身体是一个小宇宙（Microcosmos）；这个小宇宙与作为大宇宙（Macrocosmos）的自然界之间，具有声气互通的关系。而所谓"气"，既为自然界与人文界万物之所自生，也运动于两界之间，成为沟通两界的媒介。更具体地来讲，古代中国的思想世界中，人的身体被区分为三个层次：心、气、形。由于"气"的流通，所以使人的身（形体）与心（心理或思想）之间构成一种有机的连续性。《春秋·公羊传·桓公四年》有所谓"意形于色"的说法，《孟子》中也有"践形"之说，凡此种种都是古代中国人将"身"与"心"视为一个互动的有机体的明证。

（3）个人与社会的联系性：在中国的思想世界中，"个人"并不是如近代社会中所看到的孤零零而与"社会"或"国家"对抗的"个人"；相反地，中国思想传统中的"个人"，深深地浸润在群体的脉络与精神之中。在时间上，"个人"与过去无以数计的祖先与未来生生不息的子孙构成绵延不绝的传承关系；在空间上，"个人"与社会上其他的"个人"通过"心"或"良知"的感通而构成一种密切互动的关系。古人所谓"民胞物与"，是就"个人"与"群体"不但不是互相对抗，反而是互相滋润这项事实来讲的。古代中国的圣贤在他们面临生命终结的那一刻，都心胸坦荡，了无挂碍，就是由于深刻地认知个人的生命虽有时而穷，但是社会的群体的共业却绵延不绝，而个人生命的意义正是在群体的共业中彰显，因此，个人生理生命的终结常常被视为是群体的文化共业的开始。

综上所论，中国传统的思维方式强调"自然"与"人文"、"身"与"心"、"个人"与"社会"之间的联系性，这一种思考方式与近代西方文化中所见的思考方式差异甚大。可以说，传统中国的思考方式是反笛卡儿式的思维方式。笛卡儿强调人之作为"主体"对自然与人文现象诸般"客体"的了解，强调将人与自然视为一个断裂而不是连续性的关系。传统中国的思维方式与笛卡儿的思维方式差异甚大，在这种思维方式中，我们看到了在万物间建构紧密的联结性关系的一种观点。这对设计中的联结观有着极大的启示意义，在设计过程的各个部分与部分之间，以及部分与全体之间是一种有机的而不是机械的关系，牵一发而动全身。因此，整个设计的各个环节或部分互相渗透、交互影响，并且互为因果。

4. "联结"思维中的五行

五行学说认为，世间万物都可按金、木、水、火、土五种属性归结为五个系统，而这五个系统之间又相互联结与影响，由此形成复杂的系统网络状态。很多汉学家及学者都曾表示五行学说不仅仅是五素或五材，五种过程、五个阶段、五种运动方式才是其更准确的表达方式。[16] 由此可以看出，在五行说中"关系"的意义重于"元素"的意义。对于五行学说的研究主要分为两个系统：一个是"水、火、金、木、土、水"的循环相克，另一个系统为"水、木、火、土、金、水"的循环相生。五行本身的性质决定了相克、相生的关系，在《黄帝内经》中关于五行"相侮""相乘"应被看作对"相生"与"相克"关系的补充与延续。[17] 基于此引出的相生与相克循环，使得五行之中的任何一个属性得以与其他四个属性产生各种关系。也正因为这两种循环系统，各种事物间的关系可以利用五行系统进行描述和解释，从而可以看出联结观念是如何表现在五行学说中。

五行可看成一个系统与外界的所有四类关系："我生""我克""生我""克我"，加上系统本身的"我"，而成五行；"生"就是帮助、有益于的意思；"克"则表示两事物之间有某种属性制约关系。[18] 五行中，"相生""相克"的关系是由事物的性质所决定的，由此可以看出事物间的联结关系；从系统科学的观点来看，它强调外部与内部因素之间的"生克"关系，以及影响与被影响之间的关联属性（见图1-1）。五行应用于设计活动，就是研

16 胡飞 . 中国传统设计思维方式探索 [M]. 北京：中国建筑工业出版社，2007: 18–20.
17 艾兰，汪涛，范毓周 . 中国古代思维模式与阴阳五行说探源 [M]. 南京：江苏古籍出版社，1998.
18 胡化凯 . 五行说：中国古代的符号体系 [J]. 自然辩证法通讯，1995(3): 48–55, 57, 80.

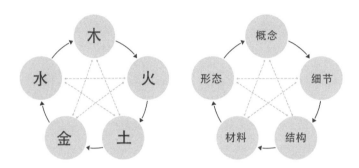

图 1-1：五行关系与设计系统关系
图片来源：作者根据本研究自绘

究设计者根据不同时间、环境、条件等外部因素明确需求和界限，并基于目标人群的使用方式明确目标系统，以此决定设计对象的概念、材料、结构、构造、形态、色彩等内部因素，这就是设计活动这种人为系统中联结协调统一的方法。另外，五行学说强调各种要素要有序、系统地加以利用和协调，它也是一种将问题转化为成果的设计系统与评价系统。

## 三、当今全球化与互联网中的"联结"关系

### 1. 全球经济、政治、文化与环境之间的联结流动

全球化是世界观、产品、概念及其他文化元素的交换所带来的国际性整合的过程。[19] 现如今全球经济、政治、文化与环境联结流动的状况，使得许多现存之疆界及界线不再具有意义，国家领土从权利疆界转向责任疆界。在这种全球联结发展的思维下，将

19 孙嘉明."人本全球化"：全球化研究的新领域 [J]. 探索，2017(4): 146–152.

我们现有的社会状况转变成全球性，转换了人类接触的方式。全球化强化了全球社会关系，将遥远的各个地方联结在一起，使彼此影响。包括经济、政治、文化层面上扩展各国家间的沟通以及世界市场的扩大，使具社会交易性质的空间组织转换，此种转变是以广度、强度、速度及影响来衡量，产生跨洲、跨区间流动，形成活动、互动及权力运作的网络。[20] 全球化压缩了社会关系的时空面，为世界压缩及强化了世界一体的联结意识。全球化作为一套多面向的社会过程，这个过程增加、延伸及强化了全球社会的互赖与交流，同时促使人们认识到遥远地区间深化的联结关系。

2. 互联网：从"连接"到"联结"

传统的"连接"关系已经被互联网改造成了"联结"关系，同样的元素被重新建构之后，新的商业关系重新定义了产品、企业和用户的关系，也意味着全新的价值创造模式具备很强的市场竞争优势。在联结思维下的商业系统中，将各类元素进行连接的机制远远重要于各元素本身。市场环境随着时代的发展直接反映到商业关系的构建方式。商业关系的重构过程，正是从"连接"到"联结"的"企业—产品—用户"关系变迁（见图1-2）。

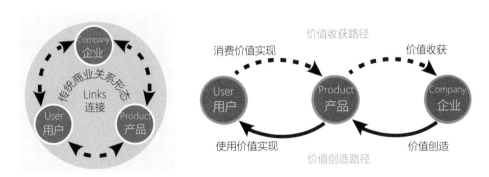

图 1-2：从"连接"到"联结"的关系重构
图片来源：CKIRC 创新研究中心

---

20 王黎芳 . 社会学视野中的全球化 [J]. 学习与实践，2006(4): 88–93.

在传统的商业关系中，产品、企业与用户虽然是组成全部市场的三个重要部分，但三者之间的联系是较为独立、松散的。而在新型商业关系中，产品、企业与用户之间的界限越来越不模糊，三者之间的联系变得更加紧密，从而逐渐形成一个有机的商业系统。企业不再是具备无限话语权的权威机构，它需要不断改进、创新才能够适应新的环境；而用户的身份也变得更加多样，个体用户产品使用经验甚至可以影响到企业的发展路线；产品本身不仅需要具备良好的功能性，同时要为用户提供个性化体验。新型的商业关系体现出企业与创造者更加关注价值创造，这也让产品、企业、用户三者之间形成更加紧密、复杂的联结关系。[21]

联结是连接的发展与进化，它将各类商业要素更加系统、深入地进行连接。同时，"联结"这一概念在今天是基于互联网技术与大数据分析的商业模式网络，它可以为商业系统的建构提供不断增强和无限繁衍的路径。

21 廖建文，施德俊. 从"连接"到"联结"：商业关系的重构，竞争优势的重建 [J]. 清华管理评论，2014(9): 22-36.

# 第二节 "联结"的多学科概念

## 一、系统科学中的"联结"概念

### 1. 系统与系统思维

20 世纪 50 年代，在方法论上产生了系统论、控制论和信息论。系统论在实践中形成了系统工程方法，对人类的设计和生产发挥了重大的作用。[1] 系统"system"一词，来源于古希腊语中的"syn"和"histemi"，是由这两个词联结在一起演化而成的。"syn"是"在一起"的意思，"histemi"是"放置"的意思，合起来就是有秩序地放在一起，就可以理解为由部分构成整体的意思。[2] 自 20 世纪 30 年代以来，奥地利理论生物学家贝塔朗菲（Ludwig Von Bertalanffy）发起了系统运动，由此系统概念、系统理论以及系统思想得以广泛传播并受到越来越多学者的重视。在学界对于系统的理论的定义十分多样，各类定义根据学科、使用方法以及解决问题的不同都有所区别，但在各个学科的系统观点中仍可以看到对系统理解的统一性以及系统理论中联结关系的普遍性和重要意义。

系统的定义均具有以下几个共同特征：一是任何整体都是由两个或两个以上的要素组成，各单个事物所构成的整体也可以由群组事物构成系统；二是各要素之间，整体与各要素、环境之间存在着不同程度的有机关系，因此系统内部和系统外部就形成了联结与秩序。环境在一定程度上也意味着更大的系统；三是相较于各要素，整体会具有新的功能，新功能的产生由系统中的系统结构和有机联结决定的。[3]

在系统中有各个子系统，子系统中又有各个子系统，联结延伸层出不穷，而构成系统最重要的因素就是各层级要素之间的相互关联、彼此影响的联结关系。而系统思维就是将认知对象看作一个系统，通过分析要素与要素之间、系统与要素之间、系统与环境之间的关系建

---

1 周建中. 系统概念的起源、发展和含义 [J]. 浙江万里学院学报 , 2001, 14(2): 91–94.
2 姚剑辉. 系统概念辨析 [J]. 系统工程 , 1985, 3(3): 58–61.
3 张本祥. "系统"概念辨析 [J]. 自然辩证法研究 , 2014, 30(5): 119–123.

立对认知对象的认识。[4] 系统思维的思考方法，有别于一般传统将研究分成好几个部分后，针对个别因素分析。相反地，是借由着眼于与其他组成分子间影响互动的因果关系分析，来推断及探讨复杂事情，或是要有其他相关因素考虑在内之困难问题的发展变化。举例来说，五行是对世间万物属性及其相互联系的归纳，大自然的运作大部分都不是线性独立的，以上节所讨论的中国阴阳五行为例，金、木、水、火、土这五种元素彼此之间不是线性独立的关系，它们存在着相生相克的关系：水生木、木生火、火生土、土生金、金生水；水克火、火克金、金克木、木克土、土克水、水克火，每一个元素都与其他四种元素发生相生相克的关联。五行中的五个个体彼此互相牵制，并有着相生相克的关系，此相生与相克的关系相当于系统思维中五元素模型互动之正回馈与负回馈的关系。以中心论观点而言，以任一元素为中心，会有一元素对它为正回馈，另一元素对它为负回馈，而它对其他元素也会有正回馈及负回馈。[5]

物质存在普遍的联系方式以及固定属性是系统思维的主要客观依据，客观与思维的系统性是普遍一致的。现代思维方式的演变也使其具有更强的整体性与结构性。[6] 整体性指的就是对于问题的思考需要从整体出发并时刻面向全局。而从结构法的角度看系统思维，关注的则是整体与部分之间的关系，以及各组合是否合理。好的结构表现在系统内部各要素之间相互联结、相互制约，共同构成一个有机体。

笔者认为，系统及系统思维的运用，将相生相克的关系以及其中的联系性很好地反映出来，同时联结性思想也是对整体性思想的实践，为设计活动提供了具有联系性、系统性的思维方式，把设计过程当作一个整体，注重各元素间的关联、影响。

2. 系统论方法

系统论方法是基于事物的系统性和由此概括出的系统论思想而发展起来的一门科学方法。20世纪60年代，设计领域的研究重点也集中在系统理论及系统分析所影响的设计活动。

4 叶怀义.创造，需要以系统思维为指导 [J]. 系统科学学报，2019, 27(1): 98–101.
5 王俊文.系统思维下以主题为基础的知识文件模型 [D]. 台北：国立台湾科技大学，2007.
6 张强，宋伦，闫姣丽.系统思维方法的重要原则 [J]. 西安电子科技大学学报（社会科学版），2007, 17(1): 20–24, 45.

现代设计方法运动使学者开始投入时间，努力探讨有系统的设计程序，并且定出了一些系统性方法让设计师采用。现代设计特别对于产品设计，因其设计要求、设计方法、设计条件以及制约因素越来越多，过去依托设计师直觉和灵感的设计方式已经无法面对当今的复杂设计要求。只有将设计的感性、直觉部分纳入设计系统当中，并用科学、理性的系统方法进行分析和规划，才能更好地解决复杂设计问题。系统的思维与方法为设计活动和创造过程提供了一个理性的有力工具，把设计问题、解决方案、构建技术、美学等方面通过联结的概念，使设计要素置于一个相互关联的系统中，并在这一过程中将理性的系统方法和直觉的、感性的设计思维结合起来，使设计得以完善。[7] 系统论的联结思想，其关键是把设计对象及设计相关的问题如设计程序和管理、设计信息的分类与整理、设计目标的制定、设计环境的选择、规划等作为系统对待，用系统论方法加以处置。

例如图 1-3 是国立台湾科技大学工业技术系梁又照先生结合国外产品开发程序的先进经验而绘制的系统化程序图。在这一程序图中，产品开发设计的程序包括 9 个阶段共 21 个环节，每个阶段与每个环节相联结。在这个多领域合作的设计过程中，最终的产品不是由开发部门独立设计而成的，而是由各个部门在系统思想和方法的指导下统一协作而成的过程。这也说明了创造性的设计过程不是由单个步骤产生的，而是由一系列复杂的相互关联的步骤联结而成的，因阶段的不同，设计也处在变量之中。本研究中"联结性设计方法"则是在认知层面探究这种方法论思想的本质，将设计过程展开，研究思维要素间彼此的联结关系，以及它们与最后结果的关系，识别出设计过程中的关键步骤、创造力形成的条件，或者找到过程中不足以解决问题而缺失的联结关系，以及步骤中所存在的问题，以此能够更好地为设计者提供设计过程的反馈与指导，进而优化设计过程。

## 二、社会学中的"联结"概念

在社会学研究中，英国社会学家布朗（Brown）最早提出了"社会网"这个概念。社会

7 张福昌. 工业设计中的系统论设计思想与方法 [J]. 美与时代（上），2010(10): 9–14.

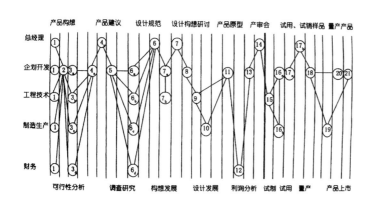

图 1-3：产品开发设计程序
图片来源：《艺术设计概论》

网这一概念的出现，使社会学家通过研究社会联结方式，探讨文化是如何影响群体内部成员的行为。同时，在一个群体内部，基于人与人之间联结关系的不同，形成了各式各样的关系体系。

1. 社会学与社会网络中的联结性关系

社会网络研究是一种新的社会学研究范式，它兴起于 20 世纪 30 年代的人类学研究，至 70 年代逐渐成熟。它的发展得益于心理学、人类学、统计学、社会学等各学科领域的发展，并很快在其他学科上得到了实践与应用，从而成了一种被普遍应用于研究社会问题的理论方法。[8]

德国社会学家齐美尔（Simmel）在《在群体联系的网络》中第一次使用了"网络"概念。英国学者布朗首次提出"社会网"的概念以研究社会结构，探讨了文化是如何规范有界群体内部成员的行为的，他指出社会网络成员之间因互动而形成相对稳

8 张应语，封燕. 社会网络分析回顾与研究进展 [J]. 科学决策，2019(12): 61–76.

定的关系体系。[9] 英国学者波特（Bott）在 20 世纪 50 年代出版的著作《家庭与社会网络：城市百姓人家中的角色、规范、外界体系》是英国社会网络研究的典范。[10] 同一时期，社会行为分析技术在 20 世纪 60 年代也得到了很快发展。在这之后，美国社会学者格兰诺维特（Granovetter）提出了"弱联系优势理论"，他认为在一定条件下弱联结比强联结更具优势，这种理论影响了学术界对于强弱联结问题的关注，尽管对于这种理论的争议也一直存在。[11] 20世纪 80 年代，"社会资本"这一概念出现了，人们开始对社会资本相关的问题及理论进行研究。综上所述，社会网络理论经过几十年的发展取得了很多学术成果，近年来也有越来越多的学者从事社会网络研究并将其应用在多学科、多领域之上。

2. 社会网络相关概念及核心理论

威尔曼（Wellman）曾在研究中指出社会网络是一个相对稳定的关系系统，它由无数个个体所组成。斯科特（Scott）则认为社会网络是由一群人组成的社会网络系统。而齐达夫（Kilduff）和蔡（Tsai）指出，社会网络是由许多节点以及节点间的关系所组成的网络结构。联结强度理论、社会资本理论和结构洞理论构成了社会网络的主要理论。[12]

格兰诺维特的理论极大影响了社会网络分析体系的形成。其中，在"弱联结优势"理论中行动者之间包含强联结和弱联结两种关系。在强联结中，人与人之间的联系比较紧密，相互之间的往来频率、效率较高，在此关系中，比较容易实现高质量的信息交换与传递。而弱联结恰恰与强联结相反，但弱联结所具有的优势是它在已经形成的稳定关系中更易得到有价值的信息与资源。"弱联结优势"理论也影响了社会结构网络中对于个人定位的研究，格兰诺维特在之后的研究中又提出了"嵌入性"理论，该理论主张隐含强联结的重要性以及"信任"在社会网络体系中的重要性。而美国卡内基梅隆大学教授奎克哈特（Krackhardt）提出了"强

9 斯科特 . 社会网络分析法 [M]. 刘军，译 . 重庆：重庆大学出版社，2007.
10 斯坦利·沃瑟曼，凯瑟琳·福斯特著，陈禹，孙彩虹译 [M]. 北京：中国人民大学出版社，2012.
11 克里斯塔基斯，富勒 . 大连接：社会网络是如何形成的以及对人类现实行为的影响 [M]. 简学，译 . 北京：中国人民大学出版社，2013.
12 王连娟，田烈旭 . 项目团队中的隐性知识管理：基于社会网络分析的视角 [M]. 北京：中国社会科学出版社，2014.

联结优势"理论，该理论分析了人类情感网络的隐含力量以及情感网络对团队成员间联结性动作的影响。[13]

## 三、管理学中的"联结"概念

### 1. 知识转移中的"联结"运作

在一般的设计教育中，当在一系列的专业知识讲述后，通常老师会布置一个相关的主题性练习作为设计题目，并且会鼓励学生先去搜集相关且相似的案例来辅助思考，在实例中去学习如何解决当前设计问题的方法。这种由案例学习的方式是知识联结运作的理论之一。在此基础上提出的问题是，知识是如何在记忆中组构？是如何在人的心智中吸收、储存、回收并利用？所谓"工欲善其事，必先利其器"，这就涉及管理学中知识管理的概念。自20世纪70年代中叶到90年代中叶，新信息技术在这短短不到20年间迅速崛起，以突破地域性的模式将全世界快速地连接起来，而逐渐成为目前全球快速联结的新信息体系。[14]正当全世界皆开始重视这股新信息潮流时，着实也为知识管理打下良好的基础，并在现代管理学之父彼得·德鲁克（Peter Drucker）于1988年提出"知识管理"一词后，便开始将全球企业带领至信息应用的更高层次，即将信息转为知识的应用形式。

而知识的转移与创新实际是联结运作的过程。由于知识能以思考的速度加以传递，不需要任何具体的交际费用，因此当知识得以移动时，将能让知识的取得更便利，同时知识需求者在转移的动作中也可取得所需的知识，并使知识更清楚而易懂；以组织的角度而言，移动知识的确比移动人员更具有效率。[15]然而，知识在组织内即可借由成员间彼此进行知识移转的行为，而创造出不同的知识来源途径，尼古拉斯·福斯·佩德森（Nicholas Foss

13 马珂，田喜洲. 组织中的高质量联结 [J]. 心理科学进展，2016, 24(10): 1636–1646.
14 吴沅，朱敏. 新一代信息技术产业 [M]. 上海：上海科学技术文献出版社，2014.
15 Nonaka, I., & Takeuchi, H. the Knowledge Creating Company: How Japanese Companies Create the Dynamics of Innovation[M]. New York: Oxford University Press.1995.

Pedersen）[16] 即是以通过内至外的观点将组织知识的来源区分成"内部知识创造""内部网络关系""顾客知识"以及"团队知识"四大类主要途径，内容如下。（1）内部知识创造：投资在内部研发活动所进行的知识创造。（2）内部网络关系：通过内部网络进行知识的扩散与创造。（3）顾客知识：通过顾客或供应商等外部网络途径取得知识。（4）团队知识：经由研发机构或专案团队进行知识的创造与扩散。因此，在组织与环境互动时皆会通过各种途径来创造知识，诸如专案流程或组织沟通中所产生的知识，为了在组织实际地开创知识的情况下产生良好的知识移转之互动关系，对于内外在环境或资源的投资必须有所重视。一般而言，知识的移转所涉及的最基本层面就是"学习"的行为，也是移转知识进而吸收及应用的最大目的，学习的过程更是提供组织在商业行为方面的发展有更广泛的支援；具体来说，学习就是知识通过资料所获得的综合信息，并得以将信息放置于处理过程的适当位置，或是了解实际工作时所衍生的问题解决方法、经验与理论等所产生的综合应用过程。

从知识撷取与学习的观点中，我们可以了解知识的移转包含了大量的内隐与外显知识，诸如理论、内外在信息与工作经验等，成功地让知识产生移转，将有助于组织内部知识的扩大。然而，日本学者野中郁次郎（Ikujiro Nonaka）与竹内弘高（Hiro Takeuchi）很早便提出了内隐与外显知识转换模型 17，主张借由持续的知识移转将促使知识螺旋式成长，并同时进行"社会化""内部化""外部化"与"结合化"的动作，让知识扩散流程自基础知识经由"个人层面"开始，便逐渐扩散互动的范围至"团体层面"，然后再提升至更广的"组织层面"。综合两位学者的观点可知，外显知识是条理分明且系统化的知识，可以形式化、制度化并借由言语或文字进行传播与分享，如产品规格科学理论、数学方程式或电脑程式。内隐（隐性）知识是高度个人化的知识，很难将其公式化，是属于认知层面的知识，包含了心智模式（Mental Model）、信念与观点，也是一种无法叙述的技能、经验、判断与直觉，如某种技艺或专长决策力、洞察力。

---

16 Foss N J, Pederson T. Microfoundations in Strategy[J]. Strategic Management Journal, 2014: 1097–?.
17 Nonaka, I. and Takeuchi, H. the knowledge–Creating Company[M]. New York, Oxford: Oxford University Press.1995.

野中郁次郎的知识回旋是借由隐性知识与显性知识的联动交互作用所产生，而交互作用的基本形态有从隐性到隐性、从显性到显性、从隐性到显性、从隐性到隐性四类。野中郁次郎与竹内弘高提出知识的转移模式强调外显与内隐知识的成功转换可以使组织内部的知识扩大，而知识的创造则是借知识转换的螺旋经由"个人层面"逐渐增加互动范围扩散至"群体层面"，最后提升到"组织层面"。如下图1-4所示：

（1）从隐性到隐性：直接和其他人分享隐性知识，将知识转移到自己身上，如：模仿、练习。但因知识并未转化为显性知识，因而无法让个人或组织使用，此阶段所学习与转移的知识具有共同性。

（2）从隐性到显性：通过语言或其他形式将难以表达的隐性知识转化为显性知识，与其他人分享，在知识回旋的观点里称为"外化"。

（3）从显性到隐性：当分享新的显性知识后，将学习与吸收到的显性知识扩大、延伸，重新界定内化为个人的隐性知识。

（4）从显性到显性：把显性知识中各不相干的片段以整合的方式产生新的整体知识，也就是将知识做系统化的整合与联结。

而威廉·米勒（William L. Miller）和兰登·莫里斯（Langdon Morris）同样也以知识撷

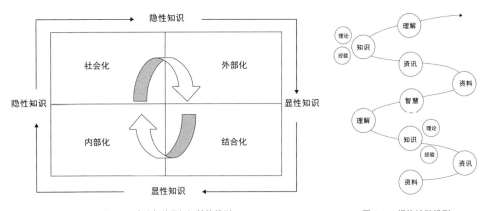

图1-4：内隐与外显知识转换模型　　　　　图1-5：螺旋扩散模型
图片来源：《知识创造公司》　　　　　图片来源：《管理知识、技术和创新》

取的概念模型描绘出智慧螺旋图（图1-5），并增添更高层级的"理解"与"智慧"来描述知识的持续成长，即组织与个人的知识经由各种不同阶段的知识移转方式，将产生不同的知识效益，到最后达到普遍能被吸收的知识形式。综观之，知识移转的目的即是对新知识进行开创与分享的动作，并借由知识流的方式在组织内进行联结运作，据此让组织或个人摆脱过时的技术或观念，而充分利用分散化的知识移转能力，对外在环境变化或新商机产生快速有效的决策反应，最终引导知识与智慧产生创新的功用。

2. 设计知识管理中的"联结"组织

设计是做联想的组合，这也是知识的本质，换言之，"联结"是设计知识管理的组织运作方式。在设计过程一系列的程序中会涉及方方面面的情况，也就会接触到非常丰富的信息，那么设计者如何对繁杂的信息进行逻辑性的综合整理，并同步汇整出对于日后同类型设计项目所需的设计知识，进而转化成具有应用价值的设计知识库，这是设计知识管理的范畴。在这一小节中，首先界定设计知识和设计知识管理的概念，而后进一步阐明设计知识管理中"联结"的组织运作方式。

（1）设计知识

1950年，阿伦·图灵（Alan Turing）提出了"人脑就是计算机"的著名隐喻，说明计算机是一个信息处理单元，人脑同样是一个信息处理单元，因为两者在输入、输出以及中央处理控制上都有相似的机制。[18] 在人的心智中吸收、储存、回收并利用知识的现象，可看成许多分离的系列处理阶段。如果知识可被数字化地表现出来，并且可以在计算机中有系列地以计算机电算程序写成，那么这些程序就可仿真知识，以算法逐步执行，让机器做出聪明人脑运作智能的事件。这就涉及人类是如何转译、协调、叙述、储存、回收和利用知识的过程。人类组织知识并结合现实，将知识套入现实中的行为就是认知，也就是智慧。在这个层面上可以把知识分为两种主要的类别："陈述性知识"和"程序性知识"。程序性知识是一种静

---

18 A. M. Turing.Computing Machinery and Intelligence[J]. Mind 49: 433–460.1950.

态信息，包括已知事实和概念；而动态的程序性知识则包括执行某一事件的已知程序知识和体现这些程序的步骤方法。[19]

在设计领域中，程序性知识与陈述性知识具有密切联结的特质，程序性知识在日积月累的操作练习中转化成个人熟练操作的技巧。相对地，陈述性知识也会在具体的实践经验中，逐渐转化以程序性知识的形式储存在记忆中。从设计专业的角度而言，设计师除了从学校系统地学习或专业期刊文献中学到新知识之外，也在日常的练习中从不同设计案例里持续学到新的知识。正如舍恩的在"行动中反思"而学习的论点，设计师会在学习实践中反思而学到更多的专业知识，也会在实践中思考而获得更丰富的陈述性知识，也就是立即直觉性的知识，这说明了程序性知识和陈述性知识之间的认知互联关系。例如工业设计师经常多元运用自身经验与新知识进行产品意向的转换，进而提供符合客户所需的产品功能、价值与外观层面的创意服务。

学者邓成连将设计视为问题发生时，经由程序并运用创造性，以获取最佳解决方案的活动。而知识的本质是拥有者对特定领域的专业化认知。因此，设计与知识的关系是相互紧密结合的，并经由经验的累积与学习，设计知识得以茁壮成长，并对企业的设计活动产生贡献。官政能教授对设计知识作了如下定义：设计师具有沟通协调的能力，以水平思考的模式为基础，并用宏观的视野来诠释各知识系统的现象与相互关联性，经由知识系统与理解程度转化为特殊的知识结构，并可精确有效地掌握各知识系统的信息情报使其相互渗透与扩散，此种特殊的知识结构称为"设计知识"[20]。设计组织若能借知识管理系统三大机能（知识创造、知识流通与知识加值）使属于内隐特性的设计知识外显化，提供给组织内所有成员运用，不但可增加设计组织内部员工的能力，并能提升设计组织对外的竞争优势。因此，设计知识即设计师或设计组织在进行新的项目设计时，将产生的设计开发信息、设计流程步骤、设计解决办法等流程的联动组织转化形成具有内隐与外显性质的知识内涵，进而提供未来相关设计

19 裴娜. 陈述性知识及其掌握策略 [J]. 白城师范学院学报，2007, 21(4): 79–82.
20 官政能，丑宛茹. 策略性之产品设计方法：拟想设计与实境分析之异同调查 [A]// 时尚年代 2005 国际设计研讨会论文集. 实践大学设计学院，2005: 17.

参考的用途。

（2）设计知识管理的组织运作方式

设计领域的公司企业将创意与个人经验视为重要价值的产业类型，因此设计知识就代表权力和优势，若能通过共同的知识平台产生共同的语言，将有助于让技能性知识转变为具有流通与价值的知识。对于设计公司而言，组织也可以多面向地对于内部资源与外部机会进行撷取及运用，产出更多元化的设计服务，进而为设计公司提供摆脱设计工作室规模的动力。此设计加值的动作同样将有助于累积设计师在产品设计的主客观知识，进而充分地获得欲了解之产品造型、功能或操作属性等相关知识，进而提高设计师产出构想的效率以及解决问题的能力。穆勒（Muller）在1996年指出，工业设计师可以运用产品形态来描述和分解设计知识，而将设计信息加以萃取并应用于新产品造型和概念的发展上，同时架构在此观点下，进一步提出设计资料库的概念，其目的在于提供设计师能够容易取得的相关设计资料，而此产品资料库的类型则可概分为注重于产品使用形态之"产品用途"类型，以及注重于造型、材料与形态分析资料的"设计解答"形态；相对于穆勒的观点，张悟非教授指出，工业设计信息的处理系统应包含能处理各种形式的图片等设计信息、能依据不同设计状况解析内部设计信息、能依据应用上的需求而用不同方式来表达相同的设计信息，能执行电脑模拟设计流程或设计构想以及具有监督设计活动的能力等要素。因此，设计组织对于设计信息的取得与汇整，必须建立起完善的信息处理系统，且能同时兼顾工作流程的效率

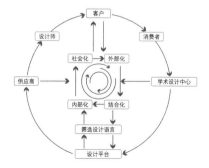

图1-6：各个要素之间的联结关系模型

与设计创意的发挥，形成快速产出符合所需设计创意的利器。[21] 此外，徐宏文与何明泉则具体指出日本松下电器内"设计价值网路"的基础模型，是以上文中提到的野中郁次郎与竹内弘高所提出的内隐与外显性知识移转为出发点，设计者可从此模型中创造出属于自己群体的设计语言与资料库，并通过共同的平台来加速设计知识的应用以及提升设计知识的价值，最终将通过各个要素之间的联结关系而达到快速的知识转化，获得更多新的设计知识。各要素之间的联结关系如图1-6所示。

此后，有学者进一步指出此设计信息知识库可视为组织内对于"产品资料管理系统"的建置，企业内部可通过此系统而提高研发设计之同步工程效率；换言之，设计知识平台能在工程或设计属性变更时，能够同步对于相关文字与图面资料进行更新，保持整体设计信息的一致性以及提高设计信息的正确性与可用性。然而，设计组织通过设计知识库建置，除了得以持续地保存设计案例内的重要相关信息，也能够辅以图片加上文字对于创意进行描述，促使内隐与外显性设计知识进行转化，成为设计师较容易学习的知识，进而通过运用而获得设计灵感与产出高品质的效益，而设计管理阶层也可通过设计知识管理系统而清楚地掌握设计师的动向与工作进度。实务上，日本松下电器的设计师也同样运用类似的创意方法，促使研究团队共同分享创新的理念，并将隐性设计知识转化为显性设计知识，以协助设计解决方案的产出。

关于设计组织在设计知识的运用方式，国内已有不少学者进行相关的研究调查，如中国美术学院的刘征指出，工业设计师经常在跨功能研发团队中进行设计沟通及彼此交流设计知识，且讨论方面偏向多以文字化或图面化的显性知识作为沟通语言，即通过以设计图稿或电脑绘图辅以文字说明的方式来进行设计的沟通。而研发部门的资深工程师则经常会通过设计研究会，汇整多年的设计经验而成为组织内共通的设计准则。[22] 相对于设计知识的交流活动，林立轩则以设计资料与活动的差异作为项目的区分，汇整出设计师与设计团队的设计知识移转途径（表

21 蒋佳利，陈友玲. 知识网格辅助下基于知识地图的协同产品设计链管理 [J]. 科技进步与对策，2011, 28(2): 138–141.
22 刘征，王昀，胡国生. 面向临时团队的产品设计知识管理系统构建 [J]. 机械设计，2018, 35(12): 104–109.

1-1）分别为：（1）设计知识移转目的。（2）外显设计知识移转途径。（3）内隐设计知识移转途径。其中，移转层面所汇整之具体媒介与形式，设计组织可依自身所预期达成的目标而灵活运用。

| | 设计师个人知识 | 设计群体知识 |
|---|---|---|
| | 设计认知 | 设计共识 |
| 设计知识转移目的 | 设计经验 | 设计文化 |
| | 设计学习与接受力 | 设计整合与接受力 |
| | 设计沟通与表达力 | 设计沟通与表达力 |
| | 设计草图 | 设计专利 |
| | 设计方案 | 设计调查 |
| 外显设计知识途径 | 设计书面报告 | 设计影音资料 |
| | 设计手册 | 设计说明书 |
| | 设计模型 | 设计教材 |
| | | 设计书籍 |
| | 师徒制 | 设计讨论与咨询 |
| 内隐设计知识途径 | 实习制 | 设计交流与观摩 |
| | 设计教育与训练 | 设计轮调制度 |

表 1-1：设计师与设计小组设计知识转移目的及途径

综观之，设计行为通常被看作是一种心智解题过程。在研究这个过程本质的时候，我们首先要提出的问题就是在解决设计问题的过程中，有哪些外在信息被注意到，又有哪些内在信息被有效地利用在解题行为上，这里的内在信息就是知识，设计拥有多元化输出与输入的知识属性。设计知识即设计师或设计组织在进行新产品的设计时，将产生的设计开发信息、设计流程步骤、设计解决办法等专业化形成具有内隐与外显性的知识内涵，进而提供未来相关设计参考的用途。而同样，在设计知识管理中，知识信息多样化的联结形态，是解释设计师有设计创造力的重要概念。那么，人类到底是如何运作知识？知识在记忆中组构的方式与联结的关系是怎样的？笔者将在下文做进一步阐述。

## 四、心理学中的"联结"概念

联结的概念源于心理学领域的研究，其含义是臆测一物随之唤醒另一物的倾向，这种唤醒倾向可能引发两物间的相似性、在时空里的邻近性、相联的频率程度或因果关系等。[23] 关于联结的认知概念学说在研究"记忆"中是历来研究的重点核心，也是心理学的中心理论之一。

1."联结"是知识在记忆中的组构方式

认知（Cognition）是指"心智中转移、协调、叙述、储存、回取和利用信息的过程"；信息（Information）在这种说法层面上就是所谓的知识。人类组织知识，并结合现实，将知识套入现实中的行为就是认知。而联结是人类智能运作中一个主要的认知因素。在心理学上，知识已被分成两种主要的类别：陈述性知识和程序性知识。陈述性知识是一种静态信息，包括已知事实和概念；而动态的程序性知识则包括执行某一事件的已知程序知识和体现这些程序的步骤方法。[24] 程序性知识在练习或操作一段时日后会转化成自动化的技巧。相对地，陈述性知识会在执行某事时，被逐渐转移到程序性知识的形式中。[25] 知识的生成是由经验累积而成，而刚学到的知识会与已存在的知识联结起来。从设计专业人员的角度而言，程序性知识也和执业中的在职训练学习方法相关，设计师会从日常不同设计方案里持续学到新知识，也会在沉思中得到更丰富的立即直觉，即陈述性知识。这种在"行动中反思"而学习的论点说明了程序性知识和陈述性知识之间的认知联结关系，通常由旧知识所产生的新知识，两者之间会有一些联系存在，这就与新知识在心中是如何构建、在记忆中是如何存储的形态有关。

23 葛鲁嘉 . 认知心理学研究范式的演变 [J]. 国外社会科学，1995(10): 63–66.
24 安德森，认知心理学及其启示 [M]. 秦裕林，程瑶，周海燕，等，译 .7 版 . 北京：人民邮电出版社，2012: 45–47.
25 陈超萃，设计认知：设计中的认知科学 [M]. 北京：中国建筑工业出版社，2008: 51.

赫尔曼·艾宾浩斯是第一位以科学方法研究记忆中区块联结的人，他应用一套无意义的音节字母测验如何在记忆中记存并回忆这些字母。他的理论是给予受测者的无意义字母里是不可能会有任何先前已建成的相关意义或经验存在的，因此在要求受测者记忆这些字母时，他们会组构新记忆。他研究的目标是要探寻这些无意义字母之间的记忆联结是如何在没有先前知识或学习经验的情况下创出的。[26] 在心理学中，知识在记忆里的结构曾被理论性描述成是在心中以网状组织连接而成的区块元素，这些元素被解释成是由不同关系联结组合而成的感应直觉和概念。元素间或事件间能形成联结组合，具体有下列可能：事件发生时间的接近程度（发生时间越接近就越能联结在一起）、事件联结发生的频繁度（事件相互发生的机会越频繁就越能联结）、事件间相似或相异对比性（越相似的事件越会被连在一起，对比越强的事件也会有某些联结发生）、事件的原因及结果（因和果的事件通常会被看成一体的）或在学习中形成有关联的相关意义或相似经验等。[27]

## 2. 从语义网络理论到联结主义

赫尔曼·艾宾浩斯的理论说明心智是一个在单元之间有联结的网络。如果两个事件同时发生，其中之一必和另一事件由某些关系联结住。在关系联结建立之后，元素即相连，回忆也可经由这些联想而促成，这就是早期艾宾浩斯发展出的人类记忆的观念，也被更进一步地演化成语意网络理论。[28] 该理论认为成团的信息是组合在一体系中的不同层次，并以联想联结而成。就象征性而言，组集是节点，由环链联结而显示出组集间的关系。记忆是一张网络由节点代表知识组集而形成。节点之间即以联想联结而成。当组集被回忆起，它们即呈活跃状也立即可被接触应用。所有节点被演变成活跃状态的过程称为"触发刺激"。要回忆在长期记忆中的信息，知识必须先呈活跃可用状态。当信息已呈活跃状，在记忆中的该单元即进

26 H. 艾宾浩斯. 记忆 [M]. 曹日昌，译. 北京：科学出版社，1965.
27 陈超萃. 风格与创造力：设计认知理论 [M]. 天津：天津大学出版社，2016: 47.
28 语意网络理论是最早发展出的且最有影响力的理论，其中记忆的结构像是一个有节点的网络，每一个节点是一个象征，代表某一概念、某一单字或某一形象特征。节点与节点之间是由能将两个节点联结的"联想"或"关系"结合而成。语意网络里的运作方式是"扩散激发"或经由"联想"而做出所谓的搜寻信息或回忆信息。

入活跃期，也代表短期记忆工作状态的形成，以便进行信息操作。

语意网络理论是第一个，也是影响最深的现代认知理论。[29] 该理论说明了记忆中知识的储存像"网点"，网点象征知识团，每个网点代表一个特别的概念、一个字或一个形态特征。任何两个网点间的链接都是由能结合两者的"关系"联结而成的。在长期记忆中，回忆信息的过程是经由触动激化、联结扩散蔓延到长期记忆中所需要的记忆部位。如果联想有极强的联系，则相连的节点即易被回忆，这再次说明知识记忆如何相互组构、储存和回忆的认知现象。

除了语意网络理论之外，知识表征的研究从 1980 年开始转移到联结主义的研究。美国心理学家桑代克提出的联结主义是参考脑神经系统里的神经网络观念而提出的另类网络模式，这个理论相似于人脑中神经单元操作的方式。[30] 联结这一概念主要受大脑及神经系统的指导性启示，它将认知看作为整体性网络系统活动。网络系统由类似于神经元的基本单位和节点构成，不同单元具备不同活性意味着网络系统的动态属性。网络系统的运转是随着时间、环境的变化影响着活性单元的动态改变。网络的核心性地位也由联结概念的确立加以体现，在该神经网络中，每个网点类似于人脑的神经元操作单位，每个单位尤其质量，质量用来测定，衡量节点间的联结强度。[31] 语意网络理论和联结主义解释了在长期记忆中，知识和信息是如何被储存和回忆的，也说明了联结在记忆网络中所扮演的重要角色，对于研究设计思维的联结性有极大的启示。

### 3. 双码论

认知心理学家亚伦·佩维奥（Allan Paivio）提出双码论来研究记忆中影像的呈现，这个理论的提出有助于研究设计过程中视觉刺激与思维的联结关系。在此理论中，不论是一个图形或是一个文字，都会同时有视觉及文字的编码。因此不论图形或是文字，在长期记忆中有

29 徐江，王修越，王奕，等. 基于语义链接的设计认知多维建模方法 [J]. 机械工程学报，2017, 53(15): 32–39.
30 贾林祥. 联结主义认知心理学 [M]. 上海：上海教育出版社，2006.
31 G. Elliott Wimmer, Daphna Shohamy, Preference by Association: How Memory Mechanisms in the Hippocampus Bias Decisions[J].Science, 2012, 338: 270–273.

可能是以文字或是图像的形式存在，要了解人们的设计认知的行为，则必须从文字及视觉两种编码系统同时分析，才能更进一步了解设计行为。设计师通常会在心智里运作基本几何影像的空间关系，然后以图形或模型表达出这些心智影像。草图影像会先在脑海中做出，然后再转移到图面上进行语意码解析。如果将节点组集的结构形态比喻成一棵树，在树结构里高层次节点组集的抽象性要强于低层次节点组集。在树叶部位的基层原点组集相对于其他组集具有更独特的视觉系统，它们的意向也更加具体。

美国建筑理论陈超萃教授在《设计认知》一书中，列举了一个客厅设计观念的语意网络图，来说明客厅知识组集中的许多低层次组集关系（如图1-7所示）。[32]组集之间的关系由建筑功能联结而成。在这背景脉络里，建筑功能是指一个建筑物的自然、位置、联结、结构、技术、可行性以及使用的设计要求。因此，节点建筑功能互相联结的概念涉及物体与物体之间自然、位置、关联、结构、技术和使用上的相互联结。也因为有建筑功能，所以物体的节点能连成一体，形成建筑知识表征。简言之，图中每一个节点都带有文字码和视觉码。高层次的节点比低层次的节点更抽象。例如柱和梁在建筑网络中算是初级节点，具有清楚的视觉码，如图1-8所示。图中节点之间是由建筑功能连成。柱梁之间的关系可表达为"支撑（柱子支撑梁柱）"以及"坐置（梁柱坐置于柱子之上）"。在柱子上的垂直凹凸装饰可定为"装

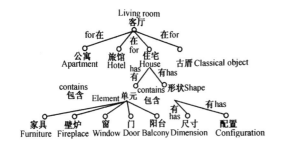

图1-7：客厅影像知识表征图
图片来源：《设计认知》

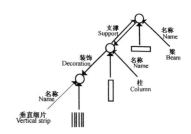

图1-8：柱子的视觉及文字的双码系统
图片来源：《设计认知》

32 陈超萃，设计认知：设计中的认知科学 [M]. 北京：中国建筑工业出版社，2008: 65–69.

饰（垂直细片）"。所有这些支撑、坐置和装饰代表两个对象的关系，也形成网络中底层节点间的联系。于是，节点间逐一地由关系互连而逐渐形成整个视觉网络。

　　陈超萃教授通过研究壁炉的心智影像案例引证了这种视觉和语意双码的理论。该研究以双码论探测知识的内在表征，发掘出设计专家和新手存在于记忆中的设计知识结构的差异。[33]这个研究发现建筑师建构建筑知识倾向于以建筑功能组构设计专业知识。在要求绘制记忆中的壁炉图形的实验里发现，当回忆壁炉时，从记忆中抽取视觉代码也就是图形成分，同时绘出图形码构件的前后线条，确实是有相关的建筑功能存在，亦即有功能相关的物体会依序被回忆画出，这表示存在记忆中的视觉代码构件也是以建筑功能联结而存在的，所以会依序被回忆（如图1-9所示）。进一步而言，专业的设计师由于有更丰富的建筑功能、记忆关联和设计经验，不但更能把信息情报依建筑功能储存，并且也因此集有更多的建筑信息。所以，专家设计师应有更丰富的整套知识表征（如图1-10所示）。图中更详细地以图例说明文字码和视觉码如何联结，形成一个客厅中的壁炉代表。该实验收集到的数据显示，有经验的建筑师有75%的壁炉构件绘制是以构件功能为序先后绘出的；而新手只有52%回忆出的信息是有功能相连的，其他48%的构件之间毫无关联、无序而出。这个研究说明建筑知识在记忆里是依层次以功能相关联，把建筑构件组织成记忆区块而产生的。

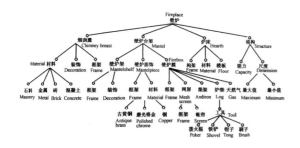

图1-9：语意网络中丰富的壁炉表征
图片来源：《设计认知：设计中的认知科学》

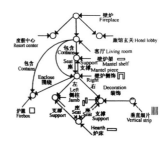

图1-10：文字码和视觉码组成的壁炉知识表征
图片来源：《设计认知：设计中的认知科学》

33 陈超萃.设计认知：设计中的认知科学 [M]. 北京：中国建筑工业出版社，2008:69-91.

总而言之，经过心理学领域的研究可以得知，人类在记忆里组织知识是靠"联结"，回忆知识也靠"联结"。联结已经被认定是主要的记忆心理学理论，即脑中知识是由许多不同联结的知识区块组成的。所以，联结就是人类智能运作中一个主要的认知因素，联结性思维的特点就是以经验为基础，思考时往往从具体事物出发，大胆设想，触类旁通。如果一个设计师能将记忆中的一个知识团进行特殊联结，回忆并应用于设计中，则此设计结果会是脱俗的，也会是有创造力的。同样，在设计中将知识信息多样化的联结形态，是解释设计师有设计创造力的重要概念，在设计过程中思维间联结的重要意义，笔者将在下文进一步阐述。

## 五、设计学中"联结"的概念

### 1. 从设计的前期阶段看"联结"关系

设计过程需要经过一系列的脑力活动及心智运作去解决各类问题。在设计过程中，一方面设计师需要用直觉去获取信息，了解设计背景；另一方面也需要用意识去分析数据、处理有效资源，从而构建出一个满意的设计环境。根据赫伯特·西蒙（Herbert Simon）定义的设计问题，几乎都是结构不良和定义不明确的。因此在设计的前期阶段，设计师首先要面对的任务就是解释问题、定义问题框架、重新框定问题的结构，直到它有足够的一致性来产生解决方案的想法。[34] 而经过多斯特（Dorst）和克罗斯（Cross）的研究表明，明确和重构问题的过程以及寻求解决方案的过程并不是线性的，相反，它们是同时发生的。[35] 美国信息加工心理学创始人艾伦·纽厄尔（Alien Newell）和西蒙提出问题解决的过程通常发生在问题空间和解决方案空间中，并且结构良好的问题和结构不良的问题之间的解题过程是不一样的。[36] 具体到设计，"设计空间"一词是从人工智能改编而来的。目前在文献资料里没有正式的解释，

34 Herbert A.Simon. The Structure of Ill Structured Problems[J]. Artificial Intelligence, 1973, 4: 181–201.
35 Nigel Gross 著，设计师式认知 [M]. 任文永，陈实，译 . 武汉：华中科技大学出版社，2013:141.
36 赫伯特·西蒙 . 认知：人行为背后的思维与智能 [M]. 荆其诚，张厚粲，译 . 北京：中国人民大学出版社，2020.

类似于唐纳德·舍恩（Donald Schon）所说的"设计世界"[37]。设计世界包括主流的文化和职业规范，设计师的个人价值观、解决方案和专业技能，以及任务设定的背景等。设计前期过程的搜索就是在设计空间内进行的，在这个空间中，设计师进行实验、提出建议、测试、评估、比较备选方案、提出问题并提出疑问，所有这些行为的目的都是为了实现对问题的连贯解释和找到一个合理的令人满意的解决方案。这个解决方案必须是合理的，因为这个解决方案是几个其他可行的解决方案之一。当最终选择这个方案时，总是需要解释为什么在这种情况下这是最佳的选择。换言之，设计总是有其特有的逻辑和基本的原理。

设计前期过程的重要性在于创意产生的过程是在这个阶段发生的，并且通常是以密集的形式发生，不论是在高度结构化的过程还是设计师可以自由发挥的情况下。在这个阶段的最后，有一个解决方案提出来，或者说提出最合适的方案，特别是在建筑设计中经常会用这种说法。然后将其进一步开发和阐述，直到最终设计的方案被完全拟定，从而为实施后续的阶段做好准备，包括构建、生产、制造、装配。因此在前期设计过程中产生一个好的想法或者创意会带来一个比较成功的结果，而前期的想法相对较差，就可能会导致不太令人满意的结果。在资源的投入方面，比如时间和资金，寻找概念方向的设计前期阶段耗时相对较短并且经常只涉及少数量的设计师及其他人员，只占整个设计成本的一小部分，而后续阶段则要昂贵得多，不论最初得到的想法质量如何。因此，在设计的前期阶段寻找并产生一个最优的想法是至关重要的。根据实践经验可以得到一个结论，即一个被认为是成功的设计通常是新颖的，甚至是令人惊喜的；满足所有的要求和需求，不论这些需求是否是预先指定的，有的创新设计甚至创造需求，比如第一台苹果手机；价格制定得是否合理；易于制造、使用和安全处理以及是否具有能够吸引潜在用户。

在设计前期过程进行搜索的目标是设计综合。设计综合试图将收集到的数据组织、操作、修剪、过滤，最终可以用来支持全面、连贯的设计解决方案，可以是一个想法、一个概念或一组想法或概念的选择。产生、检查和调整想法是一个经过大量小步骤发展的过程，只有当

37 舍恩. 反映的实践者：专业工作者如何在行动中思考 [M]. 夏林清，译. 北京：教育科学出版社，2007.

实现这些想法的设计行为彼此一致，或者引用建筑理论家克里斯托弗·亚历山大的术语，它们之间显示出"良好的契合性"[38]时，才有可能实现某些事情。在设计过程的前期阶段所反复提及的一致性，就是联结性设计思维的体现。

2. "联结"紧密的设计过程是创造力产生的先决条件

根据研究创造力的心理学专家霍华德·格鲁伯（Howard Gruber）的观点："有趣的创作过程不是由单个步骤产生的，而是由一系列相互关联的复杂步骤的联结和表达产生的。"[39]奈杰尔·克罗斯（Nigel Cross）在研究设计的创造力时总结道："设计思想之间的紧密联系是创造力产生的先决条件。"[40]麻省理工学院设计学教授加芙列拉·戈尔德施米特（Gabriela Goldschmidt）也在研究中表明："设计想法之间的紧密联结在寻找设计问题的成功解决方案所涉及的认知过程中非常重要。"[41]在设计活动中，特别是前期阶段，设计思维过程是由许多小的思维增量按时间顺序组成的，而设计活动就是做"联结"的组合。在设计过程中，由于每一个思维增量不是作为独立的形式自主生成，因此它们会形成不同长度的连续体，彼此之间是相互关联或者相互联结的关系。这些联结的模式既不是事先预设的，也不是以任何方式而固定的联结形态，但可以根据经验为每个思维增量点建立序列，然后在此序列的基础上判断彼此之间的联结关系。

对于设计思维联结性的判断是基于设计是一个逻辑推理的过程，一个可以由规则控制、可以作解释和规定的行为活动，并且作为设计结果产生前的逻辑推理过程是能够在总体思维的层面得到合理解释的。通过分析设计原案，揭示设计思维间的联结关系，这在任何设计领域或者设计任务下都是可行的。在此认知基础上，分析显然必须基于非常小的片段，这些片

38 亚历山大. 形式综合论 [M]. 王蔚，曾引，译. 武汉：华中科技大学出版社，2010: 16–25.
39 Gruber, H. E. Afterword, in D H Feldman (ed) Beyond Universals in Cognitive Development[M]. Ablex Publishing Corp., Norwood, NJ, 1980:177–178.
40 Nigel Cross, Anita Clayburn Cross. Observations of Teamwork and Social Processes in Design[J]. Design Studies, 1995, 16(2).
41 Gabriela Goldschmidt, Dan Tatsa. How Good are Good Ideas? Correlates of Design Creativity[J]. Design Studies, 2005, 26(6).

段能够很好地映射到设计活动中的每一个动作上。微观认知层面的设计过程可以理解为源于包含分析、综合和评价的循环，这些行为逐渐形成一个原始的设计方案或解决方案，直到它可以被认为是适当的。如果把记录下来的设计原案解析为由"设计动作"组成的小单元，用联结性的思维去分析每个单元之间的关联性，以及它们与最后结果的关系，就能够识别出设计过程中的关键步骤、创造力形成的条件，或者找到过程中不足以解决问题而缺失的联结关系，以及步骤中所存在的问题。

正如前文所述，好的设计拥有一个良好集成的解决方案，能够处理必须解决的许多问题。好的创造性设计还体现了连贯、新颖、全面的"主导思想"，将设计从单纯的解决问题提升为社会、艺术、技术或一般文化表达，为广大公众所欣赏。一个领先的概念不是一个"分离的东西"，相反，所有的设计决策都必须与它兼容，这也是联结性思维的意义所在。因此，理解设计动作之间的联结属性有助于理解产生良好集成的设计作品的本质，也是捕捉设计认知和行为本质的最佳思维方式。

# 第三节 "联结"的基础理论

## 一、认知科学与设计认知

认知的基础需要考虑信息的处理过程，即表达、存储、描述、转译"信息"的能力。[1]最早涉猎认知层面研究的是认知心理学。认知心理学主要专注于认知活动以及心智历程的研究，比如视觉、语言、注意力等。认知心理学作为一个专有名词，是在美国认知心理学家乌尔里克·奈瑟尔（Ulric Neisser）1967年出版的《认知心理学》[2]中定下来的。认知心理学的研究是对人类知觉过程的研究，知觉过程是人将感知数据进行收集、编辑、存储、利用的过程。[3]认知心理学得以发展最主要的因素是有人类信息处理论。这个理论对知识过程的构想提供了依据。人类知觉系统的形成过程由许多过程步骤组合而成，信息处理法就是用来确认各个步骤中发生的事件。[4]而基于此发展出来的认知科学是一门研究信息如何在大脑中形成以及转录过程的跨领域学科。根据美国哈佛大学心理学教授霍华德·加德纳（Howard Gardner）的总结，认知科学的研究主要集中在了解心智呈现、分析思考及以计算机模式来仿真人类思考。[5]

人的大脑就如同一部机器，它需要从大环境中输入各类有形或无形的信息，并经过处理将其输出。各类信息经由声音、文字、图像、味道、触觉等刺激通过感知器官输入人脑。信息在被摄入之后会经过一系列感知运作放在短暂记忆中，再经过一段时间的处理，将信息变为知识存储于长期记忆中。信息从输入到输出涉及的问题主要分三个方面：（1）信息输入问题以及信息输出机制问题。（2）信息转译及存储问题。（3）信息处理的综合问题，即认知系统的构成问题。[6]

如果设计是一系列创造物体的心智活动，那么这些活动就可被看成知识的运作过程，是被有意识地操作的人类思考行为。在认知心理学中，思考被定义为人类有意识地运作认知的

1 李发权，熊德国，Tang XinKui，等.设计认知过程研究的发展与分析 [J].计算机工程与应用，2011, 47(20): 24–27, 37.
2 Ulric Neisser，Cognitive Psychology[M]. Englewood：Prentice Hall, 1967.
3 陈超萃.设计认知：设计中的认知科学 [M].北京：中国建筑工业出版社，2008: 11.
4 谢友柏.现代设计理论和方法的研究 [J].机械工程学报.2004, 40(4):1–9.
5 霍华德·加德纳，心灵的新科学：认知革命的历史 [M].周晓林，张锦，郑龙，等，译.沈阳：辽宁教育出版社，1989.
6 陈超萃.设计认知：设计中的认知科学 [M].北京：中国建筑工业出版社，2008: 15.

现象，所以，设计活动就是通过运作认知所执行出的一系列思考活动。从另一方面来看，设计产品也可被看成是因为认知运作而出的设计思考结果。无论研究设计是从过程还是从结果入手，其解释的底线都是设计终归是人类认知运作所创造出的。

中外学者研究"设计思维"的根源，亦即思考的方式，已经有数十年，并试图为其设下定义。彼得·罗（Peter Rowe）是第一位把这个词用在他的《设计思考》（又称《设计思维》）书名上的，解释了建筑师和城市规划设计师解决问题的程序。如果将不同领域中许多已经出现的科学化研究进行综合归纳，一个较清晰的认知图片则开始浮现，而且很明显，"设计认知"这个词也开始被用来将设计过程中所发生的活动分门别类。逐渐地，一个学科也就成形了。例如，"设计认知"的自然本性可由计算器运算的模拟象征方式来看，或根据解决问题的角度方位做研究。[7] 查克·伊士曼（Chunk Eastman）则用该词比拟人类运作信息的方式，他使用不同的理论和实证范例来探讨人们处理设计信息的过程。[8]

在理论层面上，如果把设计当作是由某种特殊驱动力量应运生成的智慧冒险结晶，则有三个根本层次值得探讨：一是设计规则；二是设计方法论；三是设计思维过程（见图1-11）。这三个层次都与设计的本质密切相关，而且是生成有质量产品的根源：（1）设计规则可视为设计时使用的机械原则，是被公众认同、可依循重复使用、开放性之设计准则。该准则可由产品体会出结果，也可被归为设计中原则性的方法类。例如，空间比例、物体尺度大小、材质颜色、空间流通或建筑法规等都是基本的设计原则。（2）设计方法论是以一些理论框架为主导的系统化程序学说，使用在设计中。比如，老建筑维护及新能源、新材料的运用是主要的设计观念，需要针对性地考虑其设计方法和设计程序。（3）至于设计思维过程，则是一个设计由作草图到完工的整个思维历程。这个历程可以说是设计师处理一个设计活动的个人内在的设计认知旅程。[9]

7 Nigel Cross, Design Knowing and Learning: Cognition in Design Education[M]. Amsterdam: Elvier, 2001: 79–103.

8 Charles Eastman, New Directions in Design Cognition: Studies of Representation and Recall[M]. Amsterdam: Elvier, 2001: 147–198.

9 陈超萃. 设计认知：设计中的认知科学 [M]. 北京：中国建筑工业出版社 , 2008: 19–21.

图 1-11：设计种类及其创造力量
图片来源：《设计认知》

在实践层面上，设计师会梳理设计目标课题要点，理性分析要针对的设计问题，需要利用明确的设计规则寻找相关数据，利用不同的设计方法输出、评判、选择、生成设计结果。其中设计规则与方法都是通过相关设计知识的学习而得来，学习本身就是人类认知的一部分。至于设计过程，指的是执行认知的操作过程。整体而言，这三个设计本质的层次即设计中所实现的认知成果或现象，这三个内容组成设计认知理论。

总而言之，设计认知的研究重心在于对待设计活动中解决问题的方式。因此，研究的主题开始探讨设计师内心中解决问题所用的心智机制和技巧。然而，心智是个"黑箱子"。心智活动也不是透明可辨的过程，一般很难体会设计观念的出处和创造来源。但要了解设计的心智过程，理想的研究工具方法在目前而言就是认知心理学和认知科学。如果设计过程可被明朗化，则设计大师的设计方法可外显，提供公开讨论和学习的机会。并且，如果能把在"黑箱子"中推进的设计思维过程记录下来，也可以提供可视的清晰依据做明确的历程回溯，作为提供设计修改和评估的依据，设计者也可以洞察个人的设计弱点及优势，以提升设计能力。

## 二、解题模式理论

认知科学领域中最重要的学说就是"解题模式理论"。解决问题是一种认知活动，设计需要解决多类型的问题，设计活动也是一种认知活动，即设计认知。赫伯特·西蒙直接影响了科学性研究设计思维的新运动，该运动发起于 20 世纪 70 年代。西蒙主持研究的课题由设计过程着手，因为研究"过程"的方式能提供一些方法，让学者有系统地预测并阐释一些可能发生的心智现象，包括设计行为和认知形态。自此之后，研究方向从过去发展系统化方法以便管理经营整个设计过程转换到了解设计者是如何以惯例常规的程序去解决问题。由于这些变化，研究的潮流开始聚焦于把设计活动看成破解问题的手法，而这个潮流也被"解题模式"这个理论所带动。[10] 20世纪70年代，解题研究的学者进一步将所有发生过的问题区分成类，并探讨各自的问题本质。其中，设计问题属于开放性问题，它有许多能令人满意的解决方法。

就设计问题而言，可以将其区分为两大类：能够明确界定的问题和非明确界定的问题。后一类还可进一步细分，划出"恶性问题"这一子类别。[11] 艺术、人文、社会科学以及工程领域中的问题一般都归属于难以界定的问题。[12] 此类问题通常有极大的问题空间，没有固定的解题方法或目标程序。任何步骤过程都会产生出一个可能是满意但非最理想的解答。反之，界定良好的问题则存在于填字游戏、象棋、一般算数计算、自然科学学科或数学领域中，通常是有明确的目标，经由一些固定不变的推理即可依序化解。这些推理可能是一些公式或规则，而且这些问题的解答步骤是有限的，并且解答方法也是有限的。当正确的公式或规则被找到，特定不变的步骤被采用执行之后，问题即可迎刃而解。一个解决明确界定的问题的方法通常是工业中的"故障排除法"。故障排除法涉及系统化地运用程序列表方式，逐一定位已存于系统中的问题并依序逐个修正。[13] 依此类推，"非明确界定"的问题同样可被依序分解为一些子问题，再将次问题分解到可被掌握的小问题单元，一直分解到问题被解决后才停止。

关于设计问题的一般特性，可从问题状态的角度做下列分析，即每一个问题都有它的起点、中止状态和许多中间状态。为了达到最后的解答状态，选择操作单元的行动必须在每个状态中逐步进行。一般设计问题的解题活动可被简述为：搞清楚问题，臆测可能的解答，测试最好的解法，决定问题是否已经被解决。陈超萃教授将解题活动总结为下列八个认知程序：

10 司马贺. 人工科学：复杂性面面观 [M]. 武夷山，译. 上海：上海科技教育出版社，2004.
11 Rittel, Horst W. J., Dilemmas in a General Theory of Planning[J].Policy Sciences, 1973: 155.
12 Allen Newell，Heuristic programming: Ill–structured Problems[J]. The Soar Papers 1993, 1: 3–54.
13 陈超萃. 风格与创造力：设计认知理论 [M]. 天津：天津大学出版社，2016: 40–41.

①识别并选择问题；②分析所选的问题；③产生可能的解答；④选择并规划出解答；⑤实现解答；⑥评估解答；⑦决定问题是否已解；⑧把最终的解决方案存在记忆中作为日后使用的知识架构。[14] 这些解题认知状态是一般考虑问题的思维程序。在设计领域中，每个程序中都有其特别的设计认知操作。解决"明确界定"和"非明确界定"两种问题手法的不同之处在于：解决前者时，设计者本身大部分时间都知道问题是什么，而且解决的方法也是有限的，评估结果的步骤也不多，而且目标状态也非常清晰；而在处理"恶性问题"则与"非明确界定的问题"时非常相似，设计者需要先将问题分解为多个子问题，再逐一界定和寻找可能的解决方案，集合子问题的解决方案再综合评估，最后找到最佳的解法。三种主要问题中思维活动的先后次序和某些存在或不存在的思维特征简单列于表 1-2 中作为参考。打钩栏是指在解决该种问题时必定会实现的行为或程序。

| 解题程序 | 明确界定 | 非明确界定 | 恶性问题 |
| --- | --- | --- | --- |
| 确定问题 | 已知 | 不确定 | 未知 |
| 分析所选的问题 | √ | √ | √ |
| 产生许多可能的解法 | 有限 | 无限 | 无限 |
| 选择并规划解法 | √ | √ | √ |
| 体现解法 | √ | √ | √ |
| 评估解法 | √ | √ | √ |
| 决定问题是否已解 | 明晰 | 不明晰 | 不明晰 |
| 发展未来可用的知识方案 | √ | √ | √ |
| 问题重现性 | 无 | 无 | 有 |

表 1-2：解三种主要问题行为的认知程序及特征

14 Willemien Visser. Simon: Design as a Problem-Solving Activity[J]. Art + Design & Psychology, 2010: 11–16.

任何问题都包含着解题者的开始状况，称为"起始状态"，以及一个"目标状态"，即是问题已被解决的结束点。由起伏状态到目标状态的整个过程可被看成一系列的转换产生连续的状态，并可将这一过程模式化。图1-12简单列举"明确界定问题"的问题空间。点代表问题状态或知识状态，箭头线代表将状态往前推动的操作单元。"明确界定问题"空间仅需少数的知识状态和操作单元即可获得解答。有些问题的目标状态单一，只存在一个解答，而有些问题例子则具有一些有限的目标状态，也容得下一些有限的解答。

设计问题被归类为非明确界定的问题，有些问题也可以定位为恶性问题。"非明确界定的问题"的目标与策略都较为模糊，限制与起始状态都不够清晰。设计问题的特点是因为由状况转到状况时，目标会变得含糊，问题的组构会转移。建筑师面对的设计即一个很好的说明"非明确界定的问题"类的例子。图1-13简示了存在于解决"非明确界定的问题"中的空间元素。在空间中，可能有不少途径可获得一些满意的解答，因此解法无限。也因为设计过程的复杂性，设计师一方面会策划指定问题，另一方面则构架解决方案。策划问题是辨认一些让设计者自己要注意的

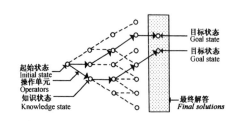

图1-12："明确界定问题"的问题空间
图片来源：《设计认知：设计中的认知科学》

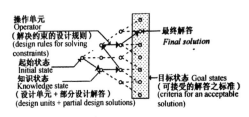

图1-13："非明确界定问题"的问题空间
图片来源：《设计认知：设计中的认知科学》

事，并且把这些要探掘的前后脉络给有条理地架构起来，所以设计师能在这框架里挖掘解答。任一问题会在问题开始时被架构出，也会在设计课题里重复架构。[15]这整个问题的框架就是"问题的结构"。而做框架的历程成为解答之结构。但问题结构是影响搜寻策略、产生解答的主要因素。这些认知活动都有可能在设计思维过程中产生。

在思维研究的层面，设计问题的解题理论曾经启发过学者以心理模式仿真设计师在设计过程中如何思考、如何行动。关于设计的解题理论与认知心理学的密切关联确实为研究设计思维的相关特性提供了很好的研究架构，可以科学化地解释人类如何学习、处理、储存以及寻找设计数据。20世纪50年代，在将人类思维形态模式化这方面已经发展出一些研究方法，使得设计问题的解题理论更能为设计思维"联结性"的研究提供一个基本研究平台，例如早期对创造性思维的假设认为创造性思维是一种特别的解题行为。[16]这个假设也同样适用于假定设计思维的联结性也同样是一种特别形态的解题行为。最近几年，设计认知领域研究的新方向是通过对思维的外显来看过程中的特性，以了解设计过程的本质。在这个方面认知心理学领域的研究方法也为设计思维的外显化提供了更多的可能。已经有很多学者和设计师在思维可视化方面做了很多努力，下文将对其进行具体阐述。

## 三、思维与设计思维

### 1. 思维的结构

"思维"以及与它相近的词，如"想""思考""思索""思想"等用词渗透在人们的生活中，广泛地被使用。"思维"已在许多领域中引起深刻的探讨，各领域对"思维"也有不同的界定，以下列举学者对思维的定义：思维指内在心理认知历程，此历程中将个体心理上所有认知事件经表象过程予以抽象化，以便心理上运作处理，从而对事件的性质得以理解

---

15 Vinod Goel and Peter Pirolli, the Structure of Design Problem Spaces[J].Cognitive Science 1992, 16, 395–429.
16 范圣玺. 关于创造性设计思维方法的研究 [J]. 同济大学学报（社会科学版）, 2008, 19(6): 48–54, 61.

并获知其意义；思维泛指观念、表征、符号、词语、命题、记忆、概念、印象、信念或意向的任何内隐之认知操作或心理操作；广义上的思维是人的认知活动，这种认知活动是人类具有的、有意识的、能控制的认知活动；认知心理学认为思维是人的信息加工处理，并提出信息加工的基本过程有三类，即问题解决、模式识别和学习（信息的获取与储存）；思维是人脑对客观事物的本质、相互关系及其内在规律性的概括和间接反映；任何在脑海中进行的活动都是思维。

从上述对思维的定义可以看到思维有各种不同面向，可以是过程、形式、活动、反映、方法等，但其中有一个共同点就是思维是以人为主体出发，在与客体的交互作用中，人的思考、行为起了变化，进而对客体产生认识。由张春兴的定义中可得知，思维是心理运作的历程，而在心理上所运作者不是认知事件的本身，是经表象过程予以抽象化的心理活动。夏甄陶等认为思维结构是由内在系统和外在系统构成，是这两个系统的统一体。内在系统为精神现象的自身结构，是作为精神现象的思维诸要素、成分相互联系、相互作用的结合方式。而思维结构并非只是精神现象，它必须以客观的物质实体为其存在和活动的基础，此基础即为外在系统。外在系统包括思维的主体、思维的客体，以及主、客体相互作用的中介（工具、技术、手段等）。内在系统是主体客体化、客体主体化、和主、客体相互作用、转化的内在机制，由三大层次构成，其一是知识信息层，包括知识、经验、概念、思维形式、方法等要素，是对于认识现实世界之成果的内化。其二是动力调控层，包括意识、价值观念、动机、情感、情绪、意志等。其三是智力智慧层，为运用知识和创造知识的层次。思维结构的内在系统不是孤立存在、独立运行的，需要以外在系统为基础。而思维结构中的外在系统又受到内在系统的制约。夏甄陶等指出思维结构形成后，有相对稳定性，但不是永恒不变的，具有一种或快或慢之连续的建构。

卡尔·曼海姆（Karl Mannheim）认为思维具有物质性结构与功能性结构（见图1-14）。他指出，思维是由感性认识向理性认识的转化过程，其中感性认识包括感觉、知觉、表象，此为思维的基础，其中表象为感性认识向理性认识过渡的中介，理性认识则包括概念、判断、

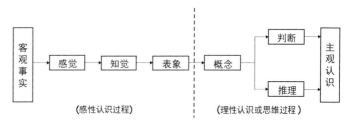

图 1-14：思维的结构
图片来源：《思维的结构》

推理，其中概念为思维的细胞、主要形式。[17] 而所谓的物质性结构是由感觉、知觉、表象、概念、判断、推理、思维基本规律和方法等要素及其相互联系所构成的整体框架，且此框架是人脑有目的地对客观事物运动规律反映而来，而人脑的反映只能反映客观事物重要的本质与规律。

夏甄陶等学者对感性认识、理性认识中的各形式加以解释：

（1）感性认识阶段为主、客体认识关系发展的最初阶段，是主体对客体的感性反感觉反映，也就是感性直观，包括感觉、知觉、表象等基本反映形式。

下面逐一解释这三种反映形式。首先，感觉——由感受器，如眼、耳、鼻、舌、躯体等感觉器官与客体发生现实的联系，接受来自客体的刺激，获得关于客体的信息，此信息沿着感觉神经传到大脑，形成对客体的感觉。其次，知觉——感觉信息传到大脑后，便产生知觉，知觉依赖人们对传入之刺激的注意以及从种种刺激中抽出信息的能力，是在感觉的基础上形成对多种感觉的处理、整合，是对客体的整体性反映。最后，表象——感觉、知觉是在客体直接作用下形成的感性映象。当客体直接作用消失时，保留在人脑中的感性映象之再现与重组，即为表象，它的特点是具有一定的间接性和概括性。

（2）理性形式包括概念、判断、推理等，是主体观念地把握客体的最高形式，以感性反映为基础，又超越感性反映的局限性，达到对事物之本质、规律的把握。

其中，概念指在感性认识的基础上，通过抽象、概括等方式，舍弃感性反映之易变、个别、非本质之成分，将必然的、稳定的、普遍的、本质的内涵抽取出来。判断指在形成、运用概念的基础上，产生概念和概念之间的联系，通常采取肯定或否定的形式，对客体的性质、状况、关系加以判定。而推理指将单个的判断联系起来，从已有的判断推出新的判断。王仲春等指出思维结构是人们在现实客观世界中形成的、由最基本要素构成的开放性系统，因而它不断地转变、进化、发展。

设计的概念已具有很长的历史，它的基本内容是以一定的物质手段创造出具有现实价值物品的活动，也就是说设计活动自人类祖先制作工具以便利生活就已开始。下一小节将从设

17 卡尔·曼海姆著.霍桂桓,译.思维的结构 [M]. 北京：中国人民大学出版社，2013: 11.

计的角度阐述思维的内涵以及相关设计思考的模式理论。

2. 设计思维

在科学领域，设计作为一种"思维方式"的概念可以追溯到赫伯特·西蒙 1969 年的著作《人工科学》，而在工程设计领域，则可以追溯到罗伯特·麦克金姆（Robert McKim）1973 年的著作《视觉思维经验》。罗尔夫·法斯特（Rolf A. Faste）扩展了麦克金姆 20 世纪80 年代到 90 年代在斯坦福大学的工作，教授"设计思维"作为指导一种创造性活动的方法。哈佛设计学院院长彼得·罗在 1987 年出版的《设计思维》一书中描述了建筑师和城市规划者使用的思维方式与方法，这是早期设计研究文献中对这个术语的重要使用。随后，"设计思维"被麦克金姆在斯坦福大学的同事大卫·凯利（David M. Kelley）发展到商业领域，并于 1991 年创立全球顶尖的设计公司 IDEO。美国卡内基梅隆大学设计学院前院长理查德·布坎南（Richard Buchanan）在 1992 年发表了一篇题为"设计思维中未界定问题"的文章，表达了"设计思维"的一个更广泛的观点，即通过设计来解决人类难以解决的问题。

从定义的角度来看，设计思维也称设计思考，顾名思义为"像设计师一样地思考"，更精确的说法则是"以设计师的思考逻辑与方法来解决问题"。作为一个以人为本的解决问题方法论，设计思维从人的需求出发，为各种议题寻求创新解决方案，并创造更多的可能性。相较于由设计者独自完成设计，过程被视为一种在脑中的黑箱作业；设计思维更强调集体智慧的帮助、以理性思考为基础，此过程是一种可被说明的明确化过程。从 1919 年德国包豪斯学院关于设计与创新的启发，延续到 2010 年 IDEO 设计公司总裁蒂姆·布朗（Tim Brown）正式提出的设计思考方法论，可证明设计思考的重要性。

心理学家尼兹彼研究提出"思维的疆域"，有时选择能比较出最好的答案，有时得从几个相差不远的答案中选择，而此状况下团队思考倾向于收敛出单一结果。一般来说，收敛性（Convergent）的思考方式是实际且有效的，然而，当决策的目的是寻找创新可能性时，不断地去芜存菁并能够理出一项精细的方案，却缺乏新想法的注入，亦将使思维受限。知名科学家鲍林曾说："想要找到好点子，首先你得有一大堆点子。"布莱恩·劳森

（Bryan Lawson）在《设计思维：建筑设计流程解析》一书中写道："发散性思维（Divergent Thinking）正是为了丰富选项而存在，带来不同的洞见与具有突破性的观点。"而设计思维有别于过去创新的方法，一方面结合了发散性思维与收敛性思考，通过发散性思考扩大选项，再借由收敛性思考作出抉择，但正如美国大文豪福克纳所述："In writing, you must kill all your darlings."即越多的选项也将使抉择变得更加复杂且困难，许多时候必须扼杀喜爱的元素才能成就更好的结果。

3. 设计思维的精神内涵

早在 1926 年，英国心理学家格雷厄姆·华莱斯（Graham Wallas）提出四个阶段的创造思维模式：（1）预备期（Preparation）：着重于发现问题、搜集相关知识、汇整资料。（2）潜伏期（Incubation）：找出相关因素，针对问题进行各种尝试性的解决。（3）领悟期（Illumination）：从旧有的思维之中顿悟，产生新的观念或想法。（4）印证期（Verification）：将想法具体化，并检查方案的合理性和实用性，其中便有系统性的问题解决概念。而曾任职于美国斯坦福大学的数学家乔治·波利亚（George Polya）于《如何解决问题？》（How to Solve it）一书中则将解题过程区分为四个部分，分别为理解问题（Understanding the Problem）、设计解题策略（Devising a Plan）、按步解题（Carrying out the Plan）、回顾解答（Looking Back）。针对数学解题的模式，尚有舍恩菲尔德（1987 年）、加罗法洛及莱斯特（1985 年）、迈耶（1985 年）、库拉力克和鲁德尼克（1988 年）等诸多学者提出各自的模式，虽他们的模式不尽相同，但皆与波利亚解题的观念相通。就学习理论观点而言，美国心理学家大卫·科尔布（David Kolb）也提出了四个方面的内容，分别是具体经验（Concrete Experience）、反思观察（Reflective Observation）、抽象概念（Abstract Conceptualization）以及主动验证（Active Experiment）。其内容实与设计思考的理解、观察、定义发想、视觉化具体化及改良实行等步骤相呼应，而后 1988 年格雷厄姆·吉布斯（Graham Gibbs）根据其观点提出 "the Reflection Cycle"，即包含描述（Description）、感受（Feelings）、检视（Evaluation）、分析（Analysis）、结论（Conclusion），以及行动计划（Action Plan）六个阶段的反思循环。

而设计思考的概念则源于科学家赫伯特·西蒙，他在 1969 年以科学角度结合多名设计领域学者提出关于"设计思维"的定义、研究、发展、原型制作、选择、执行与学习七个设计思维循环，且其七个循环是由决策周期延伸至美国斯坦福设计思考步骤的五大架构开始广受运用。2009 年，梁又照教授以 IDEO 公司的设计思考方法为基础，更进一步依照我国产业环境发展出"使用者导向情境体验创新设计方法"的设计思维方法，将设计流程分为宏观情境因素与微观情境因素两个层次深入探究，而近期则有学者统整问题解决方法论提出问题认知、寻求解决方法、实行解决方案、推敲结果四个阶段。综观上文可知，各领域学者的观点皆具理解设计、去芜存菁及执行验证的概念。

依据设计思维活动的内容与模式，IDEO 设计公司总裁蒂姆·布朗在 2010 年提出六项在设计思考中具备的精神内涵，分别为以人为本、及早失败、跨领域团队合作、从做中学、同理心、快速原型制作以及实际测试。其中，"以人为本"是以人为设计的出发点，如同以使用者的观点去体验，去理解他的触感，以达到真正最贴近使用者的设计；"及早失败"指设计思维鼓励及早失败的心态，宁可在早期成本与时间投入相对较少的状况下，早点失败，并作相对应的修改。如此一来，损失会轻于已完成一定程度，并已投入巨大资本的状况；"跨领域合作"指不同领域背景的成员具有不同的专长，会看到事物中有不同的观点，因此一个跨领域的创新团队不只是能够做出跨领域整合的成果，此外，通过不同的观点讨论，也更容易激发出更多创新的可能；"从中学习"指具体动手学习，实地动手去做原型，不论成功与否，都能由实作的过程中更进一步去学习；"同理心"是以使用者一样的角度去看世界，理解他人，感同身受地去体验、感悟；"快速原型制作"是由粗略且简易的模型开始，很快地完成原型的制作，并供设计者快速反复的修正；"实际测试"是利用前一个阶段制作出的原型与使用者进行沟通，通过情景模拟使用者可以测试是否适用，并从中观察使用者的使用状况、回应等，通过使用者的反应，重新定义需求或是改进我们的解决办法，并更加深入地了解我们的使用者。

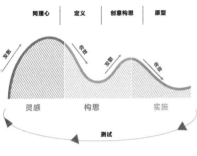

图 1-15：IDEO 设计思维模型
图片来源：《IDEO，设计改变一切》

4. 设计思维的基本模式与流程

设计思维将创新系统化，依循着系统化的操作，使创新得以实践。设计公司 IDEO 的创始人比尔·莫格里奇（Bill Moggridge）提出设计思维的六个流程步骤，其中包含：（1）理解（Understand）：理解目标。（2）定义（Define）：定义问题。（3）发散（Diverge）：探索各种解决方案。（4）抉择（Decide）：找到最优的解决方案。（5）原型（Prototype）：设计原型。（6）验证（Validate）：验证方案的可行性。设计思维有别于过往单向的设计流程，呈现双向且重复循环的操作模式，是一个不断扩散与聚敛的循环过程。在设计的过程中，确实存在一些有用的起点和有益的路标，但我们最好把创新的延续看作是由彼此重叠的空间构成的系统，而不是一串秩序井然的步骤。而其过程会经历三个反复交叠的空间，分别是灵感（Inspiration）、构思（Ideation）以及实施（Implementation）（如图 1-15 所示）：首先由需求出发，经由问题机会等情境而产生寻求解决方案的动机，接着构思，经由脑力激荡来产生点子，将点子强化、评估并测试，最后进入实施阶段，将产品导入市场的规划，其中决定性的层次依序递增。之所以要经历这种反复的、非线性的过程，并不是因为设计思考者没有规划或缺乏训练，而是因为设计思维从本质上来讲是一个探索的过程。如果运用得当，在这个过程中，设计思维一定会带来意想不到的发现。通常我们可以把这些发现融入持续进行的流程中，而不至于打断流程。在另外一些时候，这些发现会促使设计团队重新审视某些最基本的假设。例如，在测试模型时，消费者也许会为我们提供一些洞察，从而指向一个更有吸引力、更有

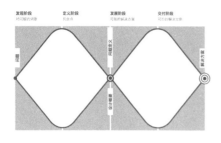

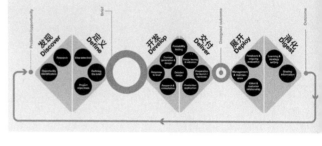

图 1-16：双钻石模型
图片来源：《双钻石：一种普遍适用的设计过程描述》

图 1-17：三钻石模型
图片来源：《研究新基础指南：实现突破性合作》

前途、获益可能更大的市场。这类洞察应当促使我们改进或重新思考原来的假设，而不是固执地一味推进原本的计划。借用计算机行业的语言，不应当把这种方法看作系统复位，而应当将其看作意义重大的系统升级，在此过程中，每一次的跌宕都比前一次缩小一些、聚焦一点。

　　愿意接受甚至热烈欢迎相互矛盾的约束条件，正是设计思维的基础所在。在设计流程的第一个阶段，通常要确定哪些是重要约束条件，并建立评估体系。将约束条件直观表现出来的最佳方式，是采用三种互相重叠的标准来衡量想法是否可行，这三个准则分别为可行性（Feasibility）、存续性（Viability）以及需求性（Desirability）。同年英国设计委员会首席设计师马特·亨特（Matt Hunter）提出双钻石模型（Double Diamond）的产品开发流程，与 IDEO 公司所提出的模型同样经历两次发散与收敛，而亨特将之详加定义为发现（Discover）、定义（Define）、开发（Develop）、交付（Deliver）的 4D Model 设计开发流程（见图 1-16）。而后英国索尔福德大学打击犯罪解决方案中心（the Design Against Crime Solution Centre）延伸此模型，增加展开（Deploy）与消化（Digest）两阶段形成第三颗钻石（见图 1-17），第三颗钻石可协助企业内外部利益相关者了解设计的执行状况，并能提供洞察以修正或重新设计产品，而目前已有此模式设计的产品及服务。关于三个钻石模型的说法，用户界面设计的先驱本·施奈德曼（Ben Shneiderman）教授于 2016 年在《研究新基础指南：实现突破性合作》一书中针对双钻石模型提出依据专案的规模可能扩增为三个钻石模型，而所增加的钻石则是为产品或服务提升可靠度、降低成本或维持使用体验。2020 年正戴斯克美国顾客服务设计公司（the Zendesk Design）也在双钻模型的基础上研发了三个钻石模型（the Zendesk Triple Diamond）。如图 1-18 所示，正戴斯克三钻石模型中的第三颗钻石标志着敏捷迭代周期的开始。设计者将根据设计概念提出的解决方案视为一个初始计划，并在每次循环检验中不断完善和补充更多细节。此时，工程师正在研究技术解决方案，而设计师正在创建原型并进行可用性测试。研究和设计应该贯穿整个周期。在这个过程中，不确定性会随着时间的推移而减少，设计团队不断地锤炼最佳的解决方案。团队自始至终都在了解客户对设计产品的反应，并做出相应调整。在整个过程中都可以接受变化，但需要注意的是，随着提交的代码越来越多，更改的灵活性会随着时间的推移而降低。在整个过程中，可以在早期阶段做比较大的调整，但到最后，只有 5% 的优化空间。

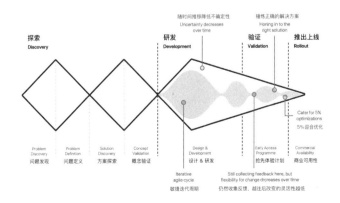

图 1-18：Zendesk 三钻石模型
图片来源：Zendesk Design 官网

对于设计思维的重视，IDEO 设计顾问公司甚至创立专属于脑力激荡的会议空间，并且在墙上写着每位活动参与成员都必须遵守的 7 项原则，分别是：（1）不要急着下定论。（2）任何天马行空的想法都会被认真对待。（3）以伙伴的创意为基础，接棒发想。（4）讨论的原则是"围绕主题，焦点集中"。（5）每次只进行一项讨论，不要多项讨论并行。（6）图像化、视觉化。（7）追求脑力激荡构想"量"。这些活动原则正是设计思考所代表的精神特色，通过脑力激荡的方式可了解不同领域的想法，也许构想并未一次到位，但在这个活动中，以伙伴的构想进行接力发想，将可激荡出不同于个人发想所得出的灵感，产生出创新价值。设计思维是一个建构创新思维的过程，创意设计可以天马行空地发挥，现今通过设计思考活动的运行，可协助企业创造出机会点；同时也是一种综合性的思考能力，在创意设计的过程，可以通过创新思维工具的运用协助使用者进行思考逻辑的整理，罗杰·马丁（Roger Martin）曾在《相对思维》一书中提道："利用相对思维来建构新解决方案的思考家，比一次只能考虑一种模式的思考家享有更多内在的优势。"综合性思维能兼容多向关系，并能拓宽议题的范围来突显问题。

回归到教育的角度，设计思维有助于培养学生的创造力和适应能力，从而使他们能够获得解决复杂问题、协作作业所需的知识、技能和态度。然而在团队中，参与者往往无法充分地共享各自拥有的信息与知识，也就对构成设计思考的内容缺乏一致性，这种情况会使其发展问题复杂化。因此，霍德利和科克斯在 2009 年第一届国际教育学者大会中呼吁对设计知识的含义进行适当的定义，通过学习方法的设计，以确定各种关键知识，包括设计阶段所需的知识以及设计原理和技术知识。而在设计教育中要考虑的另一重点是开发能够协助处理设计工作问题的方法，适当的规划可以更好地显露学生专长与特质，因此也有必要帮助教师和学生开发适合设计工作的规划，因为这可能是影响他们开发所需设计实践能力的一个因素。在教学工作坊的方法中，学生通常通过教师的反馈和指导或通过个人观察和反思来开发设计知识，强调通过经验和学徒学习，学生十分充分地体验了设计的过程，但由于没有结构化的教学经验来帮助他们解释具体的设计知识并根据他们的经验设计推理，最终，学生设计思考成果很可能无法超越过去所谓"创意设计就像一个黑盒子"的概念发展方式。有鉴于此，美国斯坦福大学依据业界人才之需求，开设设计思维相关课程，并拟定其五大架构标准模式，分别是同理心（Empathize）、定义问题（Define）、发想（Ideate）、制作原型（Prototyping）以及测试（Test），而后针对其团队组织，威廉·伯内特（William Burnett）与大卫·约翰·埃文斯（David John Evans）认为美国斯坦福大学设计思维活动的最佳团队人数为三至五人，因为两人团队仅一人负责发言，另一人负责听；三人左右就会拥有较佳的互动性，对话的广度才够；如超出六人以上，情况将会有所转变，由于发言的时间性有限，因此发言权该由谁掌控成了问题所在，且团队的人数过于多，则每一个人的意见、观点容易被忽略，争执也较容易产生。

　　总而言之，设计思维过程是一个设计由作草图到完工的整个思考历程。这历程可以说是设计师处理一设计项目的个人内在设计认知旅程。因此要找到设计思维流程中的创造力的提升方法，还需了解和掌握在设计流程中认知层面发生的现象以及其运行机制。

## 四、设计思维的可视化表达

### 1. 思维可视化的定义

　　思维可视化（Thinking Visualization）指将不可视的思维通过各种图像技术展示出来，这需要清晰的展示思考路径以及思考方法。[18]换句话说，这一过程就是一步步将大脑中的所思所想绘制出来。实现"思维可视化"的图像技术需要使用各类图示方法和软件，如模型图、概念图、流程图、鱼骨图、思维导图等，相关软件包括 Xmind、Dropmind、Inmindmap、FreeMind、Mindmanager、Mindmapper 等。

　　诸多学者研究的实现思维可视化的图示技术，是一种通过视觉化方式，以象征符号再现

18 林慧君. 思维可视化及其技术特征 [C]. 中国人工智能学会计算机辅助教育专业委员会. 计算机与教育：实践、创新、未来——全国计算机辅助教育学会第十六届学术年会论文集. 中国人工智能学会计算机辅助教育专业委员会：中国人工智能学会计算机辅助教育专业委员会, 2014: 708–713.

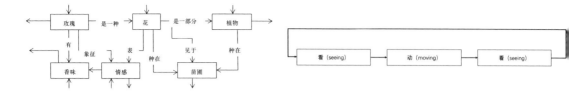

图 1-19：植物概念关联图
图片来源：《有意义的学习：概念图的研究》

图 1-20：看—动—看模式
图片来源：《Design Studies》

知识、概念与想法的图像工具。[19] 麦克金姆指出在思维可视化图示中，概念与概念间的线条代表某种特定联结关系，因而视觉组织图有助于去描述想法的整体构想而非聚焦于一件事。[20] 澳大利亚学者理查德·K·劳（Lowe, R. K）指出思维可视图是将其所要表现的主题再现成为一种特殊的抽象图形，这些形式面向的规则包括概念若处于愈高的位置表示其越重要，而同样重要的项目则需要放在同一水平位置，以及概念若具有相似的功能性质则会被群化在一起。[21] 探讨通过思维可视图再现认知思考的架构，诸多不同知识再现的视觉模式中，网络模式（Network Model）被认为具有认知结构之隐含，在网络中的节点（Node）代表一群信息，各节点间有着关系的线路，一般而言这种网络结构含有"关系结构""阶层特征"与"内隐信息"三个重要特征：（1）关系结构：各节点的联结关系形态。（2）阶层特征：某节点可以代表一组结点。（3）内隐信息：各节点有不同联结关系，隐含相异的结构意涵。

因此，一个概念是由一组概念加以决定的，如植物概念的意义可由花、苗圃、玫瑰等概念决定，如图 1-19 所示。

## 2. 设计草图

舍恩（Schon）和威金斯（Wiggins）提出"看—动—看"模式来解释设计者从外在以全内部的问题解决处理过程（见图

19 马丁·J.埃普乐，罗兰德·A.菲斯特.思维可视化图示设计指南[M].陈燕，译.2 版.福州：福建教育出版社，2019.
20 McKim, R. H. Experiences in Visual Thinking[M]. Boston, MA: PWS Publishing, 1980.
21 Lowe, R. K.Diagrammatic Information: Techniques for Exploring its Mental Representation and Processing[J]. Information Design Journal, 1993, 7(1): 3–17.

1-20），其设计的过程是经由观察设计中的草图，进而激发视觉注意到设计中现有的图形及元素，这个过程即形成一种对话循环，并经过反复"看—动—看"来进行设计。[22] 所以，设计问题是一种"看—动—看"的发展过程，并着重"看"在设计过程中所处的地位。然而，黄英修指出在看的过程中，并不是所有成像在视网膜的物件都会同时被察觉到，而是只有一小区域或是某一物体才会被注意到。此外，人在看的视觉认知行为可分两个活动过程，即识别和转换，通过这样的过程可帮助设计者储存及处理外界信息，并且转换成应用的图形架构，进而达成设计目标。[23]

在此过程中设计师会针对自己可以辨识的设计信息进行对话，同时他们强调设计师使用草图和他们自己或别人沟通的重要性。许多研究进一步认为草图行为是发展构想过程中最主要的行为，此阶段的重要特征是大量的画绘行为及使用草图来沟通，设计师通过草图在认知上互动、描绘构想、检视草图及感知草图。[24] 悉尼大学特里·普赛尔教授（Terry Purcell）等人得到一个结论，草图不但是设计认知过程中的外在具体化的呈现，同时它也为设计师提供一个视觉空间线索，使他们可以联想到机能上的议题。[25] 就如工业设计师杰克·霍伊（Jack Howe）所说的："关于如何启动一个设计项目或如何处理碰到的困难，我会画草图——即使是勾勾画画的小图，以帮助自己理清思路。"[26] 探究草图绘制与思考的这个过程，有助于深入理解设计过程的本质和特征。

不论是使用何种设计媒材来呈现设计，其呈现的方式都是以视觉的形式存在，人们或是设计师必须通过自己视觉的认知系统，才能感知或感受到设计构想；因此，在探讨设计媒材如何影响设计行为或结果之前，必须先了解人们的视觉系统是如何感知物体。在解决一般问题的理论中，西蒙提出问题的解决像是一种搜寻模式，在一个问题空间中寻找解决方法，同

22 Schon Donald A., Wiggins Glenn. Kinds of Seeing and Their Functions in Designing[J]. Design Studies, 1992, 13(2): 135–156.

23 黄英修. 设计早期阶段构想发展的认知行为及电脑模拟之研究 [D]. 新竹：台湾国立交通大学, 1999.

24 A.T. Purcell, J.S. Gero. Drawings and the Design Process[J]. Design Studies, 1998, 19(4).

25 Goldschmidt, G. the Dialectics of Sketching[J]. Creativity Research Journal.1991, 4(2): 123–143.

26 劳森. 设计思维：建筑设计过程解析 [M]. 范文兵，范文莉，译. 北京：知识产权出版社 & 中国水利水电出版社, 2007: 196.

时会将定义不良的问题分解成几个问题来解决。同样地，在视觉认知上也有类似情形，人们看东西时，会把视野范围内的景物都映在视网膜上，人们能感知到视网膜上所有的东西，但不能同时对所有的事物进行反应、思考、联想等行为，但会在此可见的空间内进行搜寻，人们会有选择性地注意某件事物，进而对此物进行认知活动。在此看的视觉行为中可以分为"可控制"及"自动"的两种过程："自动"的过程是随时都会进行；而"可控制"的过程是有次序的，一个事物看完后再看下一个。[27]

因此，有研究更进一步指出人们视觉感知的过程是先对刺激物产生预先的注意力，经由一些自发性的控制来选择物体，再进一步将大部分的注意力集中在该物体上，进而产生一些抉择及反应（见图1-21）。人们的视觉行为有这种现象，同样地在看草图时，也有类似的现象。人们看一个草图时，会把完整的图形分成较小的图形，而这些较小的图形必须是人们能用语言描述及在人们的记忆中是有意义的，同时会分解成结构性的叙述（Structural Descriptions）来记住图形。[28] 在他的研究中还指出，人们通常先看出可以说出名字的形状，反倒是无法先看出较难说出名字的形状。此外，美国斯坦福大学斯克林教授（Stephen Michael Kosslyn）也针对这种现象做了一个实验，让受测者看了一艘船后（见图1-22a），请受测者闭上眼睛，描述所看的图或部分组件，受测者

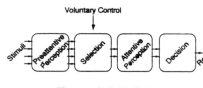

图1-21：视觉感知的过程
图片来源：《实验心理学杂志》

图1-22a

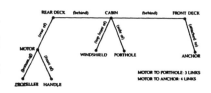

图1-22b：将记忆中的图形结构性的描述
图片来源：《Perception and Psychophysics》

27 Schneider, W. and Shiffrin, R. M. Controlled and Automatic Information Processing[J]. Psychological Review, 1977, 84: 1–66.
28 Reed, S. K.Structural Descriptions and the Limitations of Visual Images[J]. Memory & Cognition, 1974, 2(2): 329–336.

可以说出像是结构性的叙述（见图 1-22b）。[29] 之后斯克林教授依据这个理论，探讨每个单元之间的相关性，指出人们如何分解图形完全取决于存在记忆中的图形，而这些图形对于人们会有特别意义。同时指出一个影像可以分别以不同的单元来储存在记忆中。但并不是所有的单元都可以轻易地储存，越复杂的单元可能包含了其他的子单元，因此要花更多的时间来储存，之后这些分别储存的图形可以用来产生新的影像。[30]

在设计领域产生设计构想的阶段中，结构不明的草图指的是设计者在设计初期所画的自由线条组成的图示，其功能是用以捕捉存在于设计者脑中隐含不明的形体与空间。[31] 就如建筑师理查德·麦科马克（Richard Mac Cormac）曾说，"草图于我，是一个批判和发现的过程"。在设计草图中起草的概念被用于批判否定，而不是等待赞赏；它们是发现和探索活动的组成部分，这一活动就是设计。在构想草图中，包含了许多不明确的隐藏子形体，然而设计师如何在草图中辨识到一些有意义的图形，进而联想到其他的图形，这种能力则是基于他们储存在长期记忆中的图形；除了图形的联想外，他们也会考量符合机能需求的形体，因此在他们经由联想而产生新的图形后，会以机能及设计需求的角度来评估新的图形[32]；然后，他们进一步修改图形，使图形能满足设计的需求。此外，台湾学者刘育东教授则进一步对于设计行为中的图形加以定义，分为四种子形：明显且封闭、明显未封闭、隐含且封闭及隐含未封闭。实验的结果发现，有经验的设计师比没有经验的设计师更容易发现隐含的子形，而后者几乎没有发现隐含的子形；而且明显且封闭的子形最早被发现；同时发现时间越多，受测者会发现多的子形，而且越复杂的子形要花更多的时间才能发现。[33]

在一般意义层面上，草图是思考的概念呈现，然而戈尔德施米特在她的研究中指出，设

29 Kosslyn, S. M. Scanning Visual Images: Some Structural Implications[J]. Perception and Psychophysics, 1973, 14: 90–94.

30 Kosslyn, S. M., Reiser, B. J., Farah, M. J., and Fliegel, S. L. Generating Visual Images: Units and Relations[J]. Journal of Experimental Psychology General, 1983, 112(2): 278–303.

31 Kavakli, M., Scrivener, S. A. R., and Ball, L. J.Structure in Idea Sketching Behaviour[J]. Design studies, 1998, 19(4): 485–517.

32 Schön, D. A. and Wiggins, G.Kinds of Seeing and Their Functions in Designing[J].Design Studies, 1992, 13(2): 135–156.

33 Liu, Y.–T.Creativity or Novelty?[J].Design Studies, 2000, 21: 261–276.

计过程中的草图可以用来刺激设计者产生新的联想，因此她认为设计的造型认知中，思考是以一种图式概念的方式进行。设计师在画草图时，并非单纯地将心中所想象的意象呈现出来，而是通过视觉的展示，在画草图的过程中引发存在于他们心中的影像。在此视觉行为中包含了"看见"与"看作"两种认知行为。戈尔德施米特称其为草图的辩证思维，"看见"是一种关于反思性的批判，而"看作"是一种建立在理解之上的重读，这能够将设计师的创造力再次激发出来。设计师在开始绘图后，会通过视觉认知来重新诠释，或找寻在长期记忆中所储存的相关图形，进而出现重新诠释或引发预期外的设计议题。[34] 因此在此互动行为中，会影响草图结果的因素可能包含了设计师的知觉和辨识能力、过去设计经验所累积的图形及相关知识、草图呈现的能力及其他知识的联想能力。

　　设计草图过程相关的研究中，斯克里夫纳（Scrivener）和克拉克（Clark）将绘制草图的过程录起来，倒着播放来观察草图产生的过程，发现草图的过程是经由一部分接着一部分的过程所产生的。[35] 戈埃尔（Goel）将草图的行为分为两种：由一个构想草图到另一个构想的横向转换，以及由一个构想到更细部设计的垂直转换。横向的转换主要是在设计构想较不完整的早期构想发展，设计师产生不同构想的草图；而垂直转换是发生于较细部的设计阶段，针对较细节的部分进行设计。[36] 之后斯克里夫纳等人提出在设计师在绘制草图的过程中，会先将设计题目分解，而且会产生一定的绘图顺序。同时，有学者提出一个复杂的组合物，是由相互配合变形的物体所结合而成的，如果一个物体要去配合另一个物体，必须通过变形才能搭配。[37] 刘育东教授结合了相关的研究提出了草图的认知行为可以分成两种过程：辨识及转换。在辨识的过程中，人们注意力集中在以探照灯的方式来搜寻他们曾经看过的图形并加以辨识；在辨识之后，会将所看到的物体编码，同时放入短期记忆或是工作记忆体中；在转

34 Goldschmidt, G. the Dialectics of Sketching. Creativity Research Journal[J].1991, 4(2): 123–143.

35 Scrivener, S. A. R. and Clark., S. M. Sketching in Collaborative Design[M]. In L. Macdonald and J. Vince (Eds.), Interacting Virtual Environment: 1994, 95–118.

36 Goel, V. Sketches of Thought[M]. Cambridge, MA: MIT Press. 1995.

37 Verstijnen, I. M., Hennessey, J. M., Leeuwen, C., Hamel, R., and Goldschmidt, G. Sketching and Creative Discovery[J]. Design studies, 1998(19): 519–546.

换的过程中，设计师会依照所辨识的图形，在长期记忆中找寻转换的原则，将原来的所辨识的图形转换成另一个图形。[38]

正如多位设计研究者所认为的，设计草图能够有助于识别并确定逐渐显现的解决方案概念的特征和属性。设计的创意过程，是一种思维的活动，无法被直接地观测。草图为视觉服务并直接接受视觉的引导，它实现了设计规划过程的可视性。设计思维本来处于"黑箱"内不可观测的自由状态，而草图不仅为设计师提供了思维的可视图像，还让观察者和研究理论家有机会抓住某些暂停的思维片段窥探创意发生与衍化的奥秘。

3. 视觉化的思维组织图

关于视觉化组织图的意义与功能，根据学者玛格丽特·伊根（Margaret Egan）的看法，组织图是一种人类心智模式的表现，是一种视觉化呈现知识的方式。[39]它将信息概念结构化，并将某个主题或概念的各个重要层面重新组合建构出一个新的模型，它可以驱动想法一直"流"出来，让构想以动态的方式更明确、更具体、更丰富、更有创意地呈现出来，让复杂的信息简单化、平面概念立体化、抽象事物具体化、无形的想象有形化。另外，组织图也使构想以动态的方式在成员间不断流动，使团队成员彼此的意见能有效沟通交流，促进对主题内容的理解，因而提升进一步行动的意愿，让创新更具有可能性。此外，在获取资料并记录的时候，因为只记录关键词，不但可以节省时间，更能理出概念之间的关系脉络。

根据霍华德·加德纳所提出的多元智能论，视觉化组织图之所以能有以上所述的效果，其中"视觉化"是"空间智能"的核心，能吸引直觉的注意力。[40]柯林·罗斯（Colin Rose）与麦尔孔·尼可（Malcolm J·Nicholl）在《学习地图》书中引用一位致力于加速学习理论研究与推广的学者的观点："刺激是视觉的素材，是一种有效的学习与工作策略，不仅有助于

38 Liu, Y.–T. is Designing one Search or two? a Model of Design Thinking Involving Symbolism and Connectionism[J]. Design studies, 199617(4): 435–449.

39 Egan, M. Reflections on Effective Use of Graphic Organizer[J]. Journal of Adolescent and Adult Literacy, 1999, 42(8): 641–645.

40 加德纳.智能的结构 [M]. 沈致隆，译.经典版.杭州：浙江人民出版社.2013: 127.

品质的提升，更能强化长期记忆的效果。视觉化的图表、组织图可以用来呈现、界定、解释、操作、统整与概念的脉络，因此对提升工作成效是一种很好的策略。"[41]

从上述多位学者的观点可以看出，视觉化组织图确实是一项有效的思维表达工具，因此美国宾汉顿大学教育与人类发展学院的教授凯伦·布鲁姆丽（Karen Bromley）、玛西娅·莫德洛（Marcia Modlo）与琳达·德威缇斯（Linda Irwin-De Vitis）归纳多位学者的研究后提出组织图的如下基本形态：阶层性、概念性、序列性与循环性。[42]基于这些特征，布鲁姆丽、德威缇斯与莫德洛认为组织图具有以下四大功能：第一，联结各自独立的概念：借由组织图删除不必要的信息，留下关键概念并指出关联性，以利于对内容的理解；第二，整合新经验与旧经验：新的知识进入脑中时，组织图可以有效地与既有的基模进行整合；第三，整合思维的工具：组织图中会以图像来表达重要概念，比起长篇大论的文字更容易记忆；第四，联结听、说、读、写与思考，达到更高的工作效率。从以上相关的文献中可总结出，通过视觉化的组织图可以清晰、简洁、有效率地表达信息的状态、信息之间的关联以及信息的分类分析，更重要的是，把大脑"黑箱"内的思考路径以图示语言表达出来为思维层面的研究提供可能。

4. 放声思考法

放声思考（Think Aloud）是将思绪（内在表征）以声音（媒介）传达出来，让思考的内容得以外显并收集的方式，因此而生的是原案口语分析法。在所有用过并被有系统地报道过的最适合并且最贴近研究思考的方法就是原案口语分析法。根据安德斯·埃里克森（Anders Ericsson）的说法："原案分析是一种严谨的方法，可以将思维序列的口头报告作为思维数据的有效来源。"由于我们无法直接接触到大脑的活动，而且只有有限的方式接触大脑活动，并告诉我们大脑是如何运转的，因此，对于思维的研究需要一个中介，它可以准确地传达思

41 柯林·罗斯，麦尔孔·尼可 . 学习地图 [M]. 戴保罗，译 . 北京：中国城市出版社，1999.
42 Bromley, Karen/ Devitis, Linda Irwin/ Modlo, Marcia/ Irwin-Devitis, Linda/ Modio, Marcia，50 Graphic Organizers for Reading, Writing and More[M]. New York: Scholastic. 1999.

维和大脑的运转过程。19世纪晚期，对意识感兴趣的行为主义心理学家开始收集并分析受测者的内省自我报告，试图通过分析确定被测者在想什么。但是，自省很快就被淘汰了，因为它表明人们不能准确地记住他们的想法，至少在持续超过几秒钟的活动中。为了解决这个问题，"有声思维法"（Think-aloud Method）开了先河：受测者专注于解决提前授予的任务（如解决算数问题），同时被要求同步用口头语言表达出他的想法。时事报告确实比内省报告更能够代表思维的过程。但显然，即使是一个实时的报告也不能完整地表达出一个人的思维过程，因为有些想法并不能够完全地用语言表达出来。格式塔心理学家卡尔·邓克尔（Karl Duncker，1926—1945）是早期的思想研究发起者，在这些研究中，语言描述被记录在原案中，然后再进行原案分析。

定义不清和结构不良的问题要比定义良好、结构良好的问题复杂得多，而且思维模式在不同学科之间可能也存在很大差异。受测者可以从澄清和定义一个模糊的问题开始，并且他们的思维过程在其他不同的情况下是不可重现的。埃里克森和西蒙不建议对定义不明确的问题使用协议分析。应该注意的是，设计问题往往是定义不明确、结构不合理的，甚至是糟糕混乱的。在设计研究中，原案分析已经成为一种非常流行的研究方法，它被用来研究典型的（特殊的）情况，并且是对过程进行比较而不是试图提出总结概括。在这方面，许多关于设计行为的原案分析研究类似于格式塔心理学家早期的研究，在本质上是探索性的工作。为了与其他基于原案分析的实时记录的分析方法进行区分，例如回顾式原案分析，有时将其称为"同步式原案分析方法"。

在德国的格式塔研究群体解散后的几十年后，由于20世纪60年代认知革命激发的对高层次认知过程的兴趣，获取心理过程的课题再次流行起来。随着1945年磁带录音机的问世，捕捉思维的声音和其他的实时语言变得更加容易了。此后不久，就有了将录音直接转录到电脑上的方法。德里安·德·格罗特（1965—197）在早期较为著名的基于有声思考法的思维研究中，重新构建了初级旗手和专家旗手的"搜索树形"。随后的相关研究都集中在不同学科领域下的具体问题解决，包括设计领域。查尔斯·伊士曼是在设计领域中第一个研究这种解决问题的方法。伊士曼在卡内基梅隆大学的同事奥马尔，是第一个基于有声思考的录音开展对于建筑设计领域的研究。正如前面所提到的，卡内基梅隆大学在那个时期是认知相关研究的中心，并且在那里产生了第一本关于原案分析的决定性的著作。该著作的修订版于1993年出版，是迄今为止关于原案分析最权威的文本。

虽然口头数据不能完全代表思维，但他们现在被认为是"次优"，因为他们允许获取无法以任何其他方式获得的信息。因此，在认知心理学、认知科学和其他学科中，原案分析已经成为一种强大的、常用的研究方法。

在设计中，并不仅仅局限于一个人进行问题解决的研究，经常会有一个小团队一起进行设计活动，包括生成和发展设计概念。在团队合作中，关于言语有效性的担忧是无关紧要的。因为团队成员在一起工作时自然会相互交流，因此对话的记录是实时思考的真实口头输出。在最近的许多关于设计行为和思考的研究中，记录了二人、三人、四人或五人小组成员的对话，以产生可分析的原案数据。尽管存在差异，但个人和团队的口头记录是可以比较的，可以用同样的方式进行分析。事实上，个人的推理可以与团队的推理相比较——"个人设计师是一个类似于团队的一元化系统"（Goldschmidt 1995, 209）。在设计中出现的较为特殊的一个问题是，一些沟通或个人的思考不是口头的，而是以图形的形式呈现。设计师在尝试解决设计问题或者讨论解决方案时习惯于画草图。非正式的草图可以准确地表达设计想法，当设计师在画草图时并不一定会附上文字。这可能使分析口头数据变得困难，特别是如果研究人员在设计期间不在场的话，因为它们可能包含草图取代文字而出现的"空白"。出于这个原因，研究者通常会使用录像而不是录音，因为录像可以捕捉素描（以及手势和其他非语言的行为）。迄今为止，还没有一种有效的方法来分析口头报告中的草图，但是它们可以被用来说明那些不能用言语很好地表达的想法。

4.1 解析原案

原案是在问题解决或其他活动中将语音事件以录音机录音，并将录音结果转录为文字笔录，而这些记录是人们想要捕捉的思维过程。完整而未经编辑的文字记录为研究提供了原始数据。为了进行分析，将文字笔录加以分段（分解成小片段的语言）。细分的依据是取决于研究的性质和原案资料的长度。有时文字笔录是依时间进行分段的，例如一个三分钟的演讲，通常每部分由一句话组成（以句号结尾的是完整的一个句子）。分解团队合作的原案中，划分基于成员间的轮流发言，每人说的话作为一个单元。但这可能导致划分单位间的不平衡，因为一些句子可能比其他的长很多。

有时分析的单元并不一定是直接的口语笔录，尽管是基于口语提炼出来的。例如，划分的单元可能是一个想法，或者一个决定。在这种情况下，研究人员解释原案资料，并从中推断出想法或概念，进而在交谈中把接连提出的想法作为分析单元。这对团队合作以及以创意为主的研究尤为重要。对于与决策相关的研究，可以从原案记录中推断出决定。在设计思维的研究中，最常见的是以设计步骤为分析单位，通常是一个持续几秒钟的口语单元。

4.2 编码

以上的步骤为原案分析的前期处理，下一步骤是将分段后的资料加以编码。编码通常是依理论架构产生的分类架构，加以分类及编码，各类别间是互相独立、不重叠的；而分类架构因资料特性不同，在分析时会有所修饰，以及改变分类编码后的资料经统整后，可进一步推论个体内在的认知过程。类别的数量是很重要的，主要是因为很难用太多的类别（和子类别）得出有意义的结论，同时也因为大量的类别使得编码工作变得困难和不可靠。在精确度和类别的数量之间达到平衡的一个好方法是从一组更大的类别开始，然后反复试验来减少它们的数量。如果一个类别中的数量很少，就可以舍弃或与相关类别合并。爱立信和西蒙（1993）发表了一项研究，表明类别从 30 个减少到 15 个的益处。这是许多研究人员易于忽略的一个重要的地方，如果类别过多就会导致一个分散的结果，无法提供一个连贯的图景。

类别的性质是最重要的，像分析单位（步骤、想法、时间单位等）的性质一样，它就取决于研究的目标。在设计中，已经提出了一些通用或普遍的设计方案，其中包括明确设计任务，寻找设计概念以及修正概念。这种设计方案也被称为"设计流程"。约翰·格罗（John Gero）尝试提出了目前为止最著名、最先进的通用分类的方案，被认为在设计领域是最有效的。该方案由功能、行为和结构三个主要类别组成。这些类别被称为 **FBS** 模型。它们分别如下定义：

功能（F）是指人造物是做什么用的（设计对象的功能是什么）；

行为（B）是指在人造物结构中派生出来的属性（设计对象能做什么）；

结构（S）是指人造物的组件和它们之间的关系（设计对象由什么组成）。

对通用的类别方案的渴望是为了填补迄今为止未满足的需求，将设计中的研究方法标准化，并使不同的研究人员在不同情况下获得的结果易于进行比较和联系。然而，大多数研究人员更喜欢根据他们的目标和所研究的具体案例进行分类，而此种分类方式是会产生基于情景化的分类方案。根据爱立信和西蒙（1984/1993）的建议，也可以使用多种分类的方案分析相同的原案。例如君特等人（1996）设计了两个关于自行车架装载背包的方案。第一个方案是明确设计任务后寻找概念，并且调整后的概念是相对抽象的。第二个方案是以内容为导向和具体任务为前提的。因此将第二个方案分类为自行车、背包、车架位置、车架与背包的连接处、车架与自行车的连接处以及车架的结构。显然，这两种方案截然不同。它们是为了不同的目的而设计的，而且由于它们彼此正交，所以无法进行比较。

在编码中，可靠性是必不可少的，特别是当类别数量很大时。因此，使用多个编码器并检查编码之间的可靠性是很重要的。此外，如有分歧，可能需要建立"仲裁"机制。不幸的是，许多已发表的原案分析研究报告都是由一个编码器编写的，因此结果的可靠性是无法保证的。

4.3 分析

在分析分解及编码后的原案时，有可能会以多种方式分割数据，但是总有一种方式可以获得所记录的各种类型的语音的频率模式，可以推导出时间的推移和特定类别的序列。定位、主要的概念、协作模式以及在团队中担任的角色都是通过分析原案来阐明的一些问题。例如君特等人（1996）根据每个活动类别的时间比例，将代尔夫特原案中的个人设计者和团队的过程进行比较。他们还比较了团队中的三名设计师对每类活动的讨论做出的贡献。他们强调，这项研究不能回答"为什么"的问题，因为数据的分析并不能解释观察到的设计行为。

美国斯坦福大学设计理论的研究学者马赛·诹访（Masaki Suwa）和他的同事（1997/1998）进行了一系列非常详细的原案研究，主要研究设计师的认知过程，特别是在草图的行为方面。分析的单位是设计步骤。马赛等人1998年的分类类别是行为类型；四个主要的类别描述了物理的、感性的、功能的和概念上的行为（它们对应于信息处理的认知水平）。物理和概念行为被进一步细分为三个子类别。这些类别的更多细分产生了一个详细的编码方案，从而进行宏观分析和微量分析。后者的目的是设计一个原始的分类标准，可以阐明设计者的认知行为。根据作者的观点，这些研究表明，认知设计行为的基本原理可以被建立（微观分析），而草图作为一个扩展的外部记忆，可供设计师在后期的设计流程中使用。

马赛等人指出了他们遇到的一些困难，其中包括难以对模棱两可的行为以及讲话中的非连贯性语言，特别是草图中可能导致并发认知行为的多种解释（草图行为的不确定性）等进行分段编码。马赛和同事在这两项研究中采用的方法是回顾性的原案分析，他们全程视频记录这个设计师的设计流程，在播放录像视频时分析评论设计师的意图和行为。

4.4 局限性

除了明显的优点之外，放声原案法也有些瑕疵，有一些学者为此争论并批评此法的局限。

不能完全真实地还原设计思维过程：虽然出声思考的记录比内省报告或观察更接近于反映实际的思维过程，后者更容易被研究人员解释或误解，但我们不能期望同时出现的言辞完美地反映思考，尤其是在团队合作中，但在个人过程中也会有此类的问题。关于思想和语言的关系，可采用俄罗斯心理学家利维·维谷斯基（Lev Vygotsky）的观点。维谷斯基区分了两个言语层面：内部言语和外部言语。内在言语不是一种前语言形式的推理，而是言语的语义方面，缩写言语，因为它集中在谓词上，倾向于省略句子的主语和与之相连的词。内在言语本身是一种功能，而不是外在言语的一个方面；内在话语和外在话语共同构成话语的统一体。大声思考可以被看作是接近内心言语，而谈话当然是外部言语的一个样本。然而，内在的和外在的言语都不仅仅是思想的表征。用维谷斯基的话来说："思想不仅仅是用语言表达的；它是通过它们而产生的。"

可能干扰正常思维模式：虽然这一点很难在实证中证明。爱立信和西蒙在报告中曾经提到，在短时间的训练后，被要求大声思考的个体的正常思维过程没有受到干扰。然而，一些研究又声称，至少在某些专业中，被测者同时放声可能会对其思维发生一些干扰。

放声原案法是劳动密集型的工作：即使研究人员的经验丰富，解析和编码原案资料也是劳动密集型的工作。如果分析的单位是 7 秒长，就像在一些研究中执行的那样，一个一小时的方案应该包括超过 500 个单位。因此，较长的设计片段很难在认知层面上进行分析。然而，可以使用更大的或提取的单元，这允许对更长的会话进行分析。当然，也有一些情况下，例如，分散的团队和工作在多个地点的情况，使得尝试适当的音频或视频记录是不切实际的，在上述情况下，通常为任何单个研究收集到的原案都是有限的，因此很难对结论进行概括。

不能准确划分、定义分析单元：当人们大声思考而没有解释他们的想法时，他们的话语往往是不完整的、重复的，或不连贯的。这使得很难决定是什么构成了一个分析单元，也很难解释它。因为没有标准的句法分析规则，所以很难进行比较研究。此外，很难决定在原案中应该删去什么——例如，像"哦"和"是"这样的词语，其他单个单词、不连贯的陈述，以及看似不相关或关联松散的词语。

评判间信度存疑：正如前面提到的，在原案研究中达到可明确的编码间确实相关联的可靠性并不是非常简单。在较好的情况下，编码员参与旨在就代码达成一致的商议是很耗时的；在较差的情况下，分析是无法在整体的层面进行，而是基于单个编码。这一点与下一点密切相关。

语言冗长、含混不清：编码人员之间难以达成充分一致的一个原因是，语言通常以一种交织的方式出现并涉及许多主题，而且很难决定如何对它们进行分类。此外，正如之前所指出的，编码人员会遇到难以理解的语言，他们不得不依赖自己的解释，有时具有相当的推测性；这导致了不同编码之间的差异，甚至是同一个编码者在不同实例中使用的代码之间的差异。

这些限制并不像它们听起来那么严重。如果人们接受原案分析是有局限性的这一事实，并且只将其用于有用的目的，那么最重要的事情就是保持分析间和分析内的一致性。这确保即使这些研究不是没有缺点和局限性，他们也可以得出可靠的结果和可靠的结论。

# 第四节 "联结"的认知基础

## 一、关联系统与符号系统

一些心理学家认为，我们在日常生活中使用两种推理系统——实际上是两种思维模式，它们之间的平衡对于理解联结性设计思维特别重要。不同的作者用不同的术语来描述这两个系统。美国布朗大学认知、语言与心理学教授史蒂文·斯洛曼（Steven Sloman）描述了一个基于联想、关联的系统和一个基于符号、规则的系统。心理学教授利亚纳·加波拉（Liane Gabora）谈到关联系统和分析系统：前者往往是直观的，并且"有助于发掘共享特征，或相关但不一定有因果关系的项目之间的遥远或微妙的关联。在这个思维系统下，可能会导致一个有希望的想法或解决方案，尽管可能是以一种模糊的，未经修饰的形式"[1]。相反，符号是基于规则和收敛的，并且"有助于分析已被认为相关的项目之间的因果关系"。以色列心理学家丹尼尔·卡尼曼（Daniel Kahneman）近几年出版了一本书《思考，快与慢》。在书中，他认为快速思维大多是直觉的，基于记忆和情感，而缓慢思维是理性的，需要计算后果。所有这些描述大致可以看作是与关联系统和符号系统相对应的。

关联系统继承了联想系统的一个特性：即它是通过各元素之间的相似程度及各维度所形成的结构进行计算的。所以，关联系统是通过相似性和接近性原则所得出推论的。同样，因为相似性研究（对象和事件在共同点和独特点的方面）与统计结构研究（变异性和协变性研究）相对应，所以关联系统基于信息的信息进行计算，与用于进行统计推断的类型相同。

符号系统之所以具有很强的应用性，一个很重要的特性是因为它们可以对无限多的命题进行编码和转译。也就是说，符号系统可以通过相互组合而产生更多的解决方案。用一个很简单的算术方式，就可以解释符号系统的这一特性，即任何一个集合都可以通过将集合中的最大数加 1 来生成一个新数。符号系统的另一个特性是体现在这一系统特定的规则上，从某种意义上说，它们对问题进行编码的能力决定了这个系统的规则建构。例如，如果一个人可

---

1 Gabora, L. Revenge of the Neurds: Characterizing Creative Thought in Terms of the Structure and Dynamics of Memory[J]. Creativity Research Journal.2010, 22 (1): 1–13.

以推理出"约翰爱玛丽",那么这个人也有能力去推断出玛丽是否爱约翰。福德（Fodor）和帕西尼（Pylyshyn）认为，通过语法和语义组成的语言是由人类的思考系统所生成出来的。所以通过语言所生成的观念正是符号系统的推理形式。[2]

在威廉·詹姆斯（William James）的研究中，可以看到他对关联系统和符号系统进行了准确的区分。他认为真正的关联系统是具有"生产性的"，并且可以帮助我们摆脱前所未有的局面"。因为它可以处理具体的数据。例如，在一个陌生的城市，一个人通常可以找到他要去的地方，因为他具有识别地图和使用交通工具的能力。而他则将符号系统形容为"彼此暗示的图像系列"[3]。一个人在进行设计的过程中会以这种方式进行推理，通过脑海所拥有的经验和知识，从而建立一个标准并进行设计创作。詹姆斯认为，符号系统是"可生殖的"，因为符号系统的对象都是过去经验的部分元素以及抽象的联结。

## 二、收敛性思维与发散性思维

设计在本质上是一种创造性的活动，因为它把一个还不存在的实体表现出来。设计思维和推理是一个典型的创造性思维，布莱恩·劳森在研究设计师是如何思考的时候探讨了设计过程中的两种思维模式。他认为设计不是一个线性过程，因此本身包含两种类别的思考方式：一种是理性的、遵循逻辑的；另一种是感性的、充满想象力的，分别对应收敛性思维和发散性思维。[4]

发散性思维被定义为"偏离方向的思维，从而会涉及各种各样的方面，有时会产生新颖的想法和解决方案；与创造力有关"。设计过程往往需要反复、再推理，因此设计需要很强的发散性思维。发散性思维不限于固有的知识范畴，不遵循固定的设计方法，采取开放的姿态以提供多样化的解决方案。建筑师凯文·罗奇谈到设计过程中发散性思维的作用："设计

2 卡尼曼. 思考，快与慢 [M]. 胡晓姣，李爱民，何梦莹，译. 北京：中信出版社，2012.
3 Gero, J. S. Fixation and Commitment While Designing and its Measurement[J]. Journal of Creative Behavior, 2011, 45 (2): 108–115.
4 劳森. 设计思维：建筑设计过程解析 [M]. 范文兵，范文莉，译. 北京：知识产权出版社 & 中国水利水电出版社，2007:113.

者在设计过程中并非力图把某种设计想法推向终结，而是让它去生长、发展。在不同的探索、各种可能的实施想法、反映和态度中间翻来覆去。在这个过程中，有时方案的发展引导发生的事情，有时被发生的事情所引导，有时塑造形式，有时涌现出来的压力和情形进一步引导形式的形成。"[5]

收敛性思维被界定为"把注意力集中在解决问题上的思考，尤其是解决有一个定义明确、有正确的解决方案的问题"。收敛性思维是将各类信息进行分类整合后归之于逻辑序列中，从而得出具有逻辑规范的结论。它与发散性思维的特点恰恰相反，收敛性思维是将某个思想对象当成中心，运用已有的知识对各类信息进行重组与思考，从而将思维集中在中心点上，以此达到解决问题的目的。而发散性思维恰恰与收敛性思维相反，它基于已有的知识、经验沿着不同路径进行思考，从而将信息进行重组与衍生，最终获得新的信息。收敛性思维是"从多到一"的过程，而发散性思维是"从一到多"的过程。发散将收敛作为起始点，收敛则以发散的结果作为前提，在创新思维活动中，两者相辅相成、互补共存。

吉尔福德和其他研究学者认为，收敛性思维和发散性思维是可以分开、各自独立的，它们在不同人的思考能力中的比例是不同的。吉尔福德还谈道，尽管大部分时候收敛性思维和发散性思维在设计中同时使用，但这并不意味着它们之间的区别是不存在和没有用处的。[6]他在智力结构论中进一步指出发散思维是创造性的核心。而美国哲学家库恩指出："科学只能在发散与收敛这两种思维方式相互拉扯所形成的张力下向前发展。如果一个科学家具有在发散式思维与收敛式思维之间保持一种必要的张力的能力，那么这正是他从事最好的科学研究所必需的首要条件之一。"[7]根据英国布里斯托大学神经科学与教育学专家保罗·霍华德-琼斯（Paul Howard-Jones）教授的观点，在创造性思维中，这两种思维模式可以确保独创性（发散性思维）和恰当性（收敛性思维）。[8]

5 蒂姆·布朗.IDEO，设计改变一切 [M]. 侯婷，译.沈阳：万卷出版公司，2011: 59–63.
6 Adams R S. Cognitive Processes in Iterative Design Behavior [D]. NY; University of Washington, 2001, 3–81.
7 Gero, J. S. Fixation and Commitment While Designing and its Measurement[J]. Journal of Creative Behavior, 2011, 45 (2): 108–115.
8 Pahl, G., and W. Beitz.Engineering Design: A Systematic Approach (second edition with K. Wallace)[M]. Springer.1996.

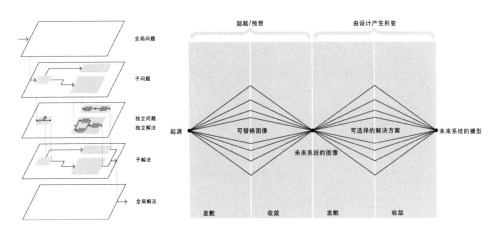

图 1-23：亚历山大问题解决模型
图片来源：《建筑设计流程的转变：
建筑方案设计方法变革的研究》

图 1-24：巴纳斯发散-收敛模型
图片来源：《Designing Social Systems in a Changing World》

　　设计师的发散性思维为设计提供更多可能性，再通过收敛性思维对各种可能进行选择，最终得到满意的结果。克里斯多夫·亚历山大等设计师将这种对特征的提取提出了另一种说法，即"分解"与"重组"[9]，并进一步提出了分解——重组模型（见图 1-23）。设计师首先要在理解的基础上全面分析问题，将设计问题进行细分和连接，最终形成一整套解决方案，在这个过程中所进行的分解和重组就是发散性思维和收敛性思维的体现。但奈杰尔·克洛斯（Nigel Cross）认为这与设计师的思维方式完全相反，因为它是以问题为中心的思考方式，而不是以解决方案为中心。

　　巴纳斯（Banathy）的模型是表现设计迭代性的典型代表，这种模型需要反复进行汇聚和发散（见图 1-24）。其观点指出，首

9 Dubberly H. How do You Design? a Compendium of Models[M]. Dubberly Design Office, 2004, 10(8).

次"发散"出现在设计师第一次大量进行发散性思考的边缘，主要的设计动作以及一系列的设计核心价值通过选择和描述可行性方案呈现而出。在之后的设计过程中也会发生一次收敛与发散。在每个独立设计领域，也会发散出众多可选方案，再从中进行收敛性思维的选择。设计理论家克罗斯认为整个设计流程是一个聚拢过程，因为设计必将敲定各个细节，从而评定出最终方案。但在这个过程中必将发散出不同环节来拓宽设计思路。因此，克罗斯的设计模型（见图1-25）呈现出一个整体聚合的样貌，并伴有以解决方案为驱动的发散性思维活动。

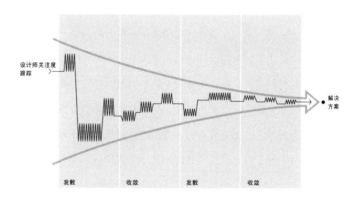

图1-25：克罗斯整体呈聚合趋势的发散与收敛模型
图片来源：*Engineering Design Methods*

巴纳斯和克罗斯的模型都基于以解决方案为中心的观点。在指向结果的过程中，提取发散和聚集的特征点，并将其归结为迭代问题。在这个迭代过程中，概念的数量最终逐渐减少到一个或多个。这一观点与设计不是一个线性过程的观点高度吻合，这也证实了设计有不止一种思维方式。因此，思维的发散性和收敛性是设计过程的重要特征。这种放松的设计节奏也是设计师在不同程度上对设计过程的反思。发散的过程需要设计者有一个开放的思想，尽可能多地获得概念；在收敛阶段有更多的选择，更有可能选择好的解决方案。

## 三、分析与综合

1. 分析与综合构成了设计思维的两个基本任务

IDEO总裁兼首席执行官蒂姆·布朗在《IDEO，设计改变一切》的书中写道："分析和综合，是发散性思维和收敛性思维的天然补充。"[10] 设计师采用各种方法进行资料收集和学术研究；在社区中采用民族志的研究方法进行数据采集；这需要同时进行访谈并评估专利、供应商和经销商等。收集到事实与数据后开始组织、诠释数据，并将许多条数据整合到最后一致的拟解决方案中。换句话说，设计的过程就是一种分析与综合的过程。不论是设计企业的标志还是搜集建筑破损表面可替换的材料，无论是设计公司的标识还是可以替代建筑物上可替换的受损表面的材料集合，设计师在分析复杂问题时都需要使用分析工具来进行全面的了解。然而创造的过程还是一个综合的过程，也就是将各个部分整合之后再创造出一个完整的想法。当数据收集完成时，就需要对所有数据进行筛选并识别具有意义的模式。分析和综合具有同样的重要性，两者在创造选择和做出选择中都扮演着重要的角色。事实证明，用户的深入了解是设计过程中非常宝贵的一部分。产生这些洞察力是设计分析和综合的工作，但与设计研究不同的是，设计过程的这一部分通常是一个黑匣子。在学术文献和商业讨论中，多分析和综合的论述很少。缺乏正式的定义意味着，分析和综合活动虽然对设计工作非常有价值，但很难转变为知识教授给学生，很难转变为信息向管理层解释，同时也很难组织团队合作，也很难向客户阐述。

西蒙曾经将设计活动描述为，每个设计行为都是将现有的情况转变为理想的情况，那么分析和综合是设计过程中的关键部分，既要了解现有情况，又要设定理想的情况。对分析和

---

10 蒂姆·布朗 . IDEO，设计改变一切 [M]. 侯婷，译 . 沈阳：万卷出版公司，2011，64.

综合的讨论通常集中在对方法或"工具"的描述上。这种基于方法的研究有助于扩展我们作为实践者的工具箱，并向客户和管理层解释预期的活动及其输出。然而，对工具本身的过度关注导致了对方法策略的不成比例的需求，增加了它们的知名度，但对它们的执行质量产生了不利影响。设计方法或工具的目的可能会被工具本身的受欢迎程度所掩盖。对于分析与综合的理解还需从内涵方面入手。

"分析"的英文单词为"Aanlysis"，源于希腊语中的"Analusis"一词，在英语中的释义为"分解"。分析的溯源比亚里士多德和柏拉图等伟大哲学家的时代还要古老。正如上文所讨论的，分析是将一个大的单个实体分解成多个片段的过程。这是一种演绎，将一个较大的概念分解为较小的概念。这种分解成更小的碎片对于提高理解问题来说是非常必要的。那么，分析是如何帮助设计者的思维运作呢？在分析过程中，设计者需要将问题陈述分解成较小的部分，并分别研究每个子问题。如果可能的话，问题陈述中不同的子问题将逐一解决。然后，为每个子问题想出子解决方案。平时最常用的头脑风暴实际上就是针对每个子解决方案开展的思维方法。随后进行可行性检查，包括可执行的和潜在可行的解决方案，在可执行和潜在可行性的基础上排查站不住脚的解决方案，排除在需要考虑的解决方案集合之外。在此基础上，设计者需要将不同的想法联系起来，并检查每个想法的构成方式；将面临的较大问题陈述分解为多个较小问题的陈述，并将每个问题陈述作为单独的实体进行检查的过程，称为分析的过程。

综合是指把碎片部分结合成一个聚合整体的过程，它是科学或创造性探索的过程中最后需要完成的活动。这个过程导致了一个更大的整体性的创造，这是一种全新的东西。那么，在设计思维中综合是如何产生的？一旦设计者排除了不可行的解决方案，并将注意力集中在可行和潜在可行的解决方案集合上，那么就需要让设计者把他们的解决方案综合地放在一起。例如，在10个可行的解决方案中，2-3个方案可能需要被排除，因为它们可能不适合更综合的背景，即实际的解决方案。这就是合成的作用所在。设计者从问题的陈述开始，然后以另一个更大的空间结束，即解决方案。解决方案与问题陈述完全不同。在综合过程中，确保不同的想法彼此同步，并且不会导致冲突。因此，分析和综合构成了设计思维的两项基本任务（见图1-26）。

设计思维过程始于简化论，即问题陈述被分解成更小的子问题。每个子问题都由设计者及其团队进行头脑风暴，然后将不同的较小的解决方案放在一起，形成一个连贯的最终解决方案。

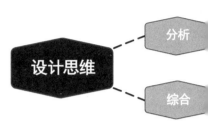

图1-26：分析、综合与设计思维的关系
图片来源：作者自绘

让我们以一个简单的例子来说明分析与综合对设计思维的意义。首先，假设目前面临的问题是在全球公司中普遍发生的现象，即人员流失。在考核周期结束以后，高质量的员工往往会选择跳槽离开公司。因此，一个普通的公司会失去其宝贵的人力资源，并承受向新员工传授知识的费用。这就浪费了时间和一系列培训项目的额外人力资源，也增加了公司的成本。现在需要制定一个计划来控制公司的人员流失。

那么在分析阶段，需要将问题陈述分解成不同的组成部分。下面是同一问题分解后的子问题，分解为基本的级别：

员工们不再有动力在公司工作了；

评估周期与人员流失有关；

对新员工来说，知识转移是必要的；

知识转移增加了公司的成本。

现在，让我们开始分别解决每个子问题。在这一步，我们将进行综合阶段。需要注意的是，在这个阶段一次只看一个问题，试着只为该问题找到解决方案，而不考虑其他问题：

为了解决缺乏动力的问题，管理层可以计划一些可以定期给予的激励措施，员工们付出的努力必须得到很好的奖励，这将保持员工的积极性；

为了解决考核周期中出现的人员流失问题，管理层可以与离职的员工召开一次会议，了解他们离开公司的原因；

对于知识转移，管理层只能聘用某个领域的专家；

对于知识转移的预算问题，管理层可以有一个由某一领域的专家准备文件，该文件可以上传到内部网。这可以提供给新加入的人。因此，知识转移不需要额外的人力资源，这将减少公司的预算。

现在，如果我们仔细观察，第三个解决方案可能并不总是可行的，因为我们不能保证总能请到专业人士来面授。此外，专家比不那么专业的人员要求更高的薪酬，这也将增加公司的预算，所以这一点排除。因此，我们现在把其他三个解决方案结合起来，形成一个连贯的解决方案。最终的解决方案是，管理层首先与离职的员工进行交谈，了解人员流失背后的原因，然后再制定合适的奖励机制，然后在组织中创建一份可以便捷获取的文件用于知识转移。通过这种方式，分析和综合在一起有助于设计思维过程。设计者首先将一个问题分解成易于处理和研究的小问题。然后，将不同的解组合成一个一致的单一解决方案。

从更深的层面解读分析的目的，简言之，分析需要分解层次关系以及问题结构，以此清晰地呈现出设计问题中各元素间的内在关系，从而明确其中的设计路径，取得必备的设计信息以及识别各元素特点。戚昌滋先生总结设计的系统分析包括以下几点：（1）总体分析：确定设计的总目标及相关客观条件的限制。（2）任务与要求分析：为实现总目标需要完成哪些任务以及满足哪些要求。（3）功能分析：根据任务与要求，对整个系统及各子系统的功能和相互关系进行分析。（4）指标分析：在功能分析的基础上确定对各子系统的要求及指标分析。（5）方案研究：为完成预定任务和各子系统的指标要求，要制定出各种可行性方案。（6）分析模拟：由于一个大系统要受许多因素影响，当某种因素发生变化时，系统指标也会随之发生变化，这种因果关系的变化通常需要经过分析模拟加以确定。（7）系统优化：在方案研究和分析模拟的基础上从可行方案中选出最优方案。（8）系统综合：选定的最佳方案是原则性的，要付诸实施，必须进行理论上的论证和具体设计，以使各子系统在规定的范围和程度上得出明确的定性、定量的结论，包括细节问题的结论。[11]

分析是设计过程中重要的环节，它是综合的前提，与之相对应的综合则是它的必然结果。

11 戚昌滋. 现代广义设计科学方法学 [M]. 北京：中国建筑工业出版社，1996: 367.

综合需要从大数据中提炼出有效的设计模式，从本质上讲综合是一项具有创造性的活动。台湾学者黄英修认为，分析与综合的过程是将设计问题解构成有层级性的树状结构系统，其中包含了许多分层的子集合，这些子集合都属于整体设计问题架构下的一部分，而且子集合之间都有一定的关联性，这个过程称为分析；当产生树状结构的问题层之后，再进一步将每个子集合实现，这个过程称为综合，因而通过分析综合的反复的循环过程来解决设计上的问题。综合是实现有序要素的一种集合，它是基于分析结果并对其进行整合、评估和改进。这种集合并不是采用相加的模式得到的，它注重的是整体的架构以及对不同综合方案的平衡。就如同上节中提到的发散性思维与收敛性思维，分析与综合也是符合先发散再收敛的思维路径。

## 2. 分析与综合的组织框架

工程学家维杰·库马尔（Vijay Kumar）教授开发了一个分析与综合的组织框架，该框架包括一系列 16 种类型的活动，其中包括 9 种不同的分析模式和 7 种综合模式。库马尔教授在文章中介绍这个框架提出的目的不是为了让设计师按此框架逐步实施，而是提供一种理解机制，以便设计师能够更好地理解过程中所使用方法的功能，以便其在设计过程中可以更明确地选择适合该任务的方法，并且如果没有直接满足其需求的新方法，则可以更容易地开发新的方法。[12] 库马尔将框架总结为设计创新过程的二乘二模

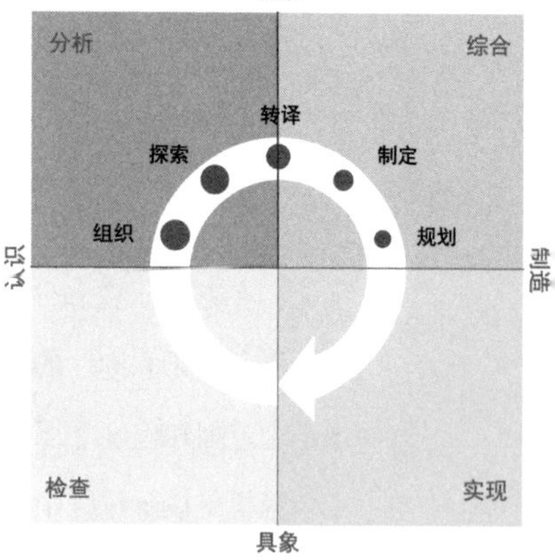

图 1-27：设计创新过程二乘二模型
图片来源：《Idsa 2013 教育研讨会论文集》

12 John Payne, DESIGN ANALYSIS & SYNTHESIS: A PALETTE OF APPROACHES[C]. IDSA 2013 EDUCATION SYMPOSIUM, 2013.

型（见图 1-27）。

　　该框架分为分析和综合两大部分，其中分析由组织、探索、转译三部分组成：组织中包括聚合、解构、分类；探索包括沉浸、操纵、联结；转译包括抽象概括、解释以及可视化。综合由制定和规划两部分组成，其中制定包括总结、策划、叙事；规划包括定位解决方案、预估、溯因、造型描述。下文将一一解释框架内各类别的内涵以便更深入地了解设计过程中的分析与综合。

　　（1）设计分析——在任何设计活动中，最关键但最少被讨论的部分之一便是分析技术，或将主题分解为其组成部分以获得更好的理解。在分析为支持设计过程而收集的研究数据时，主要目标是确定数据中存在的关键特征，确定这些特征所暗示的内容，并明确这些特征存在于数据中的原因。

　　I. 组织——梳理和标准化原始数据。为了利用从任何类型的研究中收集到的数据，必须做一些准备工作以便使用这些数据。对于设计分析人员来说，有各种各样的组织形式可以为之所用，例如以下三种：

　　i. 聚合——准备进行数据分析的首要步骤之一就是将数据聚合成可用的形式。可以使用多种策略来聚合数据。大多数策略依赖于数据标准化，即可能来自多个来源的各种数据类型在语义和功能上按相同标准进行规范调整，或转换为相同格式的过程。例如，将所有视频转换为相同的格式，或者将以多种语言记录的实地笔记翻译成单一语言以供以后使用。为了准备好标准化数据，有时还需要对其进行清理，或者去掉使正在使用的数据中有价值的部分变得模糊的无关组件。

　　ii. 解构——早期设计分析的另一个基本步骤是将复杂数据分解为其组成元素，并将这些元素标准化，以便在后面的步骤中使用。例如，将原始视频剪辑成类似大小的片段，分类备注并放入数据库中以使用关键字检索，或将音频转录成彩色编码的粘贴，以便日后操作。解构的方式有很多例子，但我们的目标始终是达到一种明确的"基础单元"状态（这个基础单元是由我们的研究目标定义的）。同时解构也需要策略，通常是将数据呈现为对后续步骤有用的形式。一些研究方法已经嵌入了解构技术，例如，一个调查或基于照片的自我记录研究产生的数据已经被解构成有用的相似的组成部分，问题的答案或分别注释的照片。

　　iii. 分类——数据组织的最后一步是分类。这是根据相似性、层次或其他关系对数据进行标记并组织成组的过程。分类可以通过将数据组织成在其执行之前被带到研究中的预先制作的类别来完成，例如流程中的步骤或市场细分，通过后期探索阶段在数据本身中发现的作为重复模式的紧急类别，或者通过其他研究方法确定的类别，例如识别用户类型或人物角色。正如前面提到的，与解构和聚合不同，分类可能在数据探索的后期阶段之前或之后完成，这取决于设计分析师的意图和将数据与现有框架统一的必要性，或开发对数据集的新理解的愿望。

　　II. 探索——数据探索在任何分析里都是非常关键的步骤，就是通过各种方法操控数据。对一些人来说，这似乎不是一项非常重要的工作，实则不然。具体的方法与之前数据聚合的机制是相同的，设计分析人员先大致熟悉初步组织起来的数据，并帮助提高对所研究对象的理解。具体的方法也有如下三种：

　　i. 沉浸——数据探索的第一步就是沉浸其中。简单地直接接触标准化数据，回顾、重读和反思。一个有价值的策略是将数据准备成视觉上可以理解的类别，这将加快识别模式和元素之间的关系。除了模式和结构发现，沉浸式还使分析者能够理解数据固有的语言和背景，了解研究对象的特点，并确定其他固有特征，这些特征可能会为以后的理解策略提供建议，或者确定收集的数据中的差距或漏洞。分析者可以通过沉浸的方式感知当前数据集的质量和完整性的程度，评判当前手头的数据是否已符合研究的需要，或是必须进行额外的研究。

　　ii. 操纵——一旦通过沉浸获得了对数据情况的理解，分析者可以开始操控这些数据了。数据操纵使分析者能够通过简单的物理或视觉操作开始创建和评估数据元素之间的关系。操纵数据是指在不从根本上改变研究数据的情况下，重新排序、重新排列或以其他方式移动研究数据的过程。这既可以作为一种准备技术，即作为其他活动的前兆，也可以作为探索数据的一种手段，本身就是一种分析工具。一种常见的操作技术是关联性评判，将数据誊写在索引卡或便签等可移动的元素上，并将这些便笺放置在空间上彼此接近的位置，以识别两者间的关系。有时，数据元素的简单并置将触发查看模式或识别对即将到来的设计综合阶段有用的特征。

iii. 联结——数据探索的另一个关键步骤是定义数据元素间的联结关系。在某些情况下，此步骤可能是在数据中创建类别的方法。这一步也可能是操控带来的，但操控和联结的区别因素是一种积极的意义建构。操纵是一种通过关系识别潜在模式和结构的方法，而联结是使这些关系具有意义的行为，因为数据元素被分组，它们被命名、定义并准备进行进一步的描述。联结可以采取多种形式，数据组合是一种方法，结果是单个数据元素的数量更少，每个类别里包含的数据比分析者开始使用的规范化元素更多。其他的联结可能导致定义的分层关系或其他关系的出现，这些关系将用于揭示数据中的结构或模式。联结后的表现形式为一些典型的组织图、流程图或思维导图。

III. 转译——数据的转换是分析和综合过程中的一个过渡步骤，也就是从数据中创建价值和模型，这里的每一步都要脚踏实地地进行。从对收集到的数据的分析理解出发，从这一步起，分析人员开始处理数据，将数据转换成某种新的形式，这种形式开始暗示意义，或有助于确定所研究现象的结构或机制。具体的操作方法以以下三种为例：

i. 抽象化——设计分析人员的一个关键转换方法便是抽象数据，抽象化地根据分类方法更改数据，保留元素的关键特征，并在消除数据元素的许多其他组件部分的同时继续保持这些特征。其他有用的抽象方法是创建数据元素的原型表示，或者将查询和进一步工作的重点转移到已经派生的数据类别上，并仅在合成活动中主要处理这些类别。总结抽象出最显著的特征或特点。抽象类似于泛化，即捕获数据元素的本质，有时会导致创建关于研究对象的规则、原则和真理。

ii. 解释——转译过程中最关键的组成部分之一是从数据中创造意义；有些人称之为价值建构，有些称之为定义，在这个框架内将其称为转换。具体地说，就是从数据到意义的转换。转换的一个关键因素是对所使用的元素进行深思熟虑的定义或洞察，即清晰地表达了数据中固有的含义。这里的设计分析者的工作是从一个角度出发，提出有说服力的论，说明数据意味着什么，为什么我们现在需要知道这些数据。为了提出令人信服的论点，必须提出支持分析者主张的证据。此证据可以来自设计过程的早期步骤，但不应简单地将一个数据元素表示为"发现"。轶事不是洞察力，尽管我们可以从中建立有价值的想法。这些洞察力通常是模型或模拟的核心组件，了解数据元素是如何交互的，或者我们的研究主题中的某些组件是如何"工作"的。

iii. 可视化——另一种转换方法是创建数据的可视化表示。除了对数据元素本身的可视化解释外，可视化还可以专门用来表示分析人员通过研究其数据集发现的数据之间的关系、结构和关联度。这种可视化有助于揭示分析的含义，并表示这些数据元素如何交互的模型。一个好的模型是任何分析中最有价值的项目之一，它描述了体验的结构，并提供了一个可重复的理论来分析类似的体验，并评估体验的变化（如产品或服务的引入）会如何影响它。通过利用观众的视觉灵敏度，可视化技术，如大小、颜色、位置、分组可以帮助理解设计思想如何相互联结，并有助于揭示模型的机制。

（2）设计综合——与分析不同，综合指的是将各种元素结合起来形成新事物的过程，将知识碎片组合成一个有意义的整体。在设计综合的情况下，结合的元素包括从分析本身发展起来的理解，并为开发面向解决方案的想法提供了一个有用的背景，这些想法通常与设计有关。最佳的设计综合提供了建立基于观察的理论基础的能力，但同时也提供了原创性、创造性表达和颠覆性创新的机会。综合可以指设计对象、产品、服务、环境、交流等的创造，但为了框架的目的，我们将把综合的定义局限于基于设计分析的想法或概念的创造。

I. 制定——根据定义，将手头的数据制定到一个综合的框架内，这样有助于开始构建任何解决方案的背景意义。描述数据中的特性可以支持分析人员的论点，或者直接向听众传达理解。制定框架的行为是有目地从数据中选择元素，然后在不做出价值判断的情况下说明它们。

i. 总结——在研究数据中识别主题或共同特征可以称为总结。研究数据的总结倾向于识别出数据集中最关键的含义，将这些含义分离出来，并将它们一起呈现给观众。总而言之，执行综合的分析人员试图对他们通过关联而确定的选定集合或数据集做出解释。总结描述了这些数据集的关键元素，并开始从对数据的调查转向对综合分析人员所认为重要或有趣的内容的交流。执行总结是这种综合技术的典型可交付成果的一个很好的例子。

ii. 内容管理——作为构建框架的一种策略，内容管理依赖于从分析中识别出能够"代表"整体的唤起性数据元素。内容管理有两个关键的方法来辅助设计综合。这些选定的数据可以为分析人员试图传达的特定陈述提供依据，或者作为一个整体提供数据集的概述，通常不需要综合分析人员的强烈意图陈述。第一个策略需要总结或理解传达信息所必需的关键特征。为了传达综合分析人员想要的含义，从数据中选择典型的例子来代表这些关键特征。第二个内容管理的方法是提供一组代表研究数据的整体调查的例子。通过这种方式，所选的数据元素集合在一起以帮助对整体的理解，而不需要分析人员的特定陈述。

iii. 叙事——构建框架的第三种方法是创造一种叙事性的陈述。故事化或轶事比其他描述方法更容易让观众参与和欣赏。叙事性描述结合了总结和管理的元素，并将它们与感兴趣的主题放在个人描述中。为了生成叙述，需要识别嵌入在数据中的最重要（或有趣）的含义，就像在总结中那样，然后在内容管理的筛选中确定每个被标识的代表性数据元素。最后，为每个元素创造具体的叙事，省略无关的细节，并专注于关键点，要么延续故事，要么支持综合分析者的论点。它们被组织成一个有逻辑的顺序或情节，按时间顺序或其他方式。角色的发展可以帮助观众从情感角度更直接地理解故事。

Ⅱ. 规划——在设计综合的情况下，规划是指将通过分析形成的理解模型延伸到未来，辨别对分析的潜在反应，并以适当的设计解决方案回应由此产生的想象情景的设计活动。

i. 定位解决方案——是指一种综合方法，由此发展出可以通过分析直接证实的想法。最常见的综合形式和最简单的定位解决方案直接解决了观察到的用户需求或市场机会。例如，在我们的观察中，我们可能已经确定呼叫中心操作员需要快速访问三个关键功能。如果我们的设计解决方案的一个特点是对这三个关键功能可以以最便捷的方式访问，那么我们就已经提出了一个定位解决方案。定位解决方案依赖于直接观察或自我报告的需求，并不严重依赖于设计分析的质量。尽管定位解决方案可以非常创新，尤其是在过去很少进行观察的设计环境中，但它们可能无法进行突破性创新。

ii. 预测——对许多商业人士来说，设计综合的魅力就在于根据设计分析做出预测的行为。预测是从数据中进行观察，并要求综合分析人员对未来发生的事情进行新的观察。当然，任何人在任何情况下都无法保证预测的结果；因此，做出多个预测往往比单一预测更好。对设计环境进行预测的一种有用形式就是情景规划。这种形式的预测通过从关于当前情况和趋势的知识（如设计分析中呈现的那种信息）中，推导出各种可能在未来发生的情况中来寻求减少与单一预测相关的风险。一旦描述了这些可能的未来风险，就可以创建一系列潜在的响应或场景，以应对这些情况。预测可能会在未来高度不确定的环境中提供颠覆性创新的机会，但解决方案高度依赖于分析的质量和概述的潜在未来的情况范围。

iii. 溯因——奥斯汀设计中心（Austin Center for Design）的创始人乔恩·科尔科（Jon Kolko）解释"溯因"的意思是采用"根据事实提出的假设……推理的一种形式"[13]。基于溯因推理而定位的解决方案可能没有在前期分析中得出的支持依据。本质上，溯因推理是一种特定的有经验的猜测。溯因对于设计综合很重要，因为这是一种机制，我们可以从数据的特征中推导出解决方案，而这些特征并不能直接暗示解决方案。当一个综合发展出了一个"在给定观察到的现象或数据并基于先前经验的最有意义的假设"时，就会找到一个基于溯因推理而出的解决方案。科尔科曾以自己生活中的例子解释：如果我的设计问题是为孩子所在学校的家长购买礼物，我可能会进行一些非正式的观察。我可能会在日常生活中注意到，社区的咖啡馆经常是拥挤的，上午的服务也非常缓慢。留心一点可能也会注意到，一些父母需要在送完孩子后赶到地铁，以便准时赶到单位。使用溯因推理，可能我会认为，那些可以控制自己早上时间的父母也许会喜欢这家咖啡店的礼品卡，但同时也要准备另一份礼物，送给那些需要朝九晚五的家长。在这一陈述中有一系列推论或溯因式跳跃。溯因推理赋予综合能力来建立设计思想的基本原理，但允许在不相关的观察之间建立联系。由于突破性创新具有更高的潜力，溯因方法既依赖于分析的质量，也依赖于团队的创造性火花，从而在这些不相关的观察结果之间建立有用的联结关系。

iv. 造型描述——借用艺术中的造型描述特指文学上对视觉艺术作品的描述。这种形式的

13 Kolko, J.Exposing the Magic of Design: a Practitioner's Guide to the Methods and Theory of Synthesis[M]. New York: Oxford University Press, 2011.

设计综合采用了一个更广泛的概念，即以一种完全不同的媒体形式来表达对现象或话题的回应，字面上就是"围绕目标跳舞"的概念。根据这个定义，一场表演、一段视频、一个原型，甚至是一篇批判性的评论，都可以被视为对所研究主题的夸张回应。批判性地判断一个分析主题可能会给它与潜在的设计综合中其他相关主题的解决方案排名，判断其独创性，并就任何潜在解决方案的价值提出观点。造型描述的特征部分源于创作者想要创造独立响应的愿望，另一部分源于该响应与原始创作的衍生关系。造型描述依赖于对原始现象的强大理解，而不是试图解释它，或重新设计它，而是将它作为一个参考点，以一种新的、不同的媒体形式进行创作。造型描述的优势在于，它可以为用户提供熟悉的内容，但它在很大程度上依赖于团队概念化反应的能力。这种反应是原创的，而不是太明显的衍生，以便实现颠覆性创新。

正如上文所述，设计的本质是一种创造性的活动，因为设计的目标是创造一个尚不存在的实体，因此，设计思维和推理过程是创造性思维不可或缺的过程。其次，在巴纳斯、克罗斯以及普格的模型中可以看到在设计过程的前期阶段要实现的综合，实际上是发散性思维和收敛性思维的循环应用，其中构思和评估频繁地相互关联，是在循环检验实施方式和基本原理。这些都是设计思维中联结特征的萌芽。一方面，它在发散性思维和收敛性思维之间产生变化。另一方面，它也在分析和综合之间不断转化。这些元素和各子系统相互联结，从而有机会形成一个结构化的设计过程，并获得满意的设计结果。

## 本章小结

综上所述，在对"联结"这一概念进行理解的时候，分别通过追溯中西方及在当今全球化领域下的思想探源，挖掘思维方式中的联结存在；再窥探联结在系统科学、社会学、心理学和设计学四个学科领域中的概念，特别是在心理学领域中，联结作为知识在记忆中的组构方式，对于研究设计思维的联结性有极大的启示；在设计领域，设计前期的综合过程对收集到的数据组织、操作、修剪、过滤，最终可以用来支持全面、连贯的设计解决方案，都是联结的概念体现。好的创造性设计还体现了连贯、新颖、全面的"主导思想"，将设计从单纯的解决问题提升为社会、艺术、技术或一般文化表达，为广大公众所欣赏。一个领先的概念不是一个"分离的东西"，相反，所有的设计决策都必须与它兼容，这也是联结性思维的意义所在。因此，理解设计动作之间的联结属性有助于理解产生良好集成的设计作品的本质，也是捕捉设计认知和行为本质的最佳思维方式。

本章的第三节从设计问题入手，根据设计问题的模糊性、设计方案的灵活性、设计思维的局限性等问题，突出设计过程的复杂性并依据认知理论模型对其进行解构。其次，介绍了现有的设计认知理论模型。现有的理论模型虽然比较丰富，但都不够综合，也不够完整。所以本研究的方向和目的就是通过建立联结性思维模型来解决设计认知的复杂性问题。在本节的最后，建议通过思维可视化，以简洁直观的方式呈现隐晦模糊的认知特性，实现形象化转变并对其进行深入化解析。

在本章的最后论述了关联系统与符号系统、收敛性思维与发散性思维以及设计过程中的分析与综合这三个方面的递进与互联关系，从认知科学到设计领域探讨在设计过程的前期阶段要实现的综合，实际上是发散性思维和收敛性思维的循环应用，其中构思和评估频繁地相互关联，是在循环检验实施方式和基本原理。这些都是设计思维中联结特征的萌芽。一方面，它在发散性思维和收敛性思维之间产生变化。另一方面，它也在分析和综合之间不断转化，各要素及各子系统间相互联系、彼此联结，才有机会形成结构明确的设计过程，从而得到满意的设计结果。

# 第二章　设计过程中的联结性思维研究

## 第一节　设计过程的研究

每个人都会自觉或不自觉地践行一些设计行为，例如教师排布桌椅进行讨论，或者一个企业家构思公司运营方案，抑或更新个人网站的布局等，都是在从事设计行为。当然，这些行为的结果是不同的，目标也不同，使用的媒介、规模皆不相同，甚至方法也迥然不同，但相似的是他们的设计行为和所遵循的过程。设计的过程决定了产品的质量。如果想要改进设计产品，设计者就必须不断地重新设计，不仅是对产品本身的修改，而是改变设计者所使用的方式。这就是研究设计过程的原因。知道设计者做什么以及应该怎样做，理解它并改进它，才能成为更好的设计师。现代设计运动的发展越来越重视对设计过程的研究，通过回溯设计演化过程去探究设计过程的本质。

## 一、设计过程研究的历程

### 1. 设计过程研究的发端

在两次世界大战时期（1914—1918，1939—1945），战争活动驱使工业生产达到自动化以便能大量生产炸弹、船舶和武器，所以战争工业所用的厂房设施和生产设备也在战时达到了高度的灵敏、精密程度。[1] 最古老的关于设计过程的记载也大概在 1920 年出现，它描述了如何为英国皇家海军设计一艘战舰。[2]

关于设计和开发过程的讨论在"二战"后不久就开始了，并随后几年内在运筹学、控制论和大型工程项目管理三个领域的军事研发中快速成长起来。由于在战时没有照顾到除军工以外的如房屋、食品或运输等民生工业，而战后无法满足大量生产需求的程度，可是战后民生工业又急迫需要大量生产，因此战时的大量军事生产方式就为民生工业设下了自动化的典范。生产设计的研究也开始专注于如何达到有效的机械化以便改进生产效能。然而，单个设计师的能力有限，不能充分掌握日益提高的工业产品的复杂度，因此有系统而且具有程序性

---

1 陈超萃. 风格与创造力：设计认知理论 [M]. 天津：天津大学出版社，2016: 26.
2 Hugh bubberly. How do You Design?[M]. Germany: Hatje Cantz, 2004: 7.

的生产方法就成了研究焦点。战争结束后，由于劳工短缺，一般工厂已经开始觉悟，并要求在生产大量化及自动化这两个关键问题上做技术性突破。劳工问题及战后由生产军事装备转型到生产民生用品的困境，也让厂家设法寻求新的自动生产方法来应对变化。例如，20世纪50年代的工业设计就开始研究在设计中如何有系统地生产，让生产过程更为方便和有效率。因此，20世纪50年代到60年代设计研究的重点主要被设计中的系统理论及系统分析所影响，这也奠定了后来的设计方法运动的基础。

2. 设计过程研究的发展

系统理论及分析源自当时的信息处理学及运筹学这两个研究学科中的理论，同时也启发了学者研究设计方法的兴趣。因此在20世纪60年代初，设计界的学者们开始投入时间，努力探讨有系统的设计过程，希望制定出一些系统性方法可供设计师采用，就此开始了关于讨论制定设计过程的现代设计方法运动。

设计方法运动的成员们一致认为，设计的过程在传统上被认为是基于惯例、经验和直觉，应该彻底修改，或者完全被更高级的过程所取代。人们相信，设计应该立志成为一门科学，而设计应该建立在系统的、科学的设计方法之上。而这些科学的方法应该被单独、系统地研究，并应用于教育和学习。赫伯特·西蒙最早在MIT的演讲中提出了"设计科学"的观点。总体来说，设计被看作是解决问题的方法，其结构在所有设计学科中都是相似的。因此，除了建筑师以外，设计方法会议的贡献者还包括了其他设计学科的代表，大部分是工程师。会议所有的参与者普遍都对如何系统性地解决问题感兴趣，因此有人试图将开发程序的方法运用到系统分析、应用研究以及其他方面的设计问题上。因为它关注系统的行为，所以涉及了当时新的控制论领域。在设计科学试探性的研究中，设计被看作是一个逻辑推理的过程，是一个可以由规则控制并可以做解释和规定的过程。

德国学者霍斯特·皮泰尔（Horst Pittel）将现代设计方法运动分为两代。第一代的设计活动主要集中在20世纪60年代，而第一代如上文所述，其主要内容为"提倡用系统的方法解决设计问题，比如采用从计算机和管理科学等学科借来的方法去分析设计问题，并发展出解决问题的方法"。[3] 在这一运动的初期试将传统设计方法进行科学化改进,从而使设计成为一种"知识上理性的,可分析的,部分可形式化的,部分经验性的,可讲授的,与科学平等的学问"[4]。但进入 70 年代之后,现代设计方法运动遇到了层层阻碍,很多现代设计方法的奠基人也公开质疑这场运动。例如设计研究的倡导者之一克里斯托弗·亚历山大就首先提出了"设计方法研究无用论",认为科学逻辑框架与设计过程的差异是根本性和不可逾越的。他在 1971 年谈到那场运动时说:"我已经脱离了这个领域……没有所谓的告诉你如何设计建筑的设计方法,我再也没看过任何有关的文章……我要说:忘了它吧,忘了所有一切……。"[5] 作为现代设计方法运动的先驱,设计学家洁·西·琼斯(J. C. Jones)也说过:"在 20 世纪 70 年代我反对设计方法,我不喜欢机械的语言、行为主义以及试图把所有的事情都纳入一个逻辑框架内的尝试。"[6] 随着个性解放时代的到来和自由主义的兴起,设计方法运动于 20 世纪 60 年代末走入低谷。与此同时,理性为主导的设计方法也不被当成设计准则。

从此,设计方法运动针对第一代过于理性、机械的缺点,逐渐转向多样化解决问题途径的探索。第二代设计研究强调设计是一个得到"满意解"或解集(Satisfactory Solutions)的过程,而不是"最优"解的过程,从根本上脱离了第一代设计研究的理念。当然这并不意味着第一代设计研究是完全无用的。西蒙提出的"有限理性说",认为人类的思考、推理、计算等能力受环境复杂性和自身认知水平限制,本质上就具有部分非理性或者感性和直观性的特点,设计也就不是纯粹的科学。[7] 因此,第二代设计方法运动采用了设计师和业主共同参与的设计过程,认为设计的过程是一个设计者与设计问题的"拥有者"(客户、消费者等)之间多利益方协调的过程。与此同时,各设计领域也分别向不同方向进行了拓展。

经过了彷徨的 20 世纪 70 年代,进入 20 世纪 80 年代后,设计研究有了实质性的进展,一系列设计方法论的专业杂志相继问世,并且出版了几部关于设计认知理论的书籍。同时,

3 赵江洪 . 设计和设计方法研究四十年 [J]. 装饰 , 2008(9): 44–47.
4 司马贺 . 武夷山 , 译 . 人工科学:复杂性面面观 [M]. 上海:上海科技教育出版社 , 2004: 3.
5 迈克尔·布劳恩 . 建筑的思考:设计的过程和预期洞察力 [M]. 蔡凯臻 , 徐伟 , 译 . 北京:中国建筑工业出版社 , 2007: 15.
6 Nigel Cross. Forty Years of Design Research[J]. Design Studies, 2007(1): 1.
7 胡越 . 建筑设计流程的转变:建筑方案设计方法变革的研究 [M]. 北京:中国建筑工业出版社 , 2012: 23.

设计作为一门独立的学问的工作取得了进展，人们逐渐认识到了设计认知路径使用的语言、交流的过程的独特性。

3. 设计过程研究的新动向

1990 年之后，设计方法的大发展是基于新型设计理论期刊的出现和全球各地相关组织的建立。近年来，一些高校科研机构和许多具有开拓性的建筑师尝试了设计方法的改革，他们利用很多个性化实验让设计方法的发展变得更加多样化。设计过程的研究基于广义方法学的研究，目前的研究热点在于设计思维与问题求解层面的研究，以及设计方法在企业应用中与产品开发组织管理等方面的结合。

在广义设计方法学层面，目前有三个主要流派：一是德国与北欧机械设计方法学，以帕尔（Pahl.G）和拜茨（Beitz.W）提出的普适设计方法学（Comprehensive Design Methodology）为代表；二是英、美、日的创造性设计学派，以美国麻省理工学院（MIT）徐南杓教授（Nam Pyo Suh）为首的设计理论研究小组提出公理性设计理论；三是苏联、东欧的设计方法学，其代表成果是发明问题解决理论（Theory of Inventive Problem Solving）。[8]

在设计思维和问题求解层面，设计研究结合心理学研究的相关方法，从设计者的心理过程、模式和方法的研究出发，侧重于设计过程中的创新思维、创新模式以及如何提供有效手段辅助设计创新等，从人的信息加工过程和系统工程两个方面出发，对产品设计的创新过程进行了研究，提出了集成化的产品设计创新思维模式的过程和特点。建筑师内里·奥克斯曼（Rivka Oxman）在对设计认知过程和计算机相关领域进行深入研究的基础上，阐述了设计思维过程、计算机辅助模式对设计创新的影响。[9] 台湾学者刘裕田将设计思维过程看作一个检索或者搜索的过程，并提出了相关的搜索设计模型。[10] 约翰·杰罗（J. S. Gero）等对设计创

8 赵江洪. 设计和设计方法研究四十年 [J]. 装饰，2008(9): 44–47.
9 万延见，李彦，熊艳，等. 基于创新认知思维过程多参与者协同创新设计研究 [J]. 四川大学学报（工程科学版），2013, 45(6): 176–183.
10 黄英修. 从专家、风格到创造力的形成过程之认知行为探讨 [D]. 新竹：国立交通大学，2005.

新过程进行了分析，初步探讨了设计创新的来源，并以此建立了相关的创新知识模型、过程模型和情境模型。[11]另外，克罗斯等提出的创新设计的描述模型和设计思维的表达模型，分别从设计创新过程和设计思维的角度对其求解模式进行了分析。[12]

综合起来，设计过程的研究偏重设计的动态过程性，偏重人的内在思维过程和求解过程，目的是构建设计过程模型和创新思维模型，即设计"任务本体"。目前设计过程研究在工程设计领域取得了重要进展，但艺术设计领域仍缺乏系统研究。

在设计研究领域，人们对理解设计过程的本质和创造性发现一直以来都抱有极大的兴趣。定义"设计是关于什么"是一场持续不断的辩论，其中盛行两种观点：赫伯特·西蒙所持实证主义的技术理性认为，设计关注的是事物应该是怎样的；唐纳德·舍恩所持的建构主义的实践认识论认为，设计是一种与情境的反思性对话。这些观点之间的差异是设计研究中悖论的一个例子。根据第一种观点，设计是一个递增的程序过程，其中内容（设计对象）和结构（推理过程）之间的关系是分层的；而第二种观点认为，设计是一种反思的实践，是基于环境的上下文行为，内容和结构之间的关系是相互转换的。这里主要关注的是关键动作的演变及其在设计推理过程中形成创意性概念的作用。自20世纪60年代以来的几十年里，为了理解设计过程的本质，设计研究领域作出了巨大的努力。本章旨在分析自20世纪60年代以来，人们看待设计流程的观点及视角，为研究创造力和突发性创意在设计过程中的作用奠定基础。

## 二、设计过程的研究模型

为了使创造性工作合理化，提高效率，允许设计被教授和交流，促进规划，改善涉及设计的学科之间的沟通等，是许多研究人员开发设计过程的规范性模型的动机，即所谓的设计方法，以支持设计。设计过程是在解决问题、管理和运筹学的新方法和技术的基础上定义的。[13]

11 Masaki Suwa, Terry Purcell, John Gero. Macroscopic Analysis of Design Processes based on a Scheme for Coding Designers' Cognitive Actions[J]. Design Studies, 1998, 19(4).

12 Cross, N. Creativity in Design: Analyzing and Modeling the Creative Leap[M]. Leonardo, 1997, 30 (4): 311–317.

13 Kathryn Best. Design Management: Managing Design Strategy, Process and Implementation [M]. London: Thames and Hudson, 2006.

各个学科都对设计过程进行了研究，以满足其特定需求。这些研究反映了过程模型的开发框架，倾向于问题解决以提高设计项目的质量。在设计研究领域，人们对理解设计过程和创造性发现的本质非常感兴趣。总的来说，设计过程模型的生成基于两种理论范式，分别为技术理性原理与实践认识论。以赫伯特·西蒙为代表的实证主义的技术理性将设计视为与事物应该如何有关，而以唐纳德·舍恩（Donald Schön）为代表的建构主义的实践认识论将设计视为与情境的反思对话。这些观点之间的差异是设计研究中悖论的一个例子。根据第一种观点，设计是一个递增的、程序性的过程，其中内容（设计的对象）和结构（推理过程）之间的关系是分层的；而根据第二种观点，设计是一种反思的实践，基于环境与背景的行为，并且内容和结构之间的关系是相互转换的。这里主要关注的是关键动作的演变及其在设计推理过程中形成创意性概念的作用。

1. 技术理性的观点

设计作为一门科学，在20世纪60年代的技术理性方法的主导下，被广泛认为是一个概念。在第二次世界大战后的20世纪现代运动中，人们特别呼吁将设计当作概念，目的是克服人类和环境问题。当时人们认为，人类和环境难题是政治和经济无法解决的问题。支持这一运动的先驱建筑师包括勒·柯布西耶（Le Corbusier）以及巴克敏斯特·富勒（Buckminster Fuller），前者在20世纪20年代将房子描述为"生活的机器"（1926年），后者明确呼吁基于科学技术和理性主义的"设计科学革命"。克里斯托弗·亚历山大的《形式综合笔记》（1964）及《建筑与规划的理性方法》、赫伯特·西蒙的《人工科学》（1969）的思想，以及其他科学家要求基于"客观性"和"合理性"的设计，都特别说明了这个时代。这主要是在工程和工业设计领域取得的进展，并被认为是该领域焦点的重大转变，直到1983年唐纳德·舍恩的工作首次出现，并被认为是设计研究的一个变化范式。克罗斯将这一变化描述为：这一变化标志着在过去20年里，焦点从创建"设计科学"的目标转向创建"设计学科"的目标；这是通过理解"设计认知"来理解设计过程。

西蒙呼吁用一种方法论的方法来支持设计的概念，将其作为一种以分析主义为基础的科学，并在大学里与实证研究一起教授。侧重于研究的原则、实践和程序的设计，这一范式以波普尔的"猜想和反驳"理论（1963）和库恩的"科学革命的结构"（1962）为中心，其中设计被誉为"利用人工制品的科学知识"以及一种"显性的科学活动"；通过一个完整的示意图方法组织、理性和预先构思。然而，这种技术理性的方法在20世纪70年代遭到了反对，因为它处理的是定义明确和指定的设计问题，而不是像里特尔（Rittel）和韦伯（Webber）在1973年所指出的那样，即设计应该理解界定不明确的设计问题。

2. 实践主义认识论的观点

设计理论家霍斯特·里特尔教授（Horst Rittel）和梅尔文·韦伯教授（Melvin Webber）将建筑设计和规划问题的本质描述为"不明确的"或"恶性的"。他们着眼于设计师如何解决被定义为恶性的问题，因为所有事物都具有复杂性，因此问题可能会在整个过程中不断出现。这与当时盛行的科学和工程的潮流是不相容的，后者处理的是"明确定义的""良性的"问题。当克里斯托弗·琼斯（Christopher Jones）放弃了他早期关于"机器语言""行为主义"的想法，以及将整个流程固定在"逻辑框架"中持续尝试时，这种反对的声音变得明显起来。

里特尔和韦伯认为，如果一个问题可以被很好地定义，那么它实际上就不再是一个问题了。他们指出，恶性的问题是那些很难明确指出的问题，因为设计师做了许多与设计有关的分析流程，恶性的部分存在于各行各业的设计工作中。理性主义浪潮中的修订影响了设计方法论的辩论，主要是围绕亚历山大的设计方法——亚历山大在《形态综合笔记》中提出的一个印度村庄的命题。关于建筑设计和规划的理性方法论的命题在设计研究领域引起了广泛的争议，尽管亚历山大当时对设计和科学做出了明确的区分："科学家试图识别现有结构的组成部分，设计师试图塑造新结构的组成部分。"然而1984年，他否定了当时的方法论，并明确表示："我已经不再涉及这个领域了……在所谓的'设计方法'中，几乎没有关于如何设计建筑的有用信息，我甚至再也没有读过相关文献。"并且，亚历山大早期的思想受到斯特德曼（Steadman）的严肃批评，这种广泛的批评导致了理性主义内部的改革。在这一点上，一个关键的区别是在20世纪80年代建立一个适当的设计研究范式。在1980年的设计研究学会会议上，人们达成了共识，不再将科学与设计进行比较，而是着眼于科学可能如何从设计中学习。克罗斯等人主张这一观点，并声称："科学的认识论无论如何都是混乱的，因此没有什么可以提供设计的认识论。"格林（Glynn）则认为："正是设计认识论内在地构思了我们的创造力逻辑和创新假设，这对科学哲学家来说是如此难以捉摸。"阿舍尔（Archer）将设计流程描述为真实世界与操作性模式间的一种对话来进行相关联结。一是借由设计程序的指出，通过计划和时间来进行；二是借由系统性模式的导引，让问题的分歧进入其选择部分；三是借由反复例行的工作描述，循环问题解决程序。整个程序将一直循环，直到问题变得清晰，并与计划程式一致的目标决策系统复合。将系统性模式和一些类比组合在一起，即构成一个真实世界问题的操作模式。在一个目标决策系统内的系统性模式变数，可由一个矩阵的形式来表示，借由矩阵中真实世界与类比的相互作用，其问题可被公式化，同时亦由此发展出解答。

设计模式是在理性方法论和设计认识论两种范式的基础上形成的。实践认识论最初是在20世纪80年代被提出的，它试图提出一个适当的模型来解释实践和职业，同时理论化"设计是关于什么的"。尽管那些早期的尝试挑战设计方法论，唐纳德·舍恩通过建立一个基于实践认识论，即存在于处理不确定实践的直觉过程中的建设性备忘录，明确地挑战了理性方法论原则的实证主义教条。它是对人类感知和思维过程的建构主义观点。他在1983年提出了反思实践者理论（Theory of the Reflective Practitioner），该理论基于有能力的实践者在处理"不确定""独特"和"有问题"的情况时所表现出的能力，并提出了根植于该行业的范式。在这种情况下，设计被定义为与情境的反思对话，设计问题是由设计师自己积极设置或"框定"的。设计不仅仅是一个过程或一种职业，而是作为一种情况的经验，设计师采取行动来改善现有的情况。

3. 西蒙的实证主义和舍恩的建构主义

作为科学的设计这一概念是在20世纪60年代技术理性方法（Technical Rational Methods）

主导下开始被广泛思考的。[14] 在第二次世界大战后的 20 世纪现代主义运动中，这一思考的目的是为当时人类及环境等一系列难题提供新的解决方案。支持这一运动的先锋建筑师包括勒·柯布西耶和巴克敏斯特·富勒，前者在 20 世纪 20 年代曾将房子描述为"生活的机器"，后者明确呼吁一场基于科学技术和理性主义的"设计科学革命"。[15] 克里斯托弗·亚历山大关于建筑和规划的理性方法《形式综合笔记》和西蒙在《人工科学》中的思想，以及其他科学家要求基于"客观性"和"理性"的设计，是这一时期非常具有代表性的设计理论。

西蒙提出的技术理性原理是针对解决结构良好问题的理论，他认识到问题的结构良好和结构不良之间存在区别。尽管存在差异，但他认为这两类问题原则上都需要理性地解决。这样的问题解决发生在指定的问题空间（其中表示与问题相关的知识）和解决空间（其中表示与解决方案相关的知识）中。在这种观点下，一个结构不良问题的问题空间太大；因此，问题解决程序只能在部分问题空间内工作，而随后的解决方案能令人满意即可，它不必是最优的处理方案。西蒙呼吁采用一种新的方法论去支持设计作为科学这一概念，它专注于设计的原理、实践和程序的研究，所以这个理论的中心是"科学革命"。其中设计被誉为"对人造物的科学知识的利用"以及"明确的科学活动"，是有组织的、理性的和可预想的，可以通过完全图解的方法来寻找最优解决方案。[16] 然而，这种技术理性方法在 20 世纪 70 年代面临着很多质疑，因为它处理的是定义明确和具体的设计问题。而霍斯特·里特尔和梅尔文·韦伯将在设计领域遇到的问题性质描述为"定义不明确"或"不可定义的"。[17]

1983 年，唐纳德·舍恩提出了反思性实践理论，通过建立一个基于处理不确定问题的过程实践，明确地挑战理性方法论原则基础上的实证主义教条。该理论基于处理"不确定""独特"和"有问题"的情况，立足于特定的情境，解决特定情景中的问题，在行动中进行反思，

14 赵红斌, 王琰, 徐健生. 典型建筑创作过程模式研究 [J]. 西安建筑科技大学学报（自然科学版）, 2012, 44(1): 77–81.
15 胡越. 建筑设计流程的转变：建筑方案设计方法变革的研究 [M]. 北京：中国建筑工业出版社 .2012: 22.
16 Simon, H. A. and Newell, A. Computer simulation of human thinking and problem solving. Thought in the young child. W. Kessen and C. Kuhlman (eds). Chicago. the University of Chicago Press: 1962, 113–131.
17 Rittel, H. W. J., and M. M. Webber.Dilemmas in a General Theory of Planning[J]. Policy Sciences, 1973, 4 (2): 155–169.

获取实践性学识。[18]"行动中对行动的反思"具有两层意思[19]：

第一层是"行动中反思"，当实践者在给定的时刻内与他的感觉和对特定情况的先验知识相联系，直接关注该情况，并同时批判性地对其做出反应，被描述为"在你的脚上思考"。

第二层是"行动后反思"，当从业者将行动的速度放慢到一定程度,允许在行动发生后理解该行动的过程,从这一经验中学习，并可能在其上反映一些新的东西。在这种情况下，实践者分析对先前经历的情况的反映，探索围绕该行为的原因，并确定该行为的后果。这通常是通过记录或记录对该情况的反映来进行的。图2-1为舍恩反思实践理论的模型，示意了两个过程的潜在冲突点。

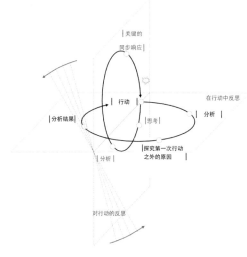

图 2-1：舍恩反思实践理论的模型
图片来源：《反映的实践者：专业工作者如何在行动中思考》

---

18 Schön, D. A.Problems, Frames and Perspectives on Designing[J].Design Studies, 1984, 5(3): 132–136.
19 舍恩. 反映的实践者：专业工作者如何在行动中思考 [M]. 夏林清，译. 北京：教育科学出版社，2007.

当设计师在设计过程中对独特的情况感到惊讶时，就会发生行动反思，而行动反思则涉及对前面行动的思考。对于舍恩来说，技术理性是处理结构不良问题的错误范式，这种问题在实践中经常遇到，包括设计实践。从建构主义的观点出发，舍恩提倡反思性的实践，这并不是一种解决问题的方法，它只是将问题进行重构的一种方式，即使是在非常"混乱"的情况下，直到问题变得清晰可辨。反思性设计实践者使用经验和以前掌握的解决方案，从新的角度来看待混乱的情况，反映在行动中的，可能与当前的、持续的、反映在行动中的情况相冲突，产生一个突然的洞察力，一个新的概念可能便由此产生。[20]

西蒙和舍恩提出了两种可以清晰区分的研究范式。西蒙提出的"人工科学"被看作是一种实证主义观点，声称以"技术理论"为艺术和科学的所有知识努力建立一个基本的共同基础。他把设计描述为制造人造物的过程。另一方面，舍恩的"反思实践"被视为一种建构主义的建议，可以被认为是设计的"跨学科"研究，涉及所有各方专业知识，包括创造性活动和制作过程。西蒙所持的解决问题的方法被认为是能够解决结构良好和具体的问题，但不适合处理恶性的、未被明确界定的设计问题，而舍恩的想法被批评为难以创建设计研究的跨学科方法，这需要来自不同领域和实践的一系列知识，超出了设计师的知识范畴，即使是科学家也难以理解。用奈杰尔·克罗斯的话来说："创造跨学科的学科是一项矛盾的任务……这门学科寻求在设计理论和研究领域中开发独立于该领域的方法。"[21]

西蒙的方法显然被认为是基于研究者的信息处理能力的搜索过程，而舍恩的建构主义处理的是设计活动。它以设计师体验的方式捕捉设计过程的内容和决策。作为一种转变范式，实践认识论是通过工作坊和研讨会发展起来的，例如1991年的设计思维研究研讨会，以及一系列由克罗斯、劳森、埃金和其他研究人员对杰出建筑师和工程师进行的实证研究。多斯特等人明确区分了西蒙的理性问题解决的实证主义和舍恩的反思实践的建构主义。他们进行了一项比较研究，以捕捉设计师自己所经历的设计活动，其中每个范式都表达了大量的和互

20 Clarkson, P.J. and Eckert, C.M. Design Process Improvement – a Review of Current Practice'[M]. Springer. 2005: 34.
21 奈杰尔·克罗斯. 设计思考：设计师如何思考和工作 [M]. 程文婷，译. 济南：山东画报出版社，2013: 6.

补的力量，以获得整个设计活动范围的概述。根据多斯特等人的研究，区分两种研究范式的一些关键发现概述如下：①反思性实践理论是在内容决策的基础上，考虑了实践中的情境因素。它提倡在设计过程中观察情境，解决设计师感知、认识和体验问题的方式。另一方面，对于理性的问题解决方法来说，有必要走出设计情境，将行动视为面向过程的决策，这有助于从整体上观察设计的各个阶段。设计决策通常分为两大类：一种是基于当前情况的可感知的行为，另一种是设计师在制定总体计划或检查整个过程时的过程驱动决策。决策的类型构成了理解设计活动时应该讨论的主题。因此，需要一种适当的理解设计的方法来保持过程和内容之间的联系，并根据设计师基于基本的逐步认知行为对设计情况的感知来捕获推理的结构。②在舍恩的理论中，设计的单位不是一个设计概念，而是一个"行动框架"。该框架基于一个潜在的背景，与设计师个人对设计问题和目标的看法相一致。这导致编码系统是以内容为中心的，其中流程元素是设计师解决问题策略的重点。这对于表现设计概念的形成是有利的，因为观察设计活动的一致性比按逻辑理性解决问题的方法考虑得更加全面。这样，它就保留了解决设计问题过程中过程和内容之间的联系。③设计问题是由设计师设定的，其核心技能在于决定如何解决问题。这是一种基于设计师如何感知问题结构的反复响应。情境的内容是根据设计问题来感知和形成的。不同的设计师对设计情境的感知和反应是不同的。在进行设计活动时，这一直是经验丰富的设计师由自己的专业知识来主导的，在舍恩提出反思实践理论并给出几个例子来描述实践者的活动之前，这并没有被认为是一种可描述的或推广为一种有规律可循的方法。④"与情境的反思性对话"范式是在个人行动的基础上运作的，有些学者对此抱有不屑一顾的看法，可能是因为其没有提供一条非常有条理的路径，或者与追求设计的客观性严格性的"理性解决问题"范式相比缺乏严谨性。然而，另一种观点认为，舍恩的理论以一种通用的方式建立了这一必要的严谨性，提供了基于两个主要观点来探索过程的机会：识别设计问题的结构，以及为判断某一行动框架的适当性而建立的基础。这些观点挑战了将设计作为行动反思的理论。⑤设计过程可以从两个角度来看待：一个是设计人员对特定问题结构提出初步解决方案的概念阶段，另一个是整个过程的标准策略。行动反思过程进行得特别好，因为概念阶段离不开战略，而理性的问题解决过程适合于为标准战略描述明确的情况。在将设计视为行动中的反思的情况下，仍然可以描述活动，而不会失去基于内容的决策和流程组件之间的联系。⑥做出过程驱动的决策需要设计者跳出设计情境。这是一种与基于内容的情境完全不同的思维方式。过程驱动的决策，不是核心设计活动的一部分，是许多理性主义方法论的目标。然而，设计情境是由设计师对新出现的问题、目标和下一步可能采取的行动的感知所控制的。解决这些方面反映了设计活动的核心本质，如果在描述解决问题的过程中忽视了"情境"方面，就暴露了程序方法的不足。只关注主要基于内容决策的整体条件则限制了该方法的特点发挥。这实际上有利于解决至少一些设计情境更多其他方面的尝试。⑦反思性实践本质上保留了设计者行为中基于内容和过程之间关系的考量，因此是设计者直觉认知的证据。

克罗斯指出了从设计师视角到研究者视角所做出的改变以及在开发研究方法方面所取得的进展。他说："设计应该作为一个有自己研究基础的学科来发展。"这取决于研究人员对领域的熟悉程度，以及在各种知识体系中是否具备形成一个独立于领域的决定因素的智力能力。设计认识论的范式可能会受到来自其他非设计学科的方法的威胁，这些方法否认设计的特殊性或其活动的任何特殊性，暗示它只是另一种或典型的解决问题或信息处理的形式。

我们推导设计范式分类的目的是理解模型定位之外的语境，以理解设计流程。可以观察到，所显示的分类法对构建用于查看设计的模型具有主要影响。它们基本上围绕着西蒙的技术理性或以舍恩的反思实践为中心。因此，我们得出了通过"理性的问题解决者"和"反思的实践者"的两种角度来研究设计流程的不同之处：理性问题解决者是基于客观现实寻求严谨的信息处理者，他采用理性的推导过程，优化科学规律和设计流程的知识。反思实践者定义了他自己的问题和设计情境以及行动框架，并通过选择时间和语境来应用知识的过程，在与情境和设计艺术性的反思对话的基础上构建自己的解决方案。设计不仅仅是一个过程或一种职业，它是一种经验，是作为一个设计师发现他自己的情况。


4. 设计过程模型研究

本小节以时间为顺序梳理设计流程研究历史中所提出的比较重要的设计流程模型，从多个角度说明每个模型的本质内涵。20 世纪 60 年代，卡尔·波普尔哲学对理性范式方法论产生了长期的影响。波普尔的观点可以概括为以下几点：首先，他在逻辑科学和经验科学之间作出了区分，给出了逻辑形式、科学假说和概率论的限制性观点。这个理论与所有试图用归纳逻辑的思想来操作的尝试是相反的。沿着熟悉的思路，波普尔认为典型的科学假设是普遍的，它们必须从客观的推导中得出。这一假说的特点是它能够被证明是错误的；它可以被一个相反的例子证伪，而不是任何归纳的支持或任何程度的概率，这就是它的科学性所在。因此，这种方法拒绝任何主观的概率理论。其次，波普尔指出，归纳方法不能从一系列归纳概括中形成复杂的理论模型，也不能从逻辑上归纳自然界内部运作的复杂模型，因为它必须首先进行想象力的推测，然后通过对数据的严格测试来驳斥或支持。美国建筑师协会成员黑里尔（Hillier）等人支持波普尔的观点，提出了"推测—配置—分析"模型来解释设计思维过程。虽然一个普遍的理性设计理论共识认为，设计师不应该把自己的先入之见强加在问题上，而黑里尔等人提出的推测分析理论却强调设计师会预先构造问题以解决问题，也就是说，现有的知识和以前的经验将会影响解决方案的性质。

　　然而，马奇（March）认为设计中的主要推理模式是归纳的，并开发了一个"产生—演绎—归纳"（PDI）模型，该模型基本上表明需要将溯因推理与演绎、归纳等常规推理形式相结合，以描述设计的评估、分析方面以及设计过程中的创造性活动。这个模型的理论基础是源于皮尔斯（Pierce）为说明溯因推理的过程所提出的三重活动模型。在设计推理的第一个阶段，设计者使用原本的知识储备来提出第一个解决方案，而在演绎推理的第二个阶段，通过对过程的分析来继续优化之前的解决方案。在归纳推理的第三阶段，设计的某些方面被修改、改变和改进，以产生更好的解决方案。这个过程被认为与基于其他技术理性理论所提出的模型一样，都具有面向解决方案并无限循环三个过程的性质。德国设计师古伊·邦希培（Gui Bonsiepe）将设计与设计研究之间的关系描述为"不稳定的"，这可以归因于设计科学在不影响设计实践的情况下其实是缺乏确凿基础的。设计理论的学者对此类设计流程概念模型的评价并不是非常正向的，因为它们在具体的设计实践中并无法针对不同情况起到实际而具体的指导作用。这可能意味着设计科学虽然是一门真正的科学，但它对设计实践没有影响；或者，设计科学不是一门科学，因为正如哲学家所说的那样，它没有满足设计实践中所需的真正概念的要求。科学的任务是"理解它的主题，发现它的规律，目的是创造概念，识别各种现象之间的关系和联系，最后把它的知识集合到一个简明扼要的系统中"。

学者试图对所提出来的设计过程模型进行定义和分类，并将研究范式与面向科学或学科的模式区分开来。在研究者对设计过程进行分析以确定选择哪种方法更为可靠时，将设计模型的特征与设计实践的认识论联系起来是至关重要的。主导这些尝试的是：奈杰尔·克罗斯提出的设计师式的认知方式、西蒙提出的"猜想—构型—测试—反驳"指令性模型、琼斯提出的"分析—综合—评价"模型、阿舍儿提出的工业设计过程"分析—创意—执行"、马库斯提出的"分析—综合—评估"、克罗斯 1994 年提出的"探索、产生、评价和交流"模型（Analysis-Concept-Embodiment-Detailing）、德国帕尔和拜茨提出的"任务、概念、体现和详细设计"的描述性模型、著名的"功能—行为—结构"模型（FBS）、共同进化设计过程模型和"描述性"模型——即"感知的定位错误和修正"、舍恩提出的反思实践、科尔布的信息转化为知识的情境化模型以及结构性反思实践模型，等等。这些模型的提出说明了人们对各种关于设计知识体系的认识都有所提高，特别是皇家艺术学院在 1979 年发出的倡议：物质文化的收集经验，以及收集的知识、技能和理解，这些都体现在规划、发明、制造和实践的艺术中，关于设计的所有研究都应该为设计教育所有，这才是设计研究的价值体现。设计研究中的关键模型说明如表 2-1 所示。

| 时间 | 学者 | 设计过程模型 |
| --- | --- | --- |
| 1926 年 | 格雷厄姆·华莱士（Graham Wallas） | 创造性解决问题模型<br>The Creative Problem-solving Model |
| 1933 年 | 杜威（Dewey） | 反思是一种特殊的思维方式<br>Reflection as a Apecialised Form of Thinking |
| 1948 年 | 克劳德·香农和沃伦·韦弗（Claude E. Shannon and Warren Weaver） | 通信的数学理论<br>The Mathematical Theory of Communication |

| 时间 | 学者 | 设计过程模型 |
|------|------|------------|
| 1959 年 | 埃文斯（Evans） | 解决方案—综合同心模型——联合阶段螺旋模型<br>Solution–synthesis Concentric Model–Spiral Model of Combined Stage |
| 1959 年 | 波普尔（Popper） | 科学发现的逻辑<br>The Logic of Scientific Discovery |
| 1962 年 | 库恩（Kuhn） | 科学革命的结构<br>The Structure of Scientific Revolutions |
| 1962 年 | 霍尔；阿西莫（Hall; Asimow） | 设计过程的迭代本质——基于阶段的结构化过程<br>The Iterative Nature of Design Process–Stage–based Structured Process |
| 1963 年 | 波普尔（Popper） | 猜想和反驳<br>Conjectures and Refutations |
| 1963 年 | 琼斯（Johns） | 分析—综合—评估<br>Analysis–Synthesis–Evaluation |
| 1964 年 | 亚历山大（Alexander） | 形式综合笔记<br>Notes on the Synthesis of Forms |
| 1966 年 | 李维·施特劳斯（Levi Strauss） | 野蛮的思想<br>The Savage Mind |
| 1969 年 | 西蒙（Simon） | 人工科学<br>The Sciences of the Artificial |
| 1970 年 | 伊士曼（Eastman） | 第一个原案分析<br>First Protocol Analysis |
| 1973 年 | 皮亚杰（Piaget） | 结构主义<br>Structuralism |
| 1973 年 | 里特尔和韦伯（Rittel and Webber） | 不良结构设计问题<br>Ill–structured Design Problems |
| 1974 年 | 希利尔、马斯格罗夫和奥沙利文（Hillier, Musgrove, and O'Sullivan） | 希利尔、马斯格罗夫和奥沙利文模型<br>Hillier, Musgrove, and O'Sullivan Model |
| 1978 年 | 舍恩和阿盖尔（Schön and Argyle） | 舍恩和阿盖尔模型<br>Schön and Argyle Model |

| 时间 | 学者 | 设计过程模型 |
|---|---|---|
| 1979 年 | 斯蒂德曼（Steadman） | 设计的演变<br>The Evolution of Design |
| 1979 年 | 达克（Darke） | 原始发生器—猜想—分析模型<br>The Prime Generator–Conjecture–analysis Model |
| 1979 年 | 贝特森；约翰逊；莱尔德<br>（Bateson; Johnson; Laird） | 创造力是关于随机性和偶然性<br>Creativity is about Randomness and Chance |
| 1981 年 | 韦斯伯格和阿尔巴<br>（Weisberg and Alba） | 增加创造力<br>Incremental Creativity |
| 1981 年 | 珀金斯、沃德、韦斯伯格等人<br>（Perkins; Ward et al.; Weisberg） | 作为系统和结构化过程的创造性发现<br>Creative Discovery as Systematic and Structured Process |
| 1982 年 | 克罗斯（Cross） | 设计师式的认知方式<br>Designerly Ways of Knowing |
| 1982 年 | 胡福卡（Hubka） | 阶段之间的反馈循环<br>Feedback Loops between Stages |
| 1983 年 | 舍恩；埃金（Schön; Akin） | 反思实践<br>Reflective Practice |
| 1984 年 | 马奇（March） | 归纳—生产—演绎<br>Induction–Production–Deduction |
| 1984 年 | 戴利（Daley） | 经验主义<br>Empiricism |
| 1987 年 | 彼得·罗（Peter Rowe） | 综合—决策<br>Synthesis–Decision |
| 1987 年 | 梅特卡夫和怀特<br>（Metcalfe and Weiße） | 突然的洞察力、无意识、快速的认知重构<br>Sudden Insight, Unconscious, Rapid Cognitive Restructuring |
| 1990 年 | 戈尔德施密特（Goldschmidt） | 链接图<br>Linkography |
| 1992 年 | 芬克等人（Finke et al） | 基因探索模型<br>Geneplore Model |

| 时间 | 学者 | 设计过程模型 |
|------|------|-------------|
| 1994 年 | 克罗斯（Cross） | 四阶段模型<br>Four-based Model |
| 1994 年 | 布莱辛（Blessing） | 基于阶段的线性过程——同心迭代形式<br>Linear Stage-based Process-Concentric Iterative Form |
| 1994 年 | 博登（Boden） | 创造力的维度<br>Dimensions of Creativity |
| 1995 年 | 罗森堡和恩克斯<br>（Roozenburg and Eekels） | 基本设计周期<br>The Basic Design Cycle |
| 1998 年 | 苏瓦等人（Suwa et al.） | 宏观认知图式<br>Macroscopic Cognitive Scheme |
| 2003 年 | 斯特恩伯格（Sternberg） | 创造性的贡献<br>Creative Qualities for Creative Contribution |
| 2004 年 | VDI 指南 2206（VDI Guideline 2206） | V 模型和 U 模型<br>V and U Models |
| 2004 年 | 胡根托伯等人（Hugentober et al） | 超循环通用设计过程模型<br>Hypercyclic Generic Design Process Model |
| 2005 年 | 林德曼（Lindemann） | 慕尼黑程序模型<br>Munich Procedural Model |
| 2007 年 | 英国设计协会（UK Design Council） | 双钻石模型<br>Double Diamond Model |
| 2011 年 | 国际标准化组织（ISO） | 以人为本的交互系统设计<br>Human-centred Design for Interactive Systems |
| 2012 年 | IDEO | IDEO 设计思维模型<br>IDEO Design Thinking Model |
| 2014 年 | Frog | FROG 设计过程模型<br>FROG Design Process Model |

表格来源：作者根据资料研究整理

表 2-1：1926 年—2014 年设计研究领域中关键模型的发展梳理

5. 设计师式的认知方式

为了了解设计到底是什么，克罗斯进行了一项研究，他将科学、人文与设计进行对比。在这一阐述中确定了三个方面的重点比较内容，分别是研究现象、适当的方法研究以及研究的价值（见表2-2）。在此基础上，克罗斯解释了理解设计过程和设计产品的"本质"的一些关键点。关于"设计师式的认知方式"的命题涵盖了与设计过程和产品相关的几个要点。克罗斯在他的观点中声称，设计师式的认知方式是一种文化，与"思维和行为方式"有关，要建立一个适当的设计研究范式以形成一个共识的设计方法。设计师式的认知方式满足了设计研究的关注点，即设计知识的发展、表达和交流。这一观点提出要建立关于形式的知识体系和配置以及设计形态学的理论研究。这些主体既要关注形式的语法，也要关注语义、形式和语境之间的关系。我们关注描述设计推理过程中内容和结构之间的关系，目的是建立一个关于设计过程的知识体系。在这样做的过程中，克罗斯确定了设计师式的认知方式有五个方面：设计师处理"不明确"的问题；他们解决问题的模式是"以解决方案为中心"；他们的思维模式是"推理式"的；他们使用"符号"将抽象的需求转化为具体的对象；他们用这些符号来解读"客体语言"，即非语言形式的知识。此外，他通过四个方面确定了设计的本质，这四个方面分别是：（1）设计的核心是对事物的构思和实现；（2）设计包括对物质文化的欣赏，以及对策划、发明、制作和实施的艺术化的应用；（3）设计的基础是造型语言，这种语言可以发展成类似于科学中的计算语言和人文学科中的读写语言；（4）设计有自己要了解的东西，了解它们的方法以及发现它们的方法。

| | 科学 | 人文 | 设计 |
|---|---|---|---|
| 研究现象 | 自然界 | 人类经验 | 人为制造的环境 |
| 研究方法 | 控制实验、分类和分析 | 类推、隐喻和评价 | 建模、模式信息和综合分析 |

| | 科学 | 人文 | 设计 |
|---|---|---|---|
| 研究价值 | 客观、理性、中立和对真理的关注 | 主观性、想象力、投入和对正当性的关注 | 实用性、独创性、同理心和对恰当性的关注 |

表格来源：作者根据资料研究整理

表 2-2：从三个方面理解设计的本质

（1）设计过程

学者们通过各方面的特征对设计过程和设计产品进行区分。例如根据布莱恩·劳森 1994 年的一项研究，他对一些杰出的设计师进行了实验，得出以下结论：即科学家采用"以问题为中心"的策略，而设计师（如建筑师）采用"以解决方案为中心"的策略。设计师在不断积累的经验和教育中学会了采用以解决方案为中心的策略；科学家通过"分析"解决问题，而设计师通过"综合"解决问题，即"科学是分析的，设计是推理式的"；逻辑对抽象形式有兴趣，科学研究现存的形式。设计开创了新的形式。对于两者的区别，克罗斯的结论是设计活动的一个核心特征是依赖于在定义问题以后迅速地产生一个令人满意的解决方案，而不是依赖于任何形式的长期分析问题。他用西蒙提出的观点来进一步解释，设计是一个寻求能够得到令人满意的多种解决方案的活动，而不是优化问题的过程，也就是说要尽可能产生一大堆令人满意的解决方案，从中选取一个最为合适的来应用，而不是试图产生一个问题的最佳解决方案。设计者一般都会要求在一定的时间内产生一个可行的结果，而科学家通常被要求不能以个人的判断和决定得到答案，而是通过实验、考察核实等手段获得更多的判定信息，对他们来说，需要进一步的研究才能得到一个更为合理的结论。

设计理论学家霍斯特·里特尔和梅尔文·韦伯对设计的定义是设计问题通常都是定义不明朗和结构不明确的，甚至有时并不清楚问题所在。它们不需要经过广泛的分析，一个明确的以解决方案为中心的设计活动绝不能保证可以持续不断地分析问题。可以给设计问题设定一个可管理的推理界限，设计师需要一个主要的分析框架来定义问题的界限，并提出一个可能的解决方案。而定义不明确的问题则是突发的、可变性很强的，必须根据解决方案在整个过程中重新定义问题的结构，对此琼斯提出"为了找到解决方案而改变问题是设计中最具挑战性和困难的部分"，这也是创新可能发生的地方。设计是一个模式合成的过程，而不是模式识别的过程。因为设计是由知识体系构成的，正如马丁·勒文（Martin A Levin）所述："用几何模式来构造知识是需要设计者全神贯注实施的步骤，他需要将模式或其他一些排序原则添加到手头的信息中，才能得到唯一的解决方案。"这种"模式专注"也可以在设想解决方案的过程中被理解，例如提出一个产生解决方案的"预设模式"：定义问题、推理设想和评价反驳过程。这种理性的观点指出，旨在推测解决方案的模式关注的焦点是要使设计过程是结构化的，即解决方案不是任意产生的。这实际上引发了一场关于设计新颖性和独特解决方案的重要辩论，问题可能是：设计师是否必须从概念基础开始，以发起一个创造性的设计概念？在所有的设计领域，人们发现这种对几何图案的专注，为了使解决方案成为可能，似乎必须强加一种模式，或某种排序原则。亚历山大在对结构图和模式语言的广泛研究中为"模式构建"的论点进行了辩护，声称这一特征被认为是"存在于设计活动的核心"。在比尔·希利尔（Bill Hillier）和艾德里安·利曼（Adrian Leaman）的模型中，他们指出设计师使用符号将需求的"抽象模式"传达到实际对象的"具体模式"中，用语言学的说法，即这种"符号"将"思想"转化为"文字"。克罗斯发现"设计师式的认知方式"即体现在这些"符号"中。设计师对自己解决问题过程的了解在很大程度上仍然是隐性知识。一个有经验的设计师是一个知道如何理解与设计问题相关知识的人。这些事需要通过教育及训练来慢慢培养能力，通过教育和积累经验来学习和提高，要学会清晰地表达自己的设计想法和设计过程。

（2）设计产品

在理性范式中，中间产品构成了设计过程，作为"主体"的知识体现在设计的产品中，大量的知识体现在我们物质文化的对象中。有些观点主张，为了知道一个对象应该如何设计，有必要回顾现有的或预先设想的例子。亚历山大对此观点反驳道，在工艺设计的无意识过程中产生的产品，在平衡上比那些由自我意识过程产生的产品更好，而最后得到一个"极其微妙、美丽和合适的产品。一个非常简单的过程实际上可以产生非常复杂的结果，无意识的过程往往会产生手工艺社会的物质文化"。西蒙认为，设计对象是知识的形式，可以用来产生"令人满意"的解决方案，以满足特定的需求。这种理性的观点提出了如下问题：形式是否有助于创造性的飞跃？创新是否先于理论？设计产品有两个内在特征，即"隐喻的欣赏"和"语言和非语言符号"，这两者都可以被认为是结构化设计过程的关键来源。产品可以看作是"匹配、分类和比较过程"的结果。这被道格拉斯和伊舍伍德称为"隐喻的欣赏"。"隐喻的欣赏"是一种对图案中"喜欢"和"不喜欢"元素进行近似测量、缩放和比较的工作。这主要是关于特定的技能，如"通过设计符号从具体对象转换回抽象需求"。

综上，设计过程和设计产品依赖于对物质文化中非语言符号的操纵。符号在具体对象和抽象需求之间双向转换信息，目的是促进建设性的以解决方案为中心的思维。因此，使用符号象征是解决典型的定义不明确的设计问题的一种手段。

6. 两种思想影响下的设计过程模型

为了理解设计过程的本质，设计者和理论研究者提出了各种视图和模型。设计过程模型的产生将设计过程可视化，同时通过记录设计过程为分析设计思考方式提供了新的视角。多年来，设计者和研究人员试图根据当时流行的研究范式为设计过程勾勒出模型。在展示这些模型时，所持的目标是找出每个模型的主要特征，这些特征可以通过研究范式的类型来区分，特别是西蒙的技术理性原理和舍恩的实践认识论。例如设计过程的组成是基于"内容和结构"或基于"设计阶段"的设计过程模型，从定义到开发以及后期用其观察设计过程活动的方式，都能看到西蒙技术理性的影子；而舍恩基于经验反思的解决方式，则影响了如"描述性模型"、"面向解决方案"的模型以及基于"设计活动"的模型。[22] 表2-3展示了两种思想影响下的设计模型类型的主要特征。

22 Tschimmel, K. Design Creativity: Design as a Perception–in–Action Process[M]. London: Springer, 2010: 223–230.

| | 基于技术理性 | 基于反思实践 |
|---|---|---|
| 特征 | ·采用合理的方法来捕获设计的周期<br>·考虑对设计过程的主要组成部分所做的决定；面向过程的决策<br>·在生成解决方案之前需要进行分析<br>·以问题为导向的；显示过程的循环特性<br>·通常提供需要遵循的算法、系统的过程 | ·描述活动和"基于内容"的决策<br>·确定生成解决方案的重要性<br>·反映设计思维的"以解决方案为中心"的本质<br>·描述一个传统的、基于经验证据的启发式过程<br>·考虑"设计情境"方面的核心描述 |

**表格来源：作者根据本研究整理**

表 2-3 两种思想影响下的设计模型类型的主要特征

　　基于西蒙所认识到设计问题结构在不同设计过程中存在差异，在规定性模型中，分析是发生在设计过程开始之前，预先定义设计问题，考虑生成解决方案，以理解围绕分解过的设计问题确定其所有重要组成部分。西蒙所提出"技术理性"思考方式，通过分析、综合和评估三个阶段的基本结构，来证明设计过程的系统性。以设计方法学家琼斯（Jones）提出的过程模型为例（见图 2-2），其中三个阶段分别为：分析——确定所有解决问题的需求，并且精简归纳为设计要求书；综合——通过为每项性能规范找到解答，并将这些解答尽可能不打折扣地综合成一个总的解决方案；评价——评价所有解决方案满足设计要求的程度，并最后选定最合适的解决方案。[23]这三个阶段都是对如何从定义好的设计问题中逻辑推导出合理的解决条件，以及如何在综合生成的解决方案中选择最佳方案，做出合理判断，并促进它直到过程结束。

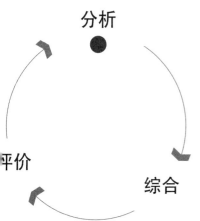

图 2-2：琼斯的设计过程模型
图片来源：*Design studies*

23 Jones, J. C.The State-of-the-Art in Design Methods. In Design Methods in Architecture, ed[M]. G. Broadbent and A. Ward. Lund Humphries, 1969.

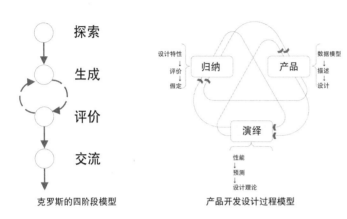

克罗斯的四阶段模型　　　　　产品开发设计过程模型

**图 2-3：规定性设计过程模型**
**图片来源：** *Design studies*

图 2-3 为其他典型规定性模型的示例，从中可看出这类模型线性发展的共性：首先分析设计问题，然后在综合的基础上产生一系列解决方案。针对需求和目标集对解决方案集进行测试和评估，最后将焦点缩小到一个解决方案上。

舍恩的实践认识论是基于对技术理性的反思，通过先前的经验从新的角度去处理复杂设计过程，探索设计中定义不清的问题。基于反思实践理论所提出的模型大多数涉及三个基本过程：回顾——回顾一个情况或经历；自我评价——使用理论视角批判性地分析和评估与经验相关的行为和感受；重新定位——利用自我评估的结果影响未来处理类似情况或经历的方法。[24] 这三个过程在面向解决方案类的模型中得到了集中体现。也就是说面向解决方案的模型描述的是基于一种概念设计思想的过程，与面向问题的模型相比，它能够更真实地描述设计者的思维过程。大卫·科

24 龚尤倩. 行动研究中的反映对话 [J]. 中国社会工作，2016(25)：24–25.

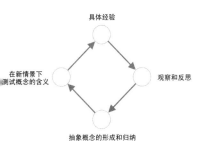

具体经验

在新情景下
测试概念的含义

观察和反思

抽象概念的形成和归纳

图 2-4：科尔布的设计过程模型
图片来源：*Analysing Design Activity*

Description
描述发生的事情

Action plan B
如果再次发生行动

Feelings
感受你的所见所想

Analysis
分析还可以做些什么

Evaluation
经验评估

Analysis
分析对形势的理解

图 2-5：吉布斯的反思周期模型
图片来源：*Design Thinking*

尔布（David kolb）的模型是一个代表，他认为设计活动是"通过经验转化创造知识的过程，知识产生于把握和转化经验的结合"[25]。换句话说，将通过先前经验获得的信息转化为可以测试并应用于新情况的知识。图2-4说明了科尔布的模型。吉布斯（Gibbs）提出的反思周期模型（见图2-5）是建立在科尔布的经验学习周期之上的。他提出"理论"与"实践"在一个永无止境的循环中相互丰富，从对经验的反思中学习，提供更全面、更少机械的元素，以鼓励更深入的反思。

设计师长久以来一直被视为是依赖于直觉、经验以及个人判断的人群。而将设计当作是一种流程的研究，可以视为是一种将设计知识合理化与具体化的努力，这也是经营设计所必需的。在设计中，"设计问题"通常只会由于与相关的"设计解决"方案的关系而被确定下来，而设计师们在设计初期阶段都不会严格地去定义问题。这就意味着会导致对重要信息的疏忽，或在设计过程后期这些重要信息才被发现，从而导致对设计进程的干扰和延迟，因此，西蒙和舍恩的思想对于设计过程认知的影响并不仅仅体现在设计理论上，通过二人的研究所架构起的设计过程模型，将感性的设计思维过程带入理性的设计架构中，引导设计师更有效地通向更好的设计解决方案，尤其以反思实践为基础的设计过程模型，为基于灵感体验式的当代艺术设计留出了很大空间。设计知识的具体化，提高了设计过程的可预测性以及连续性。每个项目可以根据基本构架对设计过程模型进行相应的调整，这也

25 Gericke, K., Blessing, L., Comparisons of Design Methodologies and Process Models across Disciplines: a Literature Review[J]: Proceedings of the 18th International Conference on Engineering Design (ICED 11), 2011.

意味着设计问题不再是单一的过程和方法，而将由设计师自己主动设置或"框定"，从而对设计的最终结果产生重要影响。

# 三、关于设计过程本质性的讨论

### 1. 通过设计流程图和模型来观察设计过程

其他研究人员试图根据当时流行的研究范式勾勒出设计过程的模型。在提出这些模型时，我们的目的是找出每个模型的主要特征，并通过研究范式的类型加以区分。具体地说，研究范式的类型。就是技术理性和实践的认识论。在这种情况下，有两个角度需要强调：要么关注设计师在整个设计过程中执行的主要机制，要么描述过程发生时的内容。为此，在提出任何可能限制设计具体内容的定义之前，首先讨论这些模型的特点。

设计模型和流程图可以用不同的方式分类。然而，分类过程在这一研究领域采取了不同的对比形式。例如，虽然有一种基于设计决策方式的分类法，它从"内容"和"结构"的角度深刻地观察了过程的本质，但还有许多学者用其他的分类方式，努力对比两种观点指导下的设计模型对过程的指导作用，例如通过基于"活动"和"阶段"的方法对模型进行分类，或者焦点是在"以解决方案为导向"和"以问题为导向"的区别分类，或者通过澄清"抽象"方法、"程序"方法和"分析"方法之间的区别。本节中对这些特征的区别旨在更好地理解设计模型的本质，因为有些模型完全位于一个类别中，而有一些模型通常位于多个类别中。这些模型被广泛用于分析设计过程，为对"设计是什么"的各种定义进行分类铺平了道路。

### 1.1 规定性模型和描述性模型

克罗斯区分了规定性模型和描述性模型，前者"按逻辑顺序指定事件在过程中发生的顺序"，后者"描述事件并确定进行过程中出现的情况"。在规定性模型中，通过观察面向过程决策的设计过程的总体结构，采用逻辑方法来捕获设计的周期性本质，从解决问题的阶段开始，以生成解决方案结束。这两个元素都是这个模型的中心，因为它们代表了设计过程中的主要步骤，因此，规定性模型被认为是"以问题为中心的"。这种方法通常提供可遵循的算法和系统程序，并通常被认为提供了一个特定的设计方法。描述性模型描述基于内容的决策活动。它们反映了设计思维的"以解决方案为中心"的本质。此外，它们或多或少地描述了一个依赖于经验证据的常规启发式设计过程，并认为设计情境的方面是描述目标的中心。设计情境是一个由决策控制的多步骤设计过程，并由设计者对设计现状、目标和行动可能性的感知来定义。

规定性模型通常是在开始设计过程之前进行"分析"，并提前考虑生成解决方案，以理解围绕设计问题的情况，并确定其所有重要组成部分。作为一名设计方法学家，琼斯一直在寻找一种可通用的合理性来陈述设计过程的系统性本质，并提出了一个由分析、综合和评价阶段组成的基本结构，其中：分析负责确定所有的需求，并仔细检查一组逻辑相关的性能规范；综合通过为每个单独的性能要求建立完整的集合来寻找可能的最佳设计解决方案；最后，根据琼斯的说法，评价的重点是平衡如何生成替代方案和解决方案来满足性能要求的目标。这三个阶段特别依赖于如何从设计问题的逻辑上推导出各方面的性能要求，以及如何综合生成的解决方案以得出最佳的解决方案，做出合理的判断，并完善最佳解决方案，直到过程结束。

1.2 以过程为导向的模型和基于内容的模型

设计过程中的决策有两种方式：一种是忽略设计情境和评估阶段，另一种是考虑设计情境的方方面面，根据实践内容做出决策。第一种是"以过程为导向"的决策，而第二种是"基于内容"的决策。在这种分类中，模型可以根据设计决策的这种分类进行分类，与规定性模型和描述性模型的分类重叠。以过程为导向的模型考虑设计流程的整体组成，而不是微观活动。同样，规定性模型预测面向过程的决策。因此，这两种类型的模型通常都具有设计过程的循环、迭代、高度结构化和基于阶段的特性。这些模型依赖于设计阶段的逻辑和理性推导。工程师大卫·查尔斯·韦恩（David Charles Wynn）和约翰·克拉克森（John Clarkson）提出了一种分类法，该分类法基于不同类型，对面向过程的模型和基于内容的模型进行分类：①基于阶段的模型和基于活动的模型。②面向解决方案的模型和面向问题的模型。③抽象方法、程序性方法与分析方法的对比。

### 1.3 基于阶段的模型和基于活动的模型

这种分类是基于循环过程的二维视角，美国学者格兰弗·斯坦利·霍尔（Granville Stanley Hall）支持这种分类方法。他提出，对于任何工程系统，基于各个阶段的顺序结构与在每个阶段中发生的迭代问题解决过程是相互影响的，这种方法明确地认可了流程的循环和迭代性质。

莫里斯·阿西莫夫（Morris Asimow）将霍尔的思想从系统工程领域应用到设计领域，认为基于阶段的结构类似于设计按时间顺序发生的线性过程，并将阶段描述为设计过程的形态系统。在阿西莫夫的模型中，这些活动具有高度周期性，在围绕解决问题的设计推理过程中循环往复。布莱辛（Blessing）的模型也得出了同样的结论，他认为设计的阶段和活动采取线性、连续、循环、重复、迭代和同心的形式。连续和循环模型在设计的每个阶段中规定了结构良好的迭代活动，但纯粹基于阶段的模型表明可以使用阶段之间的循环反馈来重新设计过程。然而，同心模型根据每个阶段的活动级别识别设计的收敛状态和子解决方案的集成，即"解决方案综合"。在图 2-6 中，展示了不同类型的基于阶段和基于活动的模型。

### 1.4 面向解决方案的模型和面向问题的模型

面向解决方案的模型表示基于一种概念设计思想的过程，即基于概念的过程。以问题为导向的模型基于对问题结构的抽象和分析，这些问题结构导致生成各个子解决方案并从生成的解决方案集合中做出最优的选择。它们主要基于对解决方案中所存在的客观问题的表述，并建议最终的设计应该更多地依赖于逻辑推理，而不是先前的经验。这一假设是所有以问题为导向的文献所共有

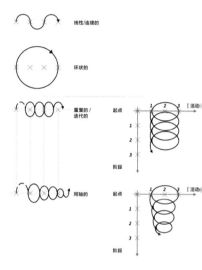

图 2-6：
图片来源：《IASDR2013》

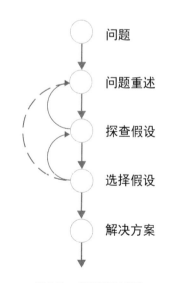

图 2-7：一般问题解决模型
图片来源：《工程设计学报》1993 年第 3 期

的，它构成了程序模型的基础。简言之，以问题为导向的模型强调在产生一系列可能的解决方案之前，对问题结构进行抽象和全面的分析；而以解决方案为导向的模型在设计空间和需求探索的过程中，提出一个初步的解决方案，并对此进行分析和反复修改。

以解决方案为导向的模型，如比尔·希利尔等人提出的"推测—配置—分析"模型，包括对设计者思维过程的描述，而不是以问题为导向的模型。以问题为导向模型的例子包括之前提到的琼斯提出的"分析—综合—评估"、克劳斯·艾伦斯皮尔（Klaus Ehrlenspiel）提出的一般问题解决模型（见图2-7）以及克罗斯提出的四步骤模型（见图2-3）。琼斯的"分析—综合—评价"模型是一个以问题为导向的线性模式（见图2-2），首先分析设计问题，然后在综合的基础上得出一系列的解决方案，针对要求和目标集的测试和评估筛选各个解决方案，以将焦点缩小到最优的一个。德国工程设计师艾克劳斯·艾伦斯皮尔提出了一个问题解决领域的模型，该模型包括两个操作：生成解决方案的发散、概念评估和选择阶段的收敛。

克罗斯提出了"探索、生成、评估、交流"的四步骤模型，旨在探索设计的模糊问题。该模型是一种面向问题的类型，也就是说，它通过"探索问题""生成解决方案""根据一组目标对其进行评估"以及"与最终产品或制造过程进行沟通"来进行。该模型假设评估阶段并不总是直接导致最终设计的沟通，而是在评估和生成阶段之间有一个迭代反馈过程，以防解决方案中出现任何错误或不满。弗伦奇提出了一个详细的设计过程模型，该模型基于"问题分析""概念设计""方案体现"和"细节深化"等活动。该模型反映了混合活动，并被归类为基于阶段的类型。

布莱特·劳森通过观察建筑和工程专业的研究生解决一个简单的设计问题，得出如下结论：在实践中选择的策略是由培训和背景决定的；设计师似乎更喜欢以解决方案为导向的更具创造性的"试试看"方法，而受过科学训练的工程师则在尝试综合解决方案之前专注于解开问题。劳森继续描述了问题规范和设计解决方案的相互关联和主观性质，这一有说服力的论点得到了许多其他作者的支持，并得出结论——真正的设计问题不能以纯粹的问题导向的方式来解决。事实上，人们普遍认为，设计需要根据设计师遇到的每个问题的个别性质，在某一点或另一点上应用这两种策略。总而言之，可以看出，基于阶段的模型通常采用以问题为导向的策略，而基于活动的模型在本质上可能是以问题为导向的，也可能是以解决方案为导向的。

1.5 抽象方法、程序性方法和分析方法

抽象方法是描述性的，且是在一个高抽象级别上对设计过程进行描述的。然而，程序性方法关注的是设计的特定方面，它们不像抽象方法那样笼统，但可以更贴近实际情况。分析方法基于两种方法来描述特定的设计实例：用于描述过程各方面的建模框架，以及开发技术或过程来部署和提高对设计过程的理解程度。抽象模型本质上是基于活动的，可以采用面向问题或面向解决方案的策略，而相反，程序性方法是基于阶段和面向问题的。根据构建模型的目的，分析模型可以归入前面分类中的任何类别。因此，我们可以得出结论，模型的分类通常可以用三种不同的分类表示（见图2-8）；规定性模型和基于阶段的模型可以采用各种形式（见图2-2、图2-3、图2-4、图2-5、图2-6、图2-7）。

大卫·查尔斯·韦恩和约翰·克拉克森将哈维·埃文斯（Harvey Evans）的模型（1959）区分为与大多数程序方法不同的视角，他提出了一个集中于设计过程的迭代本质的结合阶段和活动模型。该模型是一个"设计螺旋"，埃文斯指出了设计过程中涉及的变量之间的相互依赖性，因此它不能以线性的方式实现（见图2-9）。韦恩和克拉克森在研究中表明：大多数程序模型将设计呈现为一系列阶段，每个阶段在理想过程中只访问一次。1959年哈维·埃文斯提供了一个不同的视角，他提出了一个集中于设计过程的迭代本质的组合阶段和活动模型。注意到设计中最基本的问题之一是在许多相互依赖的因素和变量之间进行权衡，埃文斯的模型认为设计不能通过遵循线性过程来实现。埃文斯认为，这种相互依

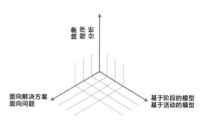

图2-8：三种不同的模型分类表示
图片来源：塔梅尔·埃尔库里 2015

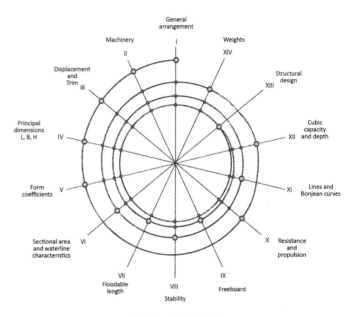

图 2-9：设计螺旋模型

图片来源：*Res Eng Design2017*

赖是设计的特征，后来美国麻省理工工程学教授史蒂芬·埃平格（Steven Eppinger）和许多其他学者也支持这一观点。

2. 实证模型

1984 年珍妮特·戴利（Janet Daley）研究了经验主义理论，指出实证研究受到两种观点的挑战：第一种观点是劳森提出的批判原案分析的方法论，原案分析基于实证研究获得了后期对设计过程进行分析的证据，但它并没有将"分析"和"综合"区分为设计过程中的两个独立的部分。第二种观点主张，"分析"参与设计的所有阶段，而"综合"开始于设计过程的早期阶段。为了支持这一论点，1986 年厄梅尔·阿克因（ömer Akin）与经验丰富的建筑师进行了一系列设计实验，发现"新目标的产生"和"约束条件的重新定义"经常在设计过程的早期阶段重复出现。

根据实证研究来描述设计基本上集中在创建设计过程的原案分析，它描述了活动过程中的认知行为，并将过程分解为其组成部分和各部分的组成片段。1970年设计认知专家查尔斯·伊斯特曼（Charles Eastman）在设计研究领域首次提出了原案分析法。伊斯特曼是在实证性的设计任务中进行验证并提出该方法的，实验任务要求设计师重新设计一个"城市公用充电设施"，为推测建造的前提，他们提供了一个来自不同客户的图纸和需求评论的例子。在这个工作过程中开发了一个创建原案的程序，以收集数据，记录活动、语言和非语言的想法，并为设计活动进行过程分析。根据这些原案，伊斯特曼能够解决设计师探索问题的方式和解决方案产生的过程。然而，在这个阶段，"分析"和"综合"之间并没有明确的界限；相反，这些原案的优势在于我们了解了设计问题的本质和解决方案的可能范围。尽管根据客户对所提供的例子的评论，设计问题的某些部分已经清楚地表述出来了，但设计师在设计过程中评估自己的解决方案时，能够发现更多有关问题的信息。

## 2.1 基于设计实践认识论的实证模型

1979年，简·达克（Jane Darke）在文章中提出了包含多种解决方案集合的"推测—分析"模型，这是一种面向解决方案的类型。这个模型从一个"主生成器"开始，这是一个提供解决问题方法的概念或目标管理集合。在过程的早期使用这一模型，可以帮助对可能结果的推测，缩小解决方案的范围。然后对设想出来的各个解决方案进行分析，以便更好地理解问题。该解决方案将根据设计需求进行测试，然后可以进行进一步的改进。这个模型的特点是设计过程不会从列出所有约束条件开始，因为这会限制设计解决方案的方向，而是想出各种各样的概念，然后将其简化以找到最好的可能结果。

阿克因与经验丰富的设计师一起进行了更详细的实验来设计复杂的建筑，将过程中的对话语言和材料数据都记录在一系列的原案资料中，目的是将设计过程分解为小单元的组成部分。然而，劳森批评了阿克因的研究，称其"未能将分析和综合视为设计中有意义的独立阶段"。这种批评是通过一个设计方法论家的视角提出的。然而，阿克因清楚地指出，设计师会在整个过程中分析所产生的问题，并在概念初始化的早期阶段通过综合产生解决方案。目标和设计所产生的限制一直被重新定义，直到得到满意的解决方案结果。

彼得·罗（Peter Rowe）提出的"综合—决策"模型是在达克发表的模型基础上发展起来的。它基本上是为采访建筑师的经验证据而开发的。在这个模型中，基于对设计思想的"综合"而不是对问题的"分析"来检测推理路线。彼得·罗寻找组织原则或模型来指导决策过程。这一论点得到了一个假设的支持，即主方案生成集合或组织原则对整个过程有影响，这在解决方案中是可检测的。彼得·罗通过记录设计师在明显无法克服的困难和无法解决的问题下坚持主要设计理念的"韧性"和"坚持不懈"来扩展他的研究范围。这项调查的结果表明了一个有趣的观点，即设计师无法轻松地屏蔽掉这种造成困难的想法。然而，如果设计师能够克服这些困难，那么早期的转折点便能够起到创造性的作用。设计师的专业知识在将概念建立在一个实际的、适当的概念生成系统上起着至关重要的作用，以避免可能会对以后的过程产生严重影响的重大问题。在彼得·罗的模型（见图 2-10）中，在阶段 1，主概念或组织原则有时会产生影响，它贯穿整个设计过程，并在解决方案中体现出来；在阶段 2，设计师逐渐对他们的问题有了足够好的理解，从而摒弃了获得方案时的早期想法；在阶段 3，早期的想法一直贯穿到最后，结果无法完全避免受其影响。

2.2 舍恩的反思实践及其衍生模式

杜威是第一个将"反思"定义为"一种特殊的思维形式"的人。他认为反思源于与直接经历的情况有关的怀疑、犹豫或困惑。杜威认为，反思性思维使人们从"传统"或"外部权威"

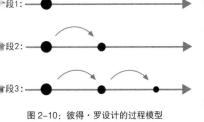
图 2-10：彼得·罗设计的过程模型
图片来源：《设计思考》

引导下的常规思维和行动，转向对"想当然的知识"进行仔细、批判性思考的反思性行动。杜威的思想为"反思实践"的概念提供了基础，这一概念随着舍恩思想的出现而产生影响，他关注的是促进反思实践者的发展，而不是描述反思本身的过程。然而，舍恩最重要和最持久的贡献之一是确定了两种类型的反思："行动后的反思"（事后思考）和"行动中的反思"（边做边思考）。1978 年，阿吉里斯（Argyris）和舍恩提出了一种基于对"错误"的感知和对"纠正"的尝试的学习模式。如果对相同的主流策略进行修正，那么它就成为一个"单环学习"过程（SLL），但如果这种修正需要修改目标或战略，那么它就是一个采用新框架系统的"双环学习"过程（DLL）。

1983 年舍恩提出了反思性实践理论，这是一种对情境的反思性对话，它基于两个概念：第一种是"行动中的反思"（Reflection-in-action），当实践者在给定的时刻与他的感觉和对某一特定情况的先验知识联系起来，直接处理这种情况，同时批判性地对它做出反应，他把这种反思性思维描述为"从自己的角度思考"。第二种是"行动后的反思"（Reflection-on-action），当实践者将行动的速度放慢到一定程度，以便在行动发生后能够理解它的意义，从那次经历中吸取教训，并可能在其中反映一些新的东西。在这种情况下，实践者分析对以前经历的情况的反映，探索该操作的原因，并确定该操作的后果。这通常是通过记录或记录对该情况的反映来进行的。

在介绍"行动后的反思"时，舍恩认为我们的"思想"干扰我们的"行为"，这是"行动中的反思"延伸的潜在极限，它包含了真理的因素，同时又依赖于对"思想"和"行动"之间关系的错误认识。他指出，"研究的连续性需要不断地将思考和行动交织在一起"。在我们的理解中，一种潜意识的、有时间限制的、对行动的反思可能会与当前持续不断的对情况的行动反思发生冲突，从而产生一种突然的洞察力，由此可能产生一个新的概念。在舍恩的反思实践模型中，显示了两个过程的潜在冲突点，表明该模型的洞察力是由于"行动中的反思"和"行动后的反思"之间的碰撞而产生的。

格兰特·埃米尔（Grant Ellmers）在研究中表明，当设计者在设计过程中对一个独特的情况感到惊讶时，行动中的反思就会发生，而行动中的反思则涉及对之前行动的思考。然而，迈克尔·埃罗（Michael Eraut）提出了合理时间的重要性，如果时间很短，那么必须快速地在情况范围内做出反思的决定。埃罗认为这种反思是一个"元认知"过程，在这个过程中，"实践者警觉到有问题出现，快速地了解问题情况，决定如何更正，并在持续警觉的状态下继续进行"。事实上，舍恩的主张并没有忽略时间，而是强调了行动中反思事件的速度和持续时间随着实践情景的速度和持续时间的不同而不同。在他看来，在这种情况下的表现取决于实践者在"如何边做边思考"方面的技能。舍恩还强调，当一个实践者不反思他自己的实践情境时，他就会保持直觉"默契"，而忽视了反思注意力范围的限制。虽然反思是一种需要学习和实践的技能，但对直觉的依赖仍然是一个创造性过程的必要条件，但不是唯一的条件。因此，我们从舍恩的理论中得出"创意过程源于直觉，但设计师也必须有意识地对它进行评判和修正"。一个值得注意的问题是"为了控制以过程为导向的决策过程，需要跳出设计师式的思维方式"，以及设计的发展如果不寻找问题空间和寻找替代解决方案，则将会使过程停滞不前，从而产生相同的结果"。科尔布的模型是"行动上的反思"的另一个代表，他认为实验性学习是"通过经验的转换创造知识的过程"。知识是掌握和转化经验相结合的结果，换句话说，就是把从以前的经验中获得的信息转化为可以被测试和应用于新情况的知识。

2.3 反思性实践的结构化模型

从舍恩的反思实践中发展出来的许多模型已经在不同的专业实践领域中得到了发展。弗朗西斯·奎恩（Francis Quinn）认为这些模型大多涉及三个基本过程：回顾——回想一件事或经历；自我评估——使用理论观点批判性地分析和评估与体验相关的行为和感受；重新定位——利用自我评估的结果来影响未来处理类似情况或经历的方法。

格雷厄姆·吉布斯的"反思周期"是建立在科尔布经验学习周期的基础上。他提出"理论"和"实践"在一个永无止境的循环中相辅相成。这是一种"任务报告说明序列"。这种反思性实践的循环模式已经在专业教育中被采用，作为促进反思的一种方式。琼斯 1994 年提出的"反思结构"模型提供了一种反思性的方法，该方法被批评为"过度规定和简单化地将人类经验切成整齐的碎片"。多年来，琼斯修改了他的模型，以便从"经验反思"中学习，"提供更全面、更少机械的元素，以鼓励更深层次的反思"（见图 2-11）。奎恩的研究中概述了琼斯模型的优点和缺点。积极的一面是，该模型展示了如何反映并提供了全面的标准；但缺点是，强加一个外部框架，几乎没有给实践者留下多少空间，让他们利用自己的直觉、价值观和优先事项。

综上可以总结出，设计过程中的决策类型有两种：第一，从全局的角度看设计过程，即后退一步进行评估并提前规划概念性策略；第二，从局部角度看，基于对设计情况的同步感知行动。前一种类型是流程驱动的，而后一种类型是基于内容的。

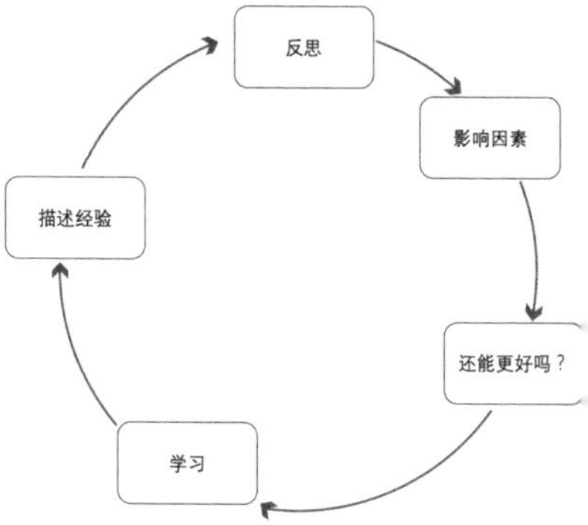

3. 设计过程的内容和结构

凯斯·多斯特（Kees Dorst）和朱迪思 .（Judith Dijkhuis）认为，对于设计过程的分析应该同时关注"设计过程"和"设计问题的内容"两个部分的内容，以便对什么是好的和富有成效的设计活动得出概括性的见解。[26] 他们所谓的"设计过程"就是设计过程的"结构"，研究的重点是设计过程趋势以及设计结构特征；他们所说的分析"设计问题的内容"，也就是设计过程的"内容"部分，旨在揭示那里涉及哪些信息、资源和知识。结构主义在20世纪70年代提出的一个假设支持这样的论点，即解释设计过程中内容与结构的关系对于理解思维结构的本质是必要的。皮亚杰（Piaget）认为该关系在他的模型中是分层的，并提出了整合以将"内容"和"结构"之间的关系呈现为金字塔型思维，即从"步骤一"移至"步骤三"，必须通过"步骤二"。皮亚杰和其他结构主义

图 2-11：琼斯反思模型

反思
影响因素
还能更好吗？
学习
描述经验

---

26 Kees Dorst, Judith Dijkhuis. Comparing Paradigms for Describing Design Activity[J]. Design Studies, 1995, 16(2).

学者致力于在思想和物质上发现和解释结构，他们非常清楚结构与内容之间的复杂关系，他们的著作常常把结构等同于形式。[27]

戈德施密特和威尔（Weil）的研究提出了另一种假设。与皮亚杰和其他结构主义者的观点相反，他们将"内容"与"结构"之间的关系区分为是转换关系的而不是等级关系。其中，内容指的是正在考虑的与设计对象相关的主题，比如建筑设计中的房间和墙壁，或者工业设计中的金属管和塑料外壳；结构指的是在设计思维的认知操作中可以发现的一致的内部关系和模式。[28]他们进一步认为，结构主义学者试图将内容与形式重新整合起来。而皮亚杰提出的整合理论认为，这种关系是分层嵌套的：每个元素相对于之前的元素是"内容"，而对于后面的元素是"结构"。然而，戈德施密特和威尔认为在设计中，两者之间的关系并不是等级分明的；相反，内容和结构同时描述了系统在任何给定点的状态，并且在有效的推理中，它们显然非常协调。在他们看来，这个概念假设了结构和内容之间的转换关系。这意味着在设计过程的任何阶段，在系统的任何点上，内容和结构同步地描述设计的状态，在这种情况下，关系的复杂性被认为是在语义层面发生的，在他们看来，结构和内容之间不存在循环或因果关系。

因为"内容"是由常识决定的，复杂的反向联结和前向联结可能会出现在所谓的"语义层面"：任何共同的元素在两个动作中出现就足以潜在地在它们之间建立联系。因此，动作的类别以及联结方向的关系并不明显。此外，联结建立的相关性来自彼此垂直的内容和结构分析结果，因此，这里定义的结构和内容之间不存在循环或因果关系。然而，"内容"与"结构"之间的关系可以看作是设计语境与设计过程中某一时刻在头脑中反复出现的认知过程模式之间的关系。有丰富经验的设计师能够提前分析设计过程中内容和结构之间的关系，预测不同的解决方案会导致怎样不同的结果，需要一个持续的决策行为。然而，这并不是设计思维过程中的标准规则，在设计过程中，对未来概念开发的设想可能因状态的不同而不同，因

27 Piaget, J. Structuralism[M]. New York: Harper Torchbooks, 1971.
28 Goldschmidt, G., and Weil, M.Contents and Structure in Design Reasoning[J]. Design Issues, 1998, 14(3): 85–100.

设计师的不同而不同。设计过程取决于认知行为和设计动作的出现时间。戈德施密特和威尔关于内容与结构之间的转换关系的解释源于舍恩的"行动中的反思"模型，设计师看到的事物一旦从外在表现中反映出来，就会基于头脑中的影像与草图表达之间的相互关系来发展概念。戈德施密特进一步扩展了这一概念，他提出了一个定义，将设计"动作"作为一种推理行为引入；设计"动作"改变了相对于这个动作之前的设计状态。1991 年，戈德施密特提出了一个"草图语言"的模型，其中反思实践的主导地位适用于两种类型的反思草图：类型一是理性的设计模式，即将意象转化为新的组合形式；类型二是用草图表现在头脑中产生新的形式意象，是一种非理性的设计思维形式。[29]揭示这两种推理的内容与结构之间的关系，对于识别设计过程中的设计环节、设计过程中创意的形成以及设计中的反思是至关重要的。此外，这种识别对于理解设计过程中新概念的形成之外的语境，以及阶段性的设计方案在设计过程中的作用是必不可少的。正如戈德施密特和韦尔所言，推理的内容和结构之间的这种关系通常是转换的，因此设计过程可以被视为增量的过程。根据这一假设，概念性的想法以一致的结构化方式发展，而无论设计问题的类型、特定的功能方案或结构化设计概要，设计师的认知风格往往反复出现。

在另一种观点中，希利尔的建筑设计原则[30]对设计过程的结构进行了关键的处理。希利尔的模型源于 20 世纪 60 年代的理性范式，以结构主义学派为基础，呼应了波普尔和西蒙的逻辑推理方法。1996 年，希利尔将设计定义为"以知识为基础的过程"，其中建筑师扮演"社会程序员"的角色，从社会中获取思想以供思考。[31]为了回答"思想从何而来"这个问题，他提出了形式与功能的类属关系命题，通过这种关系，社会思想作为思想进入创意设计过程；在他的设计概念中，形式与功能的关系是一个以知识为基础的过程。早在 1984 年，希利尔和汉森就提出了空间句法理论。该理论描述和解释了建筑环境中的空间布局对人们社会交往

29 Goldschmidt, G.The Dialectics of Sketching[J]. Creativity Research. 1991, 4(2): 123–143.
30 Hillier, B. A Note on the Intuiting of Form: Three Issues in the Theory of Design[J]. Environment and Planning B: Planning and Design, 1998, 25: 37–40.
31 Hillier B. Space is the Machine: A Configurational Theory of Architecture[M]. Cambridge, UK: Cambridge University Press.1996.

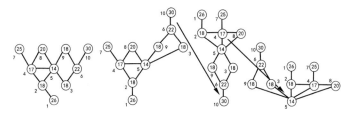

图 2-12：结构特性间的互联状态
图片来源：《A Note on the Intuiting of Form》

的作用，其中最著名的是空间句法，并提出一般情况下建筑与城市中的形式—功能关系贯穿于整体形态的结构属性，空间形态知识是建筑设计领域的一个关键维度。[32] 配置是查看设计过程的必要策略，因为关系的复杂性有两个整体的关键属性：第一，从不同的角度看，一个复合体看起来是不同的；第二，改变空间复合体的一部分，可能会改变整体的结构属性。希利尔通过不同的配置结构说明当空间综合体的一部分发生变化时，整体的结构特性也可能发生变化（见图 2-12）。因此，空间语法理论指出直觉在设计中的首要地位。希利尔进一步说明直觉只适用于产生设计构想的前期阶段，检验这些构想的过程是一个涉及推理的论证过程，因此可以说，设计是直觉的理性部署。

根据希利尔所说，设计是一个与功能相关的联结网络系统。设计过程的特征是更改一部分意味着相应地更改了整个系统。因此，本文的研究目标就是将设计过程中的推理结构表示为一个由关系的节点和联结组成的网络系统，探讨设计动作在思维过程中的联结关系，以及不同的联结关系对设计结果的影响。在这里值得注意的是，希利尔认为，除非设计者在整个结构层面上，或者至少在其本质层面上有一个主要的概念构想，否则他们不能完全处理好形式与功能关系。他指出，设计很可能是一个"自上而下"的过程，而过程中的联结性是设计产品的一个核心方面，因为它组织了整个过程。一个解决方案不能从各个部分自下而上地发展，因为各个部分如何配合是关键因素，在任何阶段增加一个新的部

32 Hillier, B., and Hanson, J. The Social Logic of Space[M]. Cambridge, UK: Cambridge University Press.1984.

分都可能改变整体的结构特征。形式与功能关系是在最高层出现的。[33]

综上，从设计过程的内容和结构的角度分析，设计是一个多层次的联结系统。为了更好地理解设计过程中构成联结关系的规则，本研究在微观层面上旨在探讨设计过程中的联结性是如何体现的，具有什么形式的联结表征，在问题解决的过程中分别说明了怎样的问题；在宏观层面上探讨如何辨别联结网络中的关键步骤，设计创意的形成条件以及团队成员与其他成员的联结关系。

4.设计过程发展的进化模型

这一部分讨论两个重要的模型，它们代表了进化的概念，同时考察了设计过程。第一个模型是"功能—行为—结构"模型，被称为"FBS"模型，它是通过多年来的一系列研究而发展起来的；第二个是协同进化模型。

（1）"功能—行为—结构"模型

"功能—行为—结构"模型（以下简称"FBS"模型）采用技术理性的方法来学习亚历山大提出来的"适合"概念，以呈现产品形式与其设计情境之间的关系。希布斯（Hybs）和格罗（Gero）在1992年利用生物进化的概念提出了"FBS"模型。根据创造基因型的交叉和突变原则，新颖性来源可以相应地被操纵、随机和多样化。该模型由三个主要类别组成：功能、行为和结构。它们分别有如下定义：功能（F）是指人造物是做什么用的（设计对象的功能是什么）；行为（B）是指在人造物结构中派生出来的属性（设计对象能做什么）；结构（S）是指人造物的组件和它们之间的关系（设计对象由什么组成）。

随后，格罗和肯宁席尔（Kannengiesser）发展了这一模型，并推断该模型是设计过程的"情境"框架。"FBS"模型的设计流程图将设计新颖性描述为：设计过程无非就是考虑到当前的性能要求和约束，对现有的设计或对象进行选择、提炼、修改和组合。这与前一种观点截

---

33 Hillier, B., Musgrove, J., and O'Sullivan, P. Knowledge and Design'. In N. Cross (ed.), Developments in Design Methodology[M]. Chichester, UK: John Wiley: 1984, 245–246.

然相反。它假定设计有一个内在的进化过程，任何新颖性，即使是所谓的创新或创造性设计，都是产生和评估递归步骤的结果，并且每个新的解决方案都基于先前存在的解决方案。

通过这种将自然进化类比为进化设计的观点，这个模型源于进化风格的交叉和变异过程，以引入设计的"基因"和从一代到下一代的"遗传"。根据希布斯和格罗的研究表明，"FBS"模型提出了以下原则：

①设计师是指任何从事有意图、有目的的活动，目的是为产品或人工制品设计描述（计划）的任何人。

②设计解决方案通常被视为突如其来的洞察力、灵感或直觉的结果。

③设计过程是一个递归问题，因为新颖性是基于生成和评估过程的递归步骤，并且每个新的解决方案都基于"预先存在的"解决方案。

④设计是一个"循环"的过程，这个过程隐含着一个循环的迭代过程。同样，规范模型涉及"设计的改进""目标规范"和"解决方案的优化"。

⑤设计模型必须考虑最终产品执行和处理的环境和背景，这对设计过程的现实至关重要。在设计的表述中引入了各种环境因素，以便在情境中测试和优化产品：其中一些测试是在试生产版本上进行的，这些版本暴露在真实的操作条件下，并且由于在这些测试中的表现，经常更改最终的设计。

⑥类似新达尔文主义：为其他领域的设计现象寻找一个合适的比喻，例如"生物进化"模型——设计过程的一种发展机制——是达尔文首先提出的生物进化过程，以及最近由新达尔文主义者提出的生物进化过程，可以为基于自然进化和选择机制的设计过程和方法论模型的发展提供一个强有力的类比。

⑦"FBS"模型的目标是建立一个"合理的"模型，解释包括在早期阶段的设计过程的复杂性。这里的问题是如何产生一个合理的模型来解释设计过程的复杂性，包括其早期阶段。这个模型应该理解为对抽象的解释，而不是对现实的描述。

（2）问题与解决方案协同进化模型

问题与解决方案协同进化模型由玛莉·卢·迈赫（Mary Lou Maher）和台湾学者唐玄辉

等人首次提出，他们采用了理性的技术方法将设计视为一个"搜索过程"。与"FBS"模型不同的是，该模型假定存在于任何设计过程中的两个并行概念空间：问题空间和解决方案空间。基于西蒙的解释，问题空间指的是问题解决者认知问题的状态，由问题所包含的相关信息构成，认知问题的初始状态、目标状态及操作这三个方面定义了问题空间；解决方案空间由一系列潜在的解决方案构成。问题与解决方案协同进化的概念是设计者迭代地搜索每个空间，使用一个空间作为适应度函数的基础，而使用另一个空间来评估紧急动作，反之亦然。该模型如图2-13所示，说明了在两个概念空间之间存在一种转换关系。

迈赫和唐玄辉认为，协同进化设计模型可以发展成为一种认知模型，其目的是描述设计者迭代地寻找设计解决方案、修改问题规范的方式。这种认知强调了这样一种假设，即设计认知过程被认为是循环的，概念空间之间的影响是迭代的和周期性的。它寻找问题规范和设计解决方案之间协同进化的证据。如果两个空间相辅相成，在设计过程的不同方面具有优势，就存在这样一种假设，即计算模型和认知模型之间存在直接相关性，即问题空间和解决方案空间之间具有共同进化性质。

（3）协同进化设计过程中的创造力

多斯特和克罗斯研究了问题解决过程中设计共同进化中的创造力，并在共同进化设计模型的这种应用上得出了以下几个结果：

①问题空间和解决空间随着两个空间之间的信息交换而共同进化。为了表达"创造性"事件的情况，对事件中发生的事情的粗略描述是，在任务信息中形成了一块连贯的信息，这有助于明确"核心"解决方案的想法。这一核心解决方案理念改变了设计

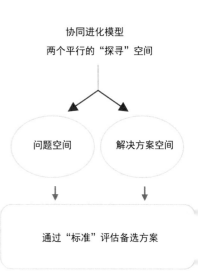

图2-13：协同进化模型示意
图片来源：《设计研究》

者对问题的看法。

②"更改"是根据设计概要（功能程序）中提供的信息形成的。这与宾夕法尼亚大学对设计过程的定义是一致的：过程是一种设计的共同进化过程，一个过程不断地激励另一个过程。在设计过程的最后，设计者应该已经制定了一个设计和一个相对清晰的概要。

③观察设计者对设计问题的重新定义，调查问题是否与早期的解决方案"相吻合"，然后通常是对现有的羽翼未丰的解决方案进行"修改"。在支持共同进化模型时，多斯特和克罗斯表示，发展模式可以按照马希尔等人的思路非常清晰地建模。图 2-14 引用了多斯特和克罗斯基于共同进化模型在几个设计过程中观察创造力的结论，划分了问题和解决方案之间的共同进化关系，说明了设计的连续阶段；从早期的命题开始，经过共同进化过程中核心解决方案的具体化和概念空间之间提供的信息，最后以修改最终解决方案结束。

（4）共同进化过程包括以下连续阶段（见图 2-14）：

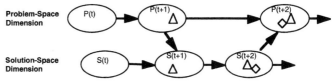

**Problem-Space Dimension**

**Solution-Space Dimension**

**P(t)** initial problem space
**P(t+1)** partial structuring of problem space

**S(t)** initial solution space
**S(t+1)** partial structuring of solution space

**S(t+2)** developed structuring of solution space
**P(t+2)** developed structuring of problem space

图 2-14：共同进化过程中的连续阶段图示
图片来源：《设计研究》2001 年第 5 期

①设计者从探索问题空间 [PS] 开始，并找到、发现或识别"部分"结构 [P(t+1)]，然后使用该结构为他们提供解决方案空间 SS[S(t+1)] 的部分结构。

②他们考虑部分结构在供解决方案空间中的含义，用它来产生设计概念形式的一些初始想法，从而扩展和发展了部分结构 [S(t+1)]。部分结构的一些发展可以从早期设计项目的参考中衍生出来。

③设计者将已开发的部分结构转换回问题空间 [P(t+2)] 中（反向处理），并再次考虑蕴含并扩展问题空间的结构。他们的目标是创造一个匹配的"问题—解决方案"组合。

（5）创造性的设计过程包含以下几个阶段：突现的桥接、建构问题框架、识别、默认、寻找解决方案的突破口和创造性突破。以下一一说明：

①突现的桥接：克罗斯在研究中表明，设计中的知觉行为以创造性理解为基础，并不会出现过多的"飞越"，反而更像是介于问题空间与解决方案空间之间的"桥接"。这符合设计思维的同位特性，其中桥接的概念很好地表达了问题与解决方案之间的关系。

②建构问题框架：设计师不能局限于给定的问题，而是要在宽泛的设计概要中发现并界定问题。舍恩将这种独特的反思性实践看作是问题设定："问题设定是一个过程，这个过程包括确定待处理的事物和建立一个用来处理确定事物的语境，这两者是交互式进行的。"设计行为中问题界定的过程被认为很好地体现出这种反思性实践的独特性。设计师选择问题空间的某些特征并进行处理和确定解决方案空间的范围，并在此范围内进行探索。舍恩提出，为了界定一个待解决的设计问题，设计师必须建构一个不确定的设计状况——设计界限，选择、关注特有的事物和关系，并赋予这种不确定的设计状况一种能够带动后续进展的连贯性。他在实践中总结道，问题的建构工作很少能在设计过程的开始阶段一次性完成。通过对一组工业设计专业的学生进行研究，克罗斯和多斯特发现，在整个项目过程中，成功的设计团队连续 5 次对不同的问题进行架构分析并分别提出 5 个不同的问题框架，相比之下，不成功的团队却只有一次。失败的设计团队把较多的时间用在命名那些识别潜在问题特征的活动上，而不是发展解决方案的概念。

③识别：这使设计者能够对问题空间进行部分结构化，将相关和连贯的信息聚集在一起。

设计者搜索信息，提出一组准标准的问题，并对这些问题的答案提出一组期望，这是一种程序性策略。

④默认设置：在经过比较设计挑战的几个阶段之前，这些期望被认为是默认项目。

⑤解决方案的突破口：将与任务相关的信息与结果进行比较，以建立总体方案并寻找设计突破口。

在以上五个阶段收集到的一些有效信息片段联系在一起，并且以此作为提出概念性解决方案的基础上，克罗斯在名为《设计师的认知方式》的书中总结，在设计过程中，问题和解决方案的局部模型是并行（同时）构建的。但事实上，创意飞越是对这两个局部模型的桥接，以一个清晰的设计概念将两个局部模型衔接成整体。与其说创意飞越是连接分析和综合之间的断层缝隙，不如说是问题空间与解决方案之间的美妙关系。正是对这一美妙概念的识别，产生了独特的创意灵感。


5. 设计过程文献研究的总结

为了理解设计过程的本质，人们做了很多尝试。关于设计范式和模型的长篇文献表明了这些努力，同时也旨在争论哪个更适合于理解创造性发现中概念的形成，其中，要么描述情境中的内容，要么规定过程中的决策和阶段。本文的意图不是用经验数据来检验某种分析模型或方法。相反，这一章显示了在本文探索设计过程和创造性发现的同时，阐明各种模型、有争议的观点和研究方向的重要性。文献很多，对其进行梳理的目标是考虑利用这些观点和主张来分析设计过程的结构和本质。

采用经验证据作为一种方法论，对于确定反思性实践的作用，将展示突然出现的洞察力和概念的形成，以及它们在转变思维方向或构建其他方面的作用。推演推理的结构单元的创造性，以及与创造性发现相关的现象，一方面可以促使观察和识别每一个设计步骤、动作或片段在设计情境中所起的作用，另一方面也促使观察和识别每一个设计步骤、动作或片段在推理的形成中所起的作用。因此，为了支持这一论点，实证研究的人种学观察可以被视为丰富了调查和解释过程。需要特别考虑的一点是，那些解释设计本质的观点和模型忽视了确定什么是设计的一部分、什么是批判性行动、什么是创造性的突然出现的洞察力的重要性。

通过文献的梳理研究，如果目的是考虑设计情况的各个方面，以便捕捉影响设计过程的操作，那么精确检测设计的结构单元比本章强调的技术理性方法更重要。先前国内外的许多学者都做出了认真的尝试，在本课题的研究中也考虑了一些方法来确定"设计动作"或"创意突发的时刻"，此部分内容将在下一章具体说明这些描述所暗示的不完整性，但如果试图建立一个联合模型，它们就不能结合在一起。然而，综合看来，舍恩声称反思性实践是解释设计过程和描述情况的主要基础，这一点更接近现实。这一理论揭示了从"与情境的反思性对话"中获得的洞察力，把握了本文在构建联结模型时可以依赖的思维结构。结构化模型提供了设计过程的全面标准，并敦促研究人员学习如何以同样结构化的方式反映解释，但它们被批评为强加了一个外部框架，几乎没有给实践者或研究人员留下多少空间来利用它们从观察中得出自己的直觉。

联结性设计过程的研究认识论依赖于一种归纳的探索性方法，而不是根据所提出的任何模型来检验某个假设，所以本文试图从对现象的观察中得出结论；理论是从现象中产生的，而不是相反的。通过本节的详细介绍，梳理设计过程研究文献的意图是展示最新的研究状态；设计过程中隐含的规则和基础，以得出关于设计是什么的发现。在接下来的章节中，将通过阐明设计过程的联结性本质，以表明经验归纳法提供了"分析""分割"和"编码"的手段，而不是采用可能迫使收集的数据检验特定假设的检验方法。这种归纳法处理的是设计过程的复杂性和多变量的牵涉。

# 第二节　联结性设计思维的认知模式

## 一、联结性设计思维的表达

在上述认知科学和心理学的研究经验中可以总结出，为了理解设计思维，就像对任何类型的思维研究一样，应该把设计思维划分成独立的小单元，分析每一个独立单元间的联结关系，进而探究在这个推理过程中思维的特点。这就意味着在研究中要放弃全面的综合模型，比如在上一节中提及的莫里斯·阿西莫提出的设计过程"分析—综合—评估"模型（见图 2-15）。在上一节关于设计过程模型的研究中可以明显看到，早期根据设计方法的研究所提出的模型均为线性的，即使随着研究的深入设计过程的模型由简单的线性发展成螺旋状的曲线，不变的是仍然包括一系列螺旋的迭代和重复过程。这些模型的基本前提是，设计过程由不同的阶段组成，设计师从一个阶段进展到另一个阶段，设计动态过程从广泛的、抽象的问题空间转移到了为了与任务要求相配合而选择的特定的、具体的解决方案。这是通过反复使用分析、综合和评估所实现的特定设计方法所实现的。在设计的联结性思维的具体研究中，对设计过程的新理解将抛弃线性模型。不管设计阶段在学术中的定义是什么，这些设计阶段毫无疑问是存在的，但是在设计阶段的研究中透露出来的关于思维层面的内容很少，因此只有在观察这个过程中的每一个小的思维单元的前提下，才能有机会了解到设计思维的特点。也就是说，如果想要了解设计过程在思维层面上的推演情况、设计概念的形成过程、设计创意出现的时间点、设计创造力出现的条件，以及团队设计中成员间的合作过程、贡献程度等，都可以通过在整体和局部两个方面分析设计单元间的联结关系得到一个相对客观明了的结果。那么何为

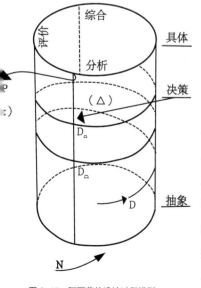

图 2-15: 阿西莫的设计过程模型
片来源：《建筑设计流程的转变：建筑方案设计
方法变革的研究》

设计单元，设计过程应如何单元化细分呢？

在关于设计过程单元化细分的相关研究中，美国斯坦福大学设计理论的研究学者马赛·谀访和芭芭拉·特沃斯基（Barbara Tversky）为了研究草图对于设计的作用将设计过程划分为若干个相互关联的片段，每一个片段无论是由一个句子或多个句子组成，都是关于一个单独的问题、空间或主题的连贯性陈述。如果一个参与者对一个问题、空间或主题发表了不止一个陈述，则这些陈述将被视为不同的片段。[1] 在他们关于设计单元的定义中，一个片段通常包括几个信息子类别，参与者的整个设计原案通常由数百个片段组成。舍恩在反思性实践的理论研究中也提出过类似划分设计过程为最小单元的概念，他将其命名为"设计动作"（Design Move）。[2] 在他的解释中，一个设计动作是在看的行为之间做出的相当接近于决定的行为，在这个观点中，设计过程由看、动和看的循环组成。美国麻省理工学院的研究学者加布里埃拉·戈尔德施米特（Gabriela Goldschmidt）在研究个人在团队合作设计中的贡献时，在此基础上给出了关于设计动作更加普遍的观点，即一个设计动作是一个步骤、一个行为或一个操作，它改变了相对于在此动作之前的设计情况。[3] 也就是说，设计是一种推理的行为，舍恩和戈尔德施米特定义的设计动作提出了一个与正在设计的实体相关的建设性想法，而整个设计过程中的最小单位就是一个设计单元。伦科·范·德·卢格特（Remko van der Lugt）在研究中进一步完善这一概念，一个设计动作必须与当前的设计任务相关，并提供某种解决方案；另外，在团队设计中，一个设计动作应当是与团队成员沟通后的结果，其作为一个建设性的想法，已经传达给了团队并被团队接受了方可成立[4]。在上述学者的解释中可以总结出设计单元有如下定义：（1）设计单元可以是一个想法、一个决策或一个步骤，它在某种程度上改变了设计的状态，即相对于在这一单元之前的状态；（2）设计单元是对当前问题的讨论，

1 Masaki Suwa, Barbara Tversky. What do Architects and Students Perceive in Their Design Sketches? a Protocol Analysis[J]. Design Studies, 1997, 18(4).

2 Schön D.A.. Designing as Reflective Conversation with the Materials of a Design Situation[J]. , 1992, 5(1).

3 Gabriela Goldschmidt. the Designer as a Team of one[J]. Design Studies, 1995, 16(2).

4 Remko van der Lugt. Developing a Graphic Tool for Creative Problem Solving in Design Groups[J]. Design Studies, 2000, 21(5).

提出了某一个方面的构想可供继续推理和发展；（3）对当前讨论的问题提出可能的解决方案或将多个子问题综合成一个可行的解决方案；（4）在团队设计中，其中一个成员提出的一个建议或设想得到其他成员的响应和认可，并继续发散讨论；（5）一个成员对当前团队讨论的问题进行总结，综合成可供继续检验的解决方案。

综上，将设计推理的全部过程生成设计原案并将其解析为与其他任何原案研究相同的单元，也就是设计单元的细分，正是研究联结性设计思维的前提。在明确这一前提后，下一个要解决的问题就是设计单元的划分依据。在一般的情况下，可以将对设计单元的解析总结为两个方面的依据，分别是基于时间的划分和基于语义的划分。其中，基于时间的划分可以是以分钟为单位的，比如一分钟或三分钟的口头语言输出；基于语义的划分，可以是一句话、一句话的一部分或者多于一个句子的单元，主要根据句子中的内容来做判断，举例来说，比如关于设计对象材质方面的考虑，或者关于结构方面的设想，或者是设计推理的一个步骤、一个决策或者一个想法。因此，如果能通过设计者在有声思考原案中的语言表达来捕捉到，那么就可以成为一个设计单元。在语义的识别中，不难分辨哪些语言是毫无意义的，比如"是的""好的""嗯"等等，这些语言不能将其称为设计想法和决策划分为设计单元，类似于以上的话语应当从原案分析中舍弃。此外，在团队合作中，成员间的轮流发言次序也是一个常见的解析原则。大卫·博塔（David Botta）和罗伯特·伍德伯里（Robert Woodbury）指出，英国哲学家保罗·格莱斯（Paul Grice）创造的术语"对话式转折"（Conversational Move）与这里定义的"设计单元"（Design Move）一词有相似之处，因为设计原案可以被视为设计师之间或设计师与自己对话的记录。[5]

下面将以一个例子说明设计单元的解析标准。以下的三句话是从一个名叫陈山的建筑师的录音中得到的一个简短的设计原案记录，他在设计一个小型图书馆的时候进行有声思考并被视频录制下来。记录在后期被分解为三个设计单元，分别对应于下列句子：

5 David Botta, Robert Woodbury. Predicting Topic Shift Locations in Design Histories[J]. Research in Engineering Design, 2013, 24(3).

（1）我们开始创建一个层级结构：大树、停车场、行人和一个位于中轴的入口。

（2）然后我会寻找入口和外部之间的直接关系，因为这里，真正的边缘不是建筑的边缘，对我来说，是场地边缘。

（3）我会尝试确定一个重要元素；那么，就用这个之前提到的元素（指向草图）。

在这三句话中可以看出，设计单元并不是最小的分析单位。一个设计单元可以被解析成观点的集合，每一个观点是组成一个可理解概念的最小的语义单位。例如，陈山所说的第三句话中包含了两个观点：第一个观点表明，设计者希望引入一个重要的元素，而并未说明这一重要元素是什么；第二个观点指定了中轴作为这个案例中建筑特征的重要元素："我会尝试确定一个重要的元素；那么，就用这个之前提到的中轴线。"除此之外，在这个例子中还可以看到设计原案与其他一些专业的原案不同的是，它们通常伴随着主要用于解释方案表达的草图。因此，以草图为代表的图示语言也要作为设计单元，按照时间顺序加入设计原案资料中进行分析。在联结性设计思维的研究中使用观点作为基本设计单元来分析原案是有好处的，这是为了研究在设计过程中属性与元素的体现和生成依据之间的关系，其中属性与元素的体现表示设计元素或组分的物理性质，生成依据指的是阐明选择或期望某些属性的原因。在大多数的情况下，设计者要把注意力集中在更大的单位上，比如一个转折，或者在某些情况下由想法或决策派生出来的单元是更完整和更独立的分析单位。

设计任务在性质和范围上有很大的不同，导致产生了不同的关注点，因此可以根据不同的研究目的建立合适的原案编码分类方案。设计者必须注意设计任务中不时会改变的各个方面，从而设计者的注意力可能就从设计对象的形式到功能、从整体到细节，然后到技术问题，到考虑是否符合人体工程学的相关内容，或到其美学价值，等等。在同一设计任务中，同样也是在不同阶段需要采取不同的方法。设计师的个人倾向也会影响他们的选择，并决定这些被选择对象的优先次序。拥有在数十个设计事务所担任设计师以及作为一名教师和研究学者的丰富经验的加布里埃拉·戈尔德施米特（Gabriela Goldschmidt）总结出了这样一个结论：设计过程中最关键的步骤就是总结一个主要的设计想法，或者将多个设计想法结合起来，从而形成一个设计概念，这样就可以理清在设计中最主要的几个方面，并总结出具体的设计方向。[6]换句话说，综合或者整合是概念设计的主要目标。正如克里斯托弗·亚历山大曾指出的那样，即使是最简单的设计任务也是复杂的，需要对许多需求和期望进行整合，其中两者甚至可能是冲突的，例如先进的技术和高质量的材料以及较低的预算之间的矛盾关系调节。[7]亚历山大在《形式综合笔记》里谈到，一个"良好适合"的设计，必须通过解决"不适合"来实现。意大利建筑师约翰·阿克雅（John Archea）用"拼图"的比喻来描述建筑师是如何通过将零散的碎片拼在一起来实现一个统一的整体。事实上，达到良好的适应状态不是一件小事，长期以来，它一直被认为是一种神秘、神奇的东西，是创造力的一种表现，无法被解释清楚，甚至有些想法认为不应该解释这个过程。当然，亚历山大、阿克雅和其他一些研究人员不这么认为，一些开始揭示创造性过程的心理学家也是如此。

设计过程不应该是变魔术的过程，并且作为设计结果产生前的逻辑推理过程是能够在总体思维的层面得到合理解释的，而其中的一个方法就是通过分析设计原案以揭示设计思维方面的内容，这在任何设计领域或者设计任务中都是可行的。在此认知基础上，对设计过程的分析前提显然必须基于非常小的单元，就如前文所说，这些单元能够很好地映射到设计过程上。因此本节所述内容就是首先定义设计单元，其次，假设这些设计单元不是孤立产生的，而是以各种方式相互关联的。所以在确定了设计单元后，下一个任务是揭示设计单元之间的联结模式以及背后的思维方式，进而分析设计思维中的联结关系是以何种方式表现出来的。

## 二、正向联结与反向联结

上文定义了设计单元的内容，它们是按时间顺序生成的，并综合起来表达了设计思维的过程。由于每个设计单元并不是作为独立的形式自主生成的，因此它们会形成不同长度的连续体，它们彼此之间是相互关联或者相互联结的关系。这些联结的模式既不是事先预设的，也不是以任何方式固定的，但是可以根据规则和经验确定每一个设计单元间的序列关系。确

6 Gabriela Goldschmidt, Linkography: Unfolding the Design Process[M]. Massachusetts: The MIT Press.2014: 45.
7 亚历山大. 形式综合论 [M]. 王蔚、曾引，译. 武汉：华中科技大学出版社，2010: 32.

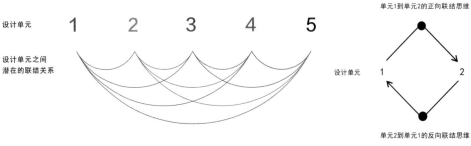

图 2-16：联结关系分析次序
图片来源：作者根据研究绘制

图 2-17：正反向联结思维示意
图片来源：作者根据研究绘制

立联结关系是基于设计单元的内容，判断两个单元之间是否有联结的标准，作为联结性设计的方法将在下一章做具体阐述，在这里首先要明确的是，在当前步骤，不需要对设计单元进行编码转译，只需要确定每对设计单元间是否存在联结关系。

分析设计单元之间的联结关系需要系统地进行，例如通过查看序列中两个设计单元之间是否存在联结。首先，对每个设计单元按顺序编号；然后，从第一个单元开始，查看它跟设计单元 2 是否存在联结；接下来，查看单元 2 跟单元 3 之间是否存在联结，以及设计单元 1 跟单元 3 之间是否存在联结。到了设计单元 N，就需要问这个问题，在设计单元 N 和所有之前的设计单元之间可能的联结。如同数学中的数列关系原理一样，即 1、2、3……n-1。对于 N 次移动，就必须执行 n(n-1)/2 次设计单元间的联结关系的分析，以包含序列中的每一对设计单元。图 2-16 说明了对五个设计单元中的联结进行分析的过程，分析次数是 5（5-1）/2=10 次，图中每一个单元动作的连接线分别用不同的颜色表示。

上述分析是定向执行的，也就是说，查看了每个设计单元和后续单元之间的联结关系。从时间线性序列来看，方向是向前的。以这种思维方式建立的任何联结都被称为正向联结。然而，一旦在设计单元 2 和设计单元 1 之间建立了一个正向联结，同样也可以参照这个在第一步和第二步之间建立一个向后的联结，即反向联结。在这里值得注意的是，这里所说的"正向"是因为这是单元 1 和单元 2 之间的联系。因此，正向联结是虚拟的，只有在事实发生之后才能建立。每一个联结都是一个设计单元的反向联结和另一个设计单元的正向联结。因此，反向联结和正向联结的数量是相等的，如果将所有反向联结和正向联结加起来，将获得实际联结总数的两倍。如图 2-17 所示，从单元 1 到单元 2 建立起的联结为正向联结思维，反之，从单元 2 到单元 1 建立起的联结为反向链接思维，这便是联结性设计思维在两个方向的表征。在包含两个设计单元以上的序列中，就可以产生一个以节点表示的联结网络，当然，几乎所有的设计片段都包含两个以上的设计单元。在正反两个方向分析联结性设计思维的原因是，在微观认知层面的设计综合是源于包含构思和评估行为循环的过程。这些行为逐渐形成了原始设计方案和解决方案，直到它被认为是合适的。上文所做的工作，就是把这些设计行为定义为一个个独立的设计单元，并假定它们之间的联结能够实现最终的结果，或者说是达到设计综合后的"良好的适合"。

这里会产生一个问题，即设计的原创性和适当性是以同样的方式实现的吗？答案是它们不可能以同样的方式实现。为了达到原创性，设计师必须提出一些建议；而为了确保结果适合，必须对之前提出的建议进行评估，以确保它与想要满足的要求所采取的步骤是否呈一致性；如果未达成一致，则设计的推理过程可能会出现某些矛盾，也就是亚历山大在《形式综合笔记》里所说的"不适合"，这可能会导致设计的进程出现困难，甚至导致解决方案无法满足需求，从而导致设计方案失败。在定义设计单元的时候强调过，每一个单元都是非常小的一个步骤，所以提出的建议是单方面的，不足以成为一个完整的解决方案。因此，必须进一步采取措施，或对其进行质疑和批判，并通过将其衍化来达成完整的综合阶段。同样，当处在评估阶段时，经常会将提案与之前提出的几个问题进行匹配。当提出新的建议时，方案继续向前进行，设计者所做的行动可能会与随后的后续行动联系起来，而后续的行动会紧随其后，或在随后的过程中发生。当设计者进行评估或者评价时，会回顾已经完成的部分，以确保当前的工作和之前的能够良好地匹配，并使在设计过程中没有明显的矛盾、不匹配或者其他负面的结果。在这里，向后回顾创建了反向联结，而向前衍化则创建了正向联结。这两种类型的联结思维有非常不同的含义，能够说明在推理过程中的不同问题，因此需要在这里对它们进行区分。

本研究再一次用陈山设计小型图书馆的例子说明如何识别正反向联结性设计思维，仍然截取其中的一小部分原案，将其解析为三个设计单元：单元1，我们开始创建一个层级结构：大树、停车场、行人和一个位于中轴的入口；单元2，然后我会寻找入口和外部之间的直接关系，因为这里，真正的边缘不是建筑的边缘，对我来说，是场地边缘；单元3，我会尝试确定一个核心元素；那么，就用这个之前提到的元素（指向草图）。在以上三个步骤单元中，陈山在一个矩形的场地中央将图书馆的边界限定在一个形状里。在单元1中，他提到了这个场地，那里有很多大树，他在上面设置了停车场，并确定了图书馆的入口。陈山述说他经常性地在他的设计中使用中心对称轴作为平面构图的基准线，轴是一条虚拟的线，可以直观地连接各个设计元素。在这个小片段中，作为一种习惯或惯例，他谈到创建一个"中轴的入口"。在设计单元2中扩展了入口和外部之间的关系，并且，由于这一步骤涉及单元1中提及的入口和中轴，所以在单元2和单元1之间建立了一个反向联结。在第三个单元中，设计师回到第一个单元谈及的入口轴线，并称它是一个"重要元素"。因此，单元3有一个反向联结来关联第一个单元，但它与外部关系无关，因此它不联结设计单元2。事实上，在这里可以看到，虽然单元2与单元3之间没有建立起正向联结，但单元1和单元2、单元3均建立起正向联结关系。单元2指明了入口的位置是作为中轴连接层级的一部分。单元3为中心轴提供了一个解释，即这是作为设计方案中的一个重要元素。单元1还将建筑元素与景观元素关联起来，并且单元2解释这么做的原因是对于建筑师陈山本人来说，设计

设计单元 1 2 3

设计单元间的联结

图 2-18：三个单元的联结关系示意
图片来源：作者根据本研究绘制

的范围包括场地范围内的建筑与其周围的环境。图 2-18 示意了三个单元之间的联结关系，描绘了这个简短设计片段中的单元和联结网络：单元 1 与单元 2、单元 3 分别建立正向联结，用蓝色标注；单元 2 与单元 1 建立反向联结用橙色标注；单元 3 与单元 1 建立反向联结关系，用棕色标注。这个例子表明，一个合适的解决方案与其相对应的设计理论之间的一个"良好的契合"并不是由设计师一手推出的既成事实，而是一步一步地建立起来的。这一过程包括，先提出建议，然后进行评估，或提出理由，随后再提出合适的实施方案。

正如前面所提到的，良好的设计有一个完整的解决方案，解决了许多必须解决的问题。好的和有创造性的设计也体现了一个连贯的、新颖的、全面的主导思想，它将设计从单纯的解决方案提升到一个社会、艺术、技术各方面普遍适合的文化层面，并得到广大公众的欣赏。一个主导的想法并不是"独立的"；相反，所有的设计决策都必须与之兼容。这正是联结性设计思维的意义所在。如果这样的分析是有意义的，那么理解设计单元之间的联结网络属性，就应该能让设计者们能够更好地阐明优秀的设计结果是如何达到的、创造力是在哪里产生的，以及在团队设计中各个成员间的合作关系和贡献程度，等等。因此，联结性设计思维关注的是设计单元之间的联结关系，因为这在最大限度上是捕捉设计思维过程和认知本质的最好的方法，最重要的是，这样的思维分析方法与原案口语分析相结合，便揭开了曾经容易被忽略的设计思维的神秘面纱，能够使设计思维可视化、图表化。

## 三、联结性设计思维的模式

正反两个方向的联结性设计思维并不是凭空产生的，两者在设计思维的研究中均有迹可循。在第一章第四节的内容中，本文首先借助心理学领域的研究成果说明了人们在日常生活中使用的两种推理系统（符号系统和关联系统），这两者实际上是两种思维模式，它们之间的平衡对于理解创造性思维特别重要。其次，与关联系统和符号系统相对应的两种思维模式分别为发散性思维和收敛性思维。而揭示设计单元之间在正反两个方向的联结关系是理解这双重设计思维和完成设计分析与综合阶段的关键。在上一节反复强调的是，一个好的有创造性的设计过程一定能够体现出连贯的、新颖的、全面的主导思想，这个主导思想不是独立的，而是需要在所有的设计决策间达到兼容的状态，也就是实现良好联结关系的设计过程。当设计者提出一个设计想法时，后续所做的决策可能会受其影响或启发，与之建立起正向联结关系，这里涉及的思维层面的模式是发散性的；当设计者进行评估或者评价时，会回顾已经完成的部分，以确保当前的工作和之前的能够良好匹配，并且建立起反向联结，而这里涉及的思维层面的模式即收敛性的。

设计这项活动需要分析各备选方案并从中进行选择与发现。这在很大程度上说明设计是一项创造性思维活动。[8]因此，设计思维和推理过程是创造性思维的典型案例，其次，在设计过程的前期阶段要实现的综合，实际上是发散性思维和收敛性思维的循环应用。其中构思阶段的正向联结和评估阶段的反向联结频繁地相互建立关联，是在循环检验实施方式和基本原理。这个观点与设计不是一个线性过程的说法一致，这同时也印证了联结性设计的思维模式正是以发散性思维和收敛性思维为基础。如上一章的内容所述，发散性思维被定义为偏离方向的思维，从而会涉及各种各样的方面，有时会产生新颖的想法和解决方案，与创造力有关；收敛性思维被定义为把注意力集中在解决问题上的思考，尤其是解决有一个正确的解决方案的问题。关于发散性思维的文献要远远地多于收敛性思维的文献，单凭这一点就可以看出研究者对发散性思维的重视和认可。

戈尔德施米特教授认为，在神经认知研究的支持下，创造性思维既包括发散思维，也包括收敛思维。[9]几位认知研究者表达了对这一观点的支持。例如，大卫·帕金斯（David Perkins）提出创造性思维中的批判性反应包括一个直观过程和一个分析过程，这与发散和收敛过程大致相同，这些过程通常是分开讨论的，但在他看来，"这两种思维方式可能在行为上混合出现"[10]。在其他关于创造性思维的专著里，他明确表示，"典型的创造性思维似乎需要发散性思维和收敛思维两者的共同作用"，"有创造力的人是这两种思维模式的转换者"[11]。

---

8 李巍 . 设计概论 [M]. 重庆：西南师范大学出版社 .2006: 16–17.
9 Gabriela Goldschmidt. Linkography: Unfolding the Design Process[M]. Massachusetts: The MIT Press.2014: 117.
10 D. N. Perkins, The Mind's Best Work[M]. Massachusetts: Harvard University Press.1981: 105.
11 D. N. Perkins, The Eureka Effect: The Art and Logic of Breakthrough Thinking[M]. New York: Norton.2001: 207.

美国心理学家乔纳森·普吕克（Jonathan Plucker）和约瑟夫·兰祖利（Joseph Renzulli）在关于对创造力的构成理论的讨论中写道："从历史上看，针对发散性思维的研究几乎占据了整个创造性过程的全部。由于产生想法的能力只是创造过程的一个方面，它的优势让人忽略了创造性在解决问题中的整体作用。"[12] 马克·伦科（Mark Runco）也表达过相同的观点："创造性过程的评价部分很少受到重视……这是令人惊讶的，因为它是创造过程的一个重要组成部分，当一个人选择或表达对一个想法或一组想法的偏好时，对这个想法的评价是必需的，也就是收敛性思维的部分。"[13]

　　回到设计单元的概念上，在过程中解析出来的设计单元之间一定不是单独产生的，而是以各种方式相互关联的。在此基础上建立起来的正反两个方向的联结性设计思维表征，可以说是发散性思维和收敛性思维的循环应用。也就是说，在联结关系良好的设计过程中，最容易有创造性的结果产生。就如同戈尔德施米特教授在研究设计的创造力中所发现的，关于创造性工作中的有效推理必须首先以挖掘为目标，然后将与任务相关的许多数据项彼此关联起来。[14] 这再一次印证了，揭示设计单元之间的联结性是理解设计思维的双重模式和达到设计综合的关键。

12 Plucker, J. A., Renzulli, J.S. Psychometric Approaches to the Study of Human Creativity. Hand Book of Creativity[M]. Cambridge: Cambridge University Press.1999: 35–61.
13 田友谊 . 西方创造力研究 20 年：回顾与展望 [J]. 国外社会科学 , 2009(2): 122–130.
14 Gabriela Goldschmidt, Dan Tatsa. How Good are Good Ideas? Correlates of Design Creativity[J]. Design Studies, 2005, 26(6).

# 第三节 联结性设计思维中的创造力

## 一、创造力概述

### 1. 创造力的概念

相对于"创造力"来说，"创意"是在日常生活中更为常见的词汇。"创意"在《现代汉语词典》（第六版）中的名词释义为：有创造性的想法、构思等。百度百科的个别单词解释指出，"创"是创新，"意"是指意识、观念、智慧和思维。两者结合起来解读，就是"创造意识"。但《现代汉语词典》和百度百科里都缺失对"创造力"的名词解释，"创造力"在英文中为"creativity"，在《剑桥词典》中的解释是"创造独创性和不同寻常的想法的能力，或创造新的、有想象力的事物的能力（The ability to produce original and unusual ideas, or to make something new or imaginative）"。在学术研究领域，直至目前为止，关于创造力还没有一个明确的定义。法国学者米歇尔·路易斯·鲁盖特（Michel-Louis Rouquette）指出，针对创造力的科学研究，困难便在于这个普遍的概念，研究者最需要的也是界定概念。[1] 目前让大多数研究者普遍接受的定义是，"创造力"意味着设计活动的创新性，作品在具备其独特性的同时又要适配于环境。[2] 而这里所指的作品可以是一个解决问题的新途径、一项新设计或新想法，或是一种新的艺术形式等，心理学家米哈里·契克森米哈顿（Mihaly Csikszentmihalyi）也认为所谓的创造力指的是新的且有价值的想法，其想法是指在某个领域上所萌生的意向。[3]

依照上述说法，一个新的作品必须是别出心裁、出乎意料的，它必定与创作者或前人创作过的作品截然不同；但它也可能是在不同程度上被认定是独创的，或许只是一个非常微小的更动，又或者是一个不是非常重要的发明。此外，创造性的作品尚需具备适应性的特征，

---

1 Michel-Louis Rouquette, Creativity[M]. Paris: QUE SAIS JE; PUF edition.2007: 5.

2 Amabile, T. M. Creativity in Context[M]. Boulder, CO: Westview Press, 1996.

3 Csikszentmihalyi, M. Creativity: Flow and the Psychology of Discovery and Invention[M]. New York: Harper/Ccjllins.1996: 107–126.

也就是说它必须能够满足与身处情境有关的各种不同的限制条件。而原创性和有用程度这两个面向，在许多有关创造力的研究中常被认为是必要的两个特征。如创造力反映在新奇、有社会价值产品的诞生上。创造性产品，也许是诗歌、科学理论、绘画或工业技术的升级，是新奇而有价值或有用的产品。[4] 罗伯特·史坦伯格（Robert Sternberg）对创造力的定义是，"以我的观点来看，创造力是指人类以原创但为文化所接受的方法，来解决问题或制造产品的能力"[5]。

从认知研究的观点来看，心理学家罗伯特·韦斯伯格（Robert Weisberg）提出创造力是另一种解决问题的形式，而问题解决的过程是循序渐进的，很少有跳跃性的观点或看法。[6]艾伦·纽厄尔等人也认为创造力是一种特殊的搜寻及问题解决行为，而此种解决方案能获得令人满意的结果即称为"创造力"，并提出四点符合创造力的条件：

（1）思考的结果是新奇且对思考者或文化而言是有价值的。

（2）需是非传统的思考。

（3）要有高度动机及持续性。

（4）问题初始状态是定义不良的，且必须有系统地陈述问题本身。[7]

另外，西蒙也认为整个创造力过程不单只是以新奇、异于寻常、持久性及具争论性的角度探讨问题的形成，并需探索及检验更多的替选方案，从中发现具有创造力的解决方式。相对于西蒙，齐克森则跳开"创造力是什么"这个问题，转而提出"创造力在哪里"，他认为创造力不能接受单以个人作为创造性存在的标准，需要通过客观的社会评价来评估其价值，所以创造力并不是凭空而出，它是个体思维与社会文化碰撞产生的结果。创造力并不是个别现象，而是一种具有系统性的思维活动。因此，齐克森的观点是创造力不能被单独定义，而

---

4 钟祖荣. 近 20 年西方创造力研究进展：心理学的视角 [J]. 北京教育学院学报（自然科学版），2012, 7(4): 23–29.

5 Sternberg, R. J., Kaufman, J. C. and Pretz, J. E. the Creativity Conundrum: A Propulsion Model of Kinds of Creative contribution. [M]. New York Psychology Press.2002: 34–39.

6 Weisberg, R. W. Creativity: Genius and other myths[M]. New York: Freeman.1986.

7 Newell, A., Shaw, J. C. and Simon, H. A. the Process of Creative Thinking. In Gruber, H., Terrell, G. & Wertheimer, M. (eds.), Contemporary Approaches to Creative Thinking[M]. New York: Atherton Press.1962: 63–119.

必须整体考量个人、社会和文化所交织的系统脉络，并观察其相互关系。因而，他提出创造力是由"领域""学门"（Field）和"个人"之间的互动所共同造成的。[8]"领域"是由一套抽象的规则与步骤所构成，即为含有符号规则的文化，是某特定社会或人类全体共用的象征知识；"学门"则包含了所有扮演守门人（Gate-keeper）的角色，其主要工作是要判定一项理念或产品能否被纳进某领域；创造体系的第三个要素是"个体"。当一个人使用了这个领域给出的符号，有了一个新的概念或模式，这个新奇的东西就会被包含在相关的领域当中，通过适当的学习才能产生创造力。因此，伴随这一观点而来的创造力被作出如下定义：创造力是改变现有领域或将现有领域转变为新领域的任何行为。创造性可以定义为一个人在思想和行动上改变了这个领域，或者建立了一个新的领域，而这个领域的变化需要相应的学科来认识。

2. 创造力研究的历程

关于产生创造力方面的研究，格雷厄姆·沃拉斯（Graham Wallas）提出形成创造力的五阶段模型：第一个是"准备阶段"，是指全方位调查问题；第二个是"孵化或潜伏酝酿阶段"，此时想法是在意识底下激荡，而新的联想结合可能就在这阶段发生，此阶段经常被认为是整个历程最具创造性的一部分；第三个是"暗示期"；第四个是突然找到解决方案的"启发阶段"，也就是一般所熟知的灵光一闪；第五个是"验证阶段"，它将解决方案更加具体化，对其中的错误进行指认和修改，这是个自我批评、探索的阶段。值得注意的是，其中在第三阶段，依照陈超萃先生的解读，沃拉斯也许发现用暗示这个词比较方便解释灵光一闪的刹那，当设计者作系列联想时的边缘化意识正崛起到全意识状态，显示成功的一闪灵光就要出现的情况。[9]在这五个阶段中，暗示期被一些学者认为是一个子阶段，因为没有太多证据证明它是

8 Csikszentmihalyi, M. the Domain of Creativity. In Runco, M. A. & Albert, R. S. (eds), Theories of Creativity[M]. Newbury Park, CA: Sage.1990: 190–212.
9 陈超萃. 风格与创造力：设计认知理论 [M]. 天津：天津大学出版社 .2016: 266.

实际存在的 [10]，但大多数学者都相信，创意是来自对一个特殊问题的课题做长时间准备，并且恒定地在这个问题上做出许多尝试、新接触，直到一个独特的解决方案完成并确认是独创为止。这个进行式模型提供了一个非常普遍的解释，说明了在主要的问题解决过程、新科学发现甚至在日常问题的解决中创造力发生的过程。

之后，盖特泽尔斯（Getzels, J. W.）和齐克森提出一个非常重要的概念，即在准备阶段之前，再加一个"发现或想出问题的初步阶段"。[11] 他们指出，创造力不仅仅是解决现存的问题，它还需要发现和预估可能出现的问题并提前做出应对方案，就像沃拉斯所说："提出一个有效的问题，本身就是一种有创造力的行为。"而辨识和定义问题的能力，对创造力而言是非常重要的。一些有关创造力的初步研究，其实都与提问、定义问题有关。此外，齐克森建议在沃拉斯的五个阶段之后，再增加第六个阶段即"精心制作阶段"，并认为这是所需花费时间最多也最难的工作阶段。[12] 因此，本研究归纳先前的结论，得到了一个有关创造过程的大致结构：（1）初步灵感。（2）准备。（3）孵化。（4）启发。（5）验证。（6）精心制作。这些阶段的每一过程可能占据不同的时间长度，它们的时间长度也可以出现无限的变化，如孵化期有时长达数年，有时只需数小时，但只有启发阶段在每一个个案中都是简短的。且这六个阶段并非依照一定的顺序发生，而是会反复地出现，但阶段之间转移的能力在整个创造力过程中被认为是最重要的能力。

而哈沃德（T. J. Howard）等人曾经根据过去创造力在心理学领域的文献探讨，将创造力过程整理成分析、产生、评估、传播和执行四个阶段。[13] 另外，创造力过程也被视为是一个独特的问题解决过程，美国心理学家乔伊·保罗·吉尔福特（Joy Paul Guilford）认为其包含两个主要的认知历程：发散构思的能力及转换构想的能力。[14] 其中，发散构思的能力在创

10 Hayes J R. the Complete Problem Solver. Philadelphia[J]. PA: the Franklin Institute, 1981: 51–69.

11 Getzels, J. W. and Csikszentmihalyi, M. The Creative Vision: A Longitudinal Study of Problem Finding in Art[M]. John Wiley & Sons. New York.1976.

12 杰夫·德格拉夫，凯瑟琳·劳伦斯.工作中的创造力 [M]. 安景文，林祝君，译. 北京：机械工业出版社，2005.

13 T.J. Howard, S.J. Culley, E. Dekoninck. Describing the Creative Design Process by the Integration of Engineering Design and Cognitive Psychology literature[J]. Design Studies, 2008, 29(2).

14 贾绪计，林崇德.创造力研究：心理学领域的四种取向 [J]. 北京师范大学学报（社会科学版），2014(1): 61–67.

造力的过程中是相当重要的，他认为发散构思的能力是具有多样性，其可以对一个问题产生多样的解决方案，或是能对一个字产生许多的联想，也就是说，发散的思考是从不同的方向来进行问题的思考；另外，转换构想的能力是将已知的知识转换或是修改后，放入新的问题环境，在此过程中最重要的是有弹性的辨识及突破旧有的组合，也就是能够重新排序、重新定义，或者是重新诠释已知的知识，以不同以往的方法产生新的方案来解决问题。

美国心理学家罗伯特·史坦伯格和理查德·戴维森（Richard Davidson）也提出了三种创造力过程中的认知行为[15]：第一是"选择性的编码"，就是在不相关的信息中筛选出相关可用的信息；第二是"选择性的组合，为整合独立且无关系的信息，而产生一个新的概念，阿瑟·库斯勒（Arthur Koestler）将之称为"双重联结"[16]，意指融合两个或多个被认为不相容或毫无关系的思考方式；第三是"选择性的比较"，是指能在不同领域中观察到相互间的类同性，使得待解决的问题得到线索，而在这之中，类比和隐喻被认为是创造性思考的起点。这三种知识形成了创造力过程中的洞察阶段。吉尔福特以及史坦伯格与戴维森所提出的创造力认知过程，都强调问题解决多重方案的重要性，并试图归纳出各种可能的创意思考模式，主要利用类比、重新组合、联想等思考方式，以获得更多"令人意想不到"的结果。从创造的历程来了解创造力，多涉及创造力过程中的认知行为，以及各个阶段间的思考转换，因此有很多的研究开始着重在创造性思考模式的探讨上。

3. 个体创造力与群体创造力

早期心理学家对创造力的研究着重在高创意个体的人格特质上面，罗伊·安娜（Roe Anna）在以一群高创意科学家为对象的研究中发现，他们的共同特征为非常聪明，且具有能够坚持、具有高动机、自我满足、自信和果断等特质。而在这类的研究中，"设计师"也常被作为主要的研究对象，如美国心理学家唐纳德·华莱士·麦金农教授（Donald W.

---

15 Sternberg, R. J. and Davidson, J. the Mind of the Puzzler[J]. Psychology Today, 1982: 37–44.
16 库斯勒认为幽默和创造的过程都是个体以敏锐的观察力，利用偶发的线索，将两个原本不相干的事物做瞬间的关联。

MacKinnon）曾针对一群建筑师探讨过类似的主题，他发现高创意的建筑师通常都是优雅且自信的，但并不太注重社交活动，他们也都具有聪慧、自我中心、坦率、进取和拥有高度的自我见解等特质。许多研究结果显示，人格特质对于个人能否展现创造力具有相当程度的重要性，这些特质包含独立判断（Independence of Judgment）、自信（Self-confidence）、受复杂吸引（Attraction to Complexity）、审美取向（Aesthetic Orientation），以及愿意承担风险（Risk Taking）。此外，心理学家米哈里·齐克森教授发现创造性人物具有"复合性"（Complexity）的人格特质，也就是说，他们有集人类所有可能性于一身的趋向，其所展现出来的思想与行动趋向含有矛盾的极端。他所提出的复合性人格并不代表中性或是平均，不是两种极端的中界点，复合性人格包含了视情况而能由一个极端转至另一个极端的能力。

然而，只着重在人格取向的创造力研究引起了些许的质疑，人类是否因为表现出这些特性而变成具有创造力，或者被承认有创造力的结果时，个体是否就具备这些积极正面的特质等都不明朗。而这类研究也存在一个问题，它们只把焦点放在个人的特质、能力及与创造相关的思考历程上，却常常忽略了个人与环境之间可能发展出来的一种循环关系，而这样的关系可以导致个人修改外在情况以增强创造力。契克森米哈赖曾批评霍华德·格鲁伯（Howard Gruber）把注意力的焦点都放在进化的个人上，而忽略了持续存在和不可分割的伙伴，亦即进化的背景，格鲁伯后来也认同并扩充了这个观点。也因此，迪恩·西蒙顿（Dean Simonton）认为，创造力是毕生努力的结果，且这一生必然包含了环境的某些因素，创作者凭此创造出不同形式的作品，并认为创造力是在测量一个人能产生的变化之总和。他以历史计量法将传记中的信息转化为数据，并认为科学创造力的发展过程包含两个步骤：第一是形成一个理论或架构，这个步骤是内在的、直觉的，而生产的过程通常是独立思考，而非群体脑力激荡所思考出来的；第二则是较为公开的、继发性的，也就是将潜意识中的想法转换为可以沟通或发表的事物。安东尼·斯托尔（Anthony Storr）在书中也指出，创造性人物的创作生涯总共需经历三个时期：第一是模仿阶段，年轻的创作者在这个阶段学习旧有作品，并花许多时间临摹；第二则进入了创作的保证及盛气凌人的时期，此时，创作者与外界广泛的接触沟通是很明显的需求；到了第三时期，创作者不再注重与外界沟通，而可能以一种不浮夸的态度投身于非传统的形式，继续探索精神上或是普遍的领域，而非个人内在的层面。

此外，齐克森在后来的文章中更表明一个人是否有创造力并非取决于其个人特质，而要看他们产生的新奇事物有没有被接受，进而纳入领域，这可能是机遇、毅力，或是适时适所的结果。因为创造力是由领域、学门或个人互动所共同造成的，个人创造力的特质有助于引发领域改变而产生新事物，但这既不是充分条件，也不是必要条件。西尔瓦诺·阿瑞提（Silvano Arieti）也提出创造性人物的养成，须具备下面三个条件才有可能发生：第一个条件是"对的文化"，谈的是创造性人物的外在环境；第二是"对的基因"，是指创造性个人所需具备的天生特质；第三是"对的互动"，是说创造个体之间的互动所共同激发出来的创意。也因此，处在复杂社会系统中的个人活动，几乎无法不受环境中的群体所影响。有关于创造力的议题，愈来愈多人认为单一创造性个体与群体环境的不可分割性，因而有愈来愈多的研究开始将之纳入探讨。

1880年心理学开始将创造力的探讨从个人扩张至社会，认为创造性人物群聚在一起并彼此互动，可提高创造力的发生，也开始有许多文献将研究重心转向群体之间创造力发生的可能性。多萝西·莱纳德（Dorothy Leonard）和沃尔特·苏尔普（Walter Swap）在合著的《灵感闪现的时辰：点燃团队的创造力》一书中表明，创造力是单一个人经验，但都源自充满创造力的团体（Creativity in Groups）。格鲁伯后期也提出创造力是解决问题或制造产品的能力，受到一种或多种文化的控制，从个人以下的神经网路生物学到个人内在心智与符号的认知研究，进而到非个人、社会性的心理学分析，以及多人整体文化环境的肯定，创造力不只是人类心智活动的内在过程，而是多人衍生出来的智慧形态。契克森米哈赖强调个人要是未能受领域的熏陶，就不可能有创造力。创造力只有在既有的领域与学门里方能彰显出来。对创造力进行分析时，一定不能视其为发生在某些人身上，而是发生在一个体系的关系中。哲学家西蒙·夏佛（Simon Schaffer）也认为虽然任何创意都只会在某些人的心中出现，但它的具体实现往往是集体努力的成果，它总是出现在某些文化常见的领域上，而这些突然浮现的想法或见解也可能正是人们所讨论的主题。且一个人对于相关内容的思索，也会触动另一个人再去加以阐述，而这也是为什么脑力激荡可以激发创造力的原因。同样地，西蒙顿强调社会化的互动以及群体间的脑力激荡（Brainstorming）是创造力来源的大本营。群体创造力跟个体所处的环境、组织有密切的关系，是个人与环境群体所共同创造出来的结果。

加德纳也认为创造性活动是以"一个具有创造力的人类""创造性个体所进行的目的或计划"以及"与创造性个体共同居住在同一个世界中的其他个体"这三个中心要点与它们之间的互动关系为基础。虽然创造性个体常被认为是在孤独的环境下工作，但是其他人在整个发展的过程中却扮演着极其重要的角色。契克森米哈赖认为创造力必定牵涉到符号系统的改变，这样的改变将影响此文化中所有成员的思想和感觉，而若不会影响文化成员思考、感觉或行为改变的话，就不具备创造性。因此，创造力是以一群相互分享思考和行为模式、相互学习、相互模仿的群体为前提，他将创造力视为改变"meme"。所谓"meme"是行为学家理查·道金斯（Richard Dawkins）所提出来的一个模仿的单位，其为文化建构的基础。另外，社会和创造力之间的关系也是一个相当活跃的研究主题，它从社会的层面切入，显示从古至今各个不同文化中的名人之创造力水平，都与文化多样性、战争、是否有角色楷模、是否拥有资源，以及在其领域中是否有许多竞争者等环境变项都有关联。此外，跨文化比较研究以及人种志个案研究也都显示创造力的表现具有文化的变异性。创造历程是在特定的环境脉络中发生，而不是在一个真空管里。古典历史与人类学研究也支持这个观点，也就是环境可被操纵来刺激文化，使文化产生大量抽象与具体的创新。

美国学者特雷莎·阿马比尔（Teresa Amabile）也整理出多项影响创造力的社会性因子，像是可仿效的对象、良师益友，以及社会周遭的辅助等，此对于激发创造性个体的内在趋力相当重要，这也说明个人创造力必须在群体中更能发挥；另外，群体创造力也受群体组成密度（Group Composition）、团体特征（Group Characteristics）、群体进程（Group Processes）及与组织所有相关的内容之影响。而理查德·伍德曼（Richard Woodman）等人所提出的群体创造力模型，可以说明个体性的创造力凝聚为群体后，其所身处的环境、情况与社会架构对创造力的提升相当重要，好的影响会提升创造性的结果，不好的影响则会导致创造力的衰退。然而，群体成员之间的相互关系有相当多的可能性，但当以相关领域的个体群聚在一起时，其效益最为显著。萨诺夫·安德烈·梅德尼克（Sarnoff Andrei Mednick）和玛莎·塔玛拉·舒奇·梅德尼克（Martha Tamara Shuch Mednick）在《远程测试手册》中谈到，群体性的创造力激荡需要某种程度在语意及知识系统上的共同认知，他们一方面要从彼此的领域中吸取精粹，一方面也要有能了解彼此的主旨与基本知识，才能在这样的工作模式中得到最大的启发。另外，加德纳从七位创造性人物的案例研究中发现，创造性人物在社会领域的阶段常能以相当令人惊异的速度在首善之区发现一些匹敌对手，彼此分享着共同的兴趣，他们经常一起探求学术领域的新知、经常筹组制度、议论宣言声明，并彼此激励以达到新高点。她特别强调，团队成员之间的互动，对于创造性人物的创造力激发过程有不容忽视的比重。新的想法常常在艺术或科学的合作过程中出现，而成员间合作在支持个人创造力上扮演着重要的角色。梅德尼克夫妇曾以 20 位雕刻家作为研究对象，这种观察显示了成员互动的重要性，并发现几乎所有的雕刻家都经历了模仿的阶段，虽然最终他们还是需要找到自己的风格和自己的问题，然而，彼此在创作过程中也共同相互学习。群体中任一个体的创造思考与行为，皆受其他成员所影响。

4. 团队中的创意互动

创意需要许多互动，而知识的分享与想法的交换对于群体是一个很重要的互动方式，特别是在分歧与整合的关键时期，与同事、顾客或外界人士交换意见的机会，可能会引发具有敏锐洞察力的创见，但创意也需要独处的时间，尤其是处于酝酿期。而群体之间若有较多的信息交换和整合的机会（Information Elaboration），则此群体会有较好的表现结果。创造性人物也一再强调，看看别人的，听听别人的，知道别人在做什么、想什么事是相当重要的，即使是在最私人性的艺术领域，互动的能力也是不可或缺的。迈克尔·麦考克（Michael Michalko）认为群合作关系能够促进创造力的发现，运用共同思考、共同对话的方式，并公开且坦诚地合作，可使思考变成一个集体事件。在希腊文中，"对话"（Dialogue）这个词的意思具有"谈开"的含意，希腊人相信建立对话的关键在于交换意见却不试图改变他人的想法。因此，借由共同对话的过程，群体得以进入单一个人不可能会有的共识圈中，共识逐渐累积发展之后，新的认知会渐渐形成。如此一来，个体就成了共识圈的一员，不再相互对立，共识也会持续发展、变化，群体的合作关系也因而建立。

　　另外，关于创造力的发生，具备丰富的知识背景被认为是一个很重要的因素，因而着重在新知识的获得上，先前研究显示，群体知识的互动交流被视为获得知识的一个很重要的过程。第一个谈到有关群体知识的是社会心理学家丹尼尔·默顿·韦格纳（Daniel Merton Wegner），他提出当一群人一起工作一段时间后，会发展出一种"记忆交换系统"（Transactive Memory System），这个系统是说一组个体的记忆系统结合了对方具备什么知识以及与其他个体之间的互动。研究显示，记忆交换系统大大改善各种任务的群体表现。此外，有关群体成员或是团队中的知识，通常也涉及团队的心智模型，而"团队的分享心智模型"（Shared Mental Models of the Team）对于知识的整合以及团队的表现有正面的影响。此观点在组织行为学和人类决策的领域上尤其受到重视，知识的交流被视为提升群体表现和决策的一个很重要的因素，因此有很多的相关研究，如琳达·阿尔戈特（Linda Argote）和保罗·英格拉姆（Paul Ingram）提出"知识转换"（Knowledge Transfer）的概念，即群体中的个体被另一个个体经验所影响的过程，知识的转换可以提升竞争优势。[17]但组织内的知识转换行为相当困难，尤其在成员（People）、任务（Tasks）和工具（Tools）这三个部分，进而提出"组织知识库"（Knowledge Repository）的架构，并针对知识或结果的"改变"（Change）之测量来进行此现象的评估。研究发现，知识库的改变会反映在群体知识的转换上，也就是说，知识库的状态会影响知识转换的过程与结果。但研究也指出此测量方式有其困难的地方：第一，要定义什么是群体中有意义的知识是隐晦不明的，且不易通过口语的方式得知。第二，群体知识库中的知识相当多元，要撷取每一种知识的改变是困难的，且即时快速的知识改变可能无法被个体所感知到。创造力与知识的转换有关，尤其转换的抽象层次和"来源"（Source）与"目标"（Target）之间的距离愈大，则愈有创造力。

　　另外，认知学家温蒂·范·金克尔（Wendy van Ginkel）和达恩·范·克尼彭伯格（Daan

---

17 Argote, L. and Ingram, P. Knowledge Transfer: a Basis for Competitive Advantage in firms. Organizational Behavior and Human Decision Processes[J], Vol. 82 (1): 150–169.

van Knippenberg）的研究侧重在群体的决策表现上，他们认为群体中的成员若能知道对方拥有什么知识时，此群体会有较好的表现，因为他们彼此会交换更多的信息，且做出较高品质的决策，并进一步提出任务表征（Task Representation）和反映（Reflection）是影响此过程的两个重要因子，但仍不太清楚造成此影响的原因和过程。虽然设计领域较少探讨这个议题，但也有类似的看法，劳森认为，一个设计组织应该也要试图将已完成的设计案中所获得的知识转化至自己的设计过程中，而这也是将一个问题解决的知识从一个设计案转化至另一个设计案的机会。奈斯塔德（Nijstad）和保罗斯（Paulus）曾依据各领域有关群体创造力的文献，统整并提出有关个人和群体两个层面之间的互动关系之整合架构，一开始个体自身拥有资源，但也从群体外获得信息和学习新技能，而个体所贡献的信息若对其他群体成员有用，或是此成员对其他人的贡献有所关注的话，此信息会加入个人的知识库中，此时新的信息会有所变化，并产生新的想法或论点，而当所分享的信息在群体讨论过程中获得共识并整合这些不同的贡献后，则会影响群体反应，而这些贡献需整合而成一个有创造力的群体结果，最后此结果会再转换至其他群体中，影响着外部的团队。从上述研究可知，群体中的个人若都能向群体提供自己的拥有知识，群体之间会形成一个庞大的知识库，群体中的个人需先认识到此知识库包含了哪些可用的知识，再从此知识库中汲取自己所需的知识，并加以转化为新的知识或技能，以有效解决所面对的新问题。先前研究显示，知识的充分交流和创造力有高度的相关性，然而，却甚少有研究明确指出，若能善用群体成员中的知识，则会产生较具创意的表现。这可能是因为创造力的评估一直未有公认的评判标准，使得研究者在实验任务的选择上多采用能够明确辨识表现结果好坏的题目，让关于创造力的议题无法在此类研究结果中确切地显示出来，而这也说明了创造力研究的困难所在。

有关个人的创造力研究，必然都牵涉到周遭群体对单一个体的影响，一个人的思维是建立在许多人之上，其中，成员之间的相互刺激是不可避免的。也因此，契克森米哈赖提到创造力是来自社会群体的系统，并非存于个人之中，这也就是为什么热门领域的创意发展较为快速的原因。而创造性个体也常将自己置身于信息交流频繁的环境下是有道理的，有时甚至是必要的条件。

创造力受群体的影响已毋庸置疑，群体间的互动过程被视为创造力激发的主要来源，因此有各种的互动方式被提出，其中，又以成员之间的交流最常被讨论。这是由于个体之间具有相同的领域知识，彼此的互动能达到最佳的效果，若信息交换的次数更多，探讨的内容也能更深入。然而，在设计领域对此议题的讨论却相对较少，可能是因为设计活动较重视个人原创性，与群体内常需面对个别竞争的情境有关，设计师较不倾向去讨论自己的设计想法来自同领域作品的刺激，这使得设计群体中的知识交流现象常常隐而不彰，也因而使设计人员较少认识到创意的作品需群体相互合作、彼此激荡而来。

另外，在群体的互动过程中可发现，"知识"（Knowledge）扮演着相当重要的角色。知识指的是存于记忆中的信息，个人的知识可提供大量的素材在信息处理历程中来使用。因此，一些专家认为，只有在一定程度的知识基础上，并知道如何及有效地去善用这些知识，创造力才得以发挥。而有研究也指出，群体的环境对于知识的扩充和创意的思考是有益的，个体借由群体知识的共享有机会获得比原本个人所能拥有更大的知识库，这对提供创造性的环境无疑是有帮助的；然而，这类的研究仍处于发展阶段，其对创造力的开发有哪些益处尚未可知，而创意思考的认知历程在其间又是如何运作，也是一个急于探讨的主题。

## 二、设计过程中的创造力

### 1. 创造性思考

创意性思考，原意指的是当个体对问题情境感到有阻碍、有挑战或自我矛盾的时候，则会开始思考可能的许多替代方案，再用不同方式或不同观点去思考新奇和不寻常的事物，并加以扩大及审视其他选择，这样寻找多样的、有变化的或不寻常的选择，或在现有选择上扩大、补充更多细节的过程，就是发散的创造思考过程。吉尔福德认为"发散性思考"（Divergent Thinking）是创造性思考最基本的能力。用这种方式能衍生出许多不同的观点，于是就会有许多可以被考虑并尝试的可能，自然也提高了新观念的发现。在创意思考过程中，想法的产生是关于发散性思考的，而评估则有关聚敛性思考，创意思考过程被认为是发散性思考和聚敛性思考的互动过程。而创造力则是能够从一个思考模式毫无困难地转换至另一个思考模式。吉尔福德曾根据这些过去的文献整理出一个简单的创意思考过程，包含分析、产生和评估的聚敛和发散思考历程。迈克尔科（Michalko）则提出，创造力的思考模式近似于达尔文的生物演化理论。达尔文认为，自然界通过"尝试和错误"创造了许多的可能性，然而经过天择的过程，有95%的新物种无法存活下来。创意的思考模式和生物演化过程的相似之处在于，创意思考过程也会自行创造出各种难以预测的想法和推测，并保留其中最好的一部分以留待进一步的发展。

而有关创造性思考的探讨都一再地强调，一开始都需尽可能发想出各种替代方案，再从中转换出新颖且有用的解决方式。因而，部分研究也根据此论点开发出各种创意思考的操作方式。其中最广为使用的是创造工程学的奠基人奥斯本（Osborn）根据自己在广告公司的工作经验所发展出来的"脑力激荡法"（Brainstorming）。它是一种鼓励人们在建设性而非批判和压抑的气氛下，运用发散性思考及冒险来寻找新概念的方法，彼此之间需提供大量的想法，想法越多越能提高找到具有创造性概念的机会，且群体中的某些成员所提出的想法可以和其他人结合，或再被他人改进，因此，脑力激荡法被认为是群体发散思考的一个重要方式。另外，戈登（Gordon）也提供了一个具有创意的技术来激发创意思考，此技术称作"分合法"（Synectics），其方式主要是借由不同类型的类比法来寻找新概念。从认知科学的角度来看，创作者的认知行为在整个创作过程中扮演相当重要的角色，如类比、概念搜寻和构思，还有统整的创意历程。依照一些认知学家的看法，即使这些历程的结果是相当独特的，创造力仍存在于认知的一般历程中。创造性认知也强调，创造力是标准人类认知的基本特质，而且相关的认知过程是可以审视的。除了在艺术、科学、工艺设计等明显与创造力相关的领域有杰出的成就之外，日常生活中亦不乏展现创造力的例子。其中最广为人知的就是对语言方面的创造性，人类总能在简单的规则中制造出各种新奇的结构，而这从牙牙学语、尚未具备任何知识的孩童中即明显可见。创造的能力可视为人类基本的能力。

芬克教授（Finke）认为，创造力思考有两个主要的认知处理阶段，即"生产阶段"和"探索阶段"，因而提出"生产探索模型"，这就是人类创造性程序的认知模型，其假设这两个阶段在创造力认知的过程中会不断地交替循环。在生产阶段，个人建构心智表征以作为创新发明前的结构，这些心智表征具有能够激发创造性发现的性质。在探索阶段，则诠释此结构以产生创造性洞见，并根据此修改之前的结构及整个历程，如此反复循环聚焦于特定的议题或在概念层面予以延伸。然而，芬克等人并不认为此模型中的所有内容、形式或创新发明前的结构在创造认知过程中全都必然会发生，这些过程和结构发生的幅度与创造力作品相互依赖相互影响，因此，创造认知和问题解决的差异是逐渐发生的。另外，有部分研究则着重于高创造力个体的探讨上，借由了解这些个体的思考模式来推论出创造性思考的可能性。如美国经济学家贝克尔（Becker）认为，天才之所以被认为具有创造力，是因为他们知道"如何"思考，而不是思考"什么"，其最大的特点就是善于大幅度且别出心裁地扩展其联想层面。创造性人物具有"独步新颖的观念组合"这种能力，其可以长期储存构想，以便未来加以组合运用。美国精神病学家和精神分析师劳伦斯·施莱辛格·库比（Lawrence Schlesinger Kubie）以一种创造力的心理动力取向为观点，指出高创造力的个人比较能够在思考模式的基本历程和次级历程中进行转换，而"基本历程—次级历程"是产生认知变化的主要向度。基本历程思考可见于正常状态（如做梦和幻想）中，也可见于异常状态（如精神病和催眠）中，它是无言的、自由联想的、类比的，并以非抽象概念的具体图像为特征；次级历程则是在意识中所具备的抽象的、逻辑的、现实导向的思考。有许多的研究支持这个论点，认为较具创意的个体较容易进入思考的基本历程模式，创造力与基本历程思考之间有直接或间接的关联。然而，心理学家米哈里·契克森米哈赖却强调所谓的创造力思考主要受社会环境的互动所激发，如 17 世纪末来自世界各地的艺术家到巴黎生活在一个适合开发创意的氛围中，在这里新的理念、新的表现方式以及新的生活方式不断地交互激荡，因而唤起更深一层的创新。所以，比之处于保守压迫的环境，环境促使那些已有打破传统格局倾向的人更能从事新颖事物的实验。因此，将创意思考扩大到群体社会来看，繁复而刺激的环境有益于创意思考的激发，而这也就是为什么创造力的首要之区，如盛世时期的雅典，10 世纪的阿拉伯城市，文艺复兴时代的佛罗伦斯，15 世纪的威尼斯，19 世纪的巴黎、伦敦、维也纳，20 世纪的纽约等都是富庶又具世界性的象征，而这些地区往往是文化荟萃之地，也是社会变迁的集散地，来自不同文化的信息在这里交流汇整。这类成功的环境提供了多元的信息，并具有高密度的互动，提供较大的激励，让理念的产出生机蓬勃，也为创新的思维提供一个自由实践的场所。

从上述对创造力的定义与历程的研究结果来看，虽然学术界尚无法对创造力赋予一个共同明确的定义，对其历程的探讨也似乎尚在发展阶段，但已可从先前研究中归纳出创造力及其过程的大致轮廓。之后，各学派对于创造力的研究也大都以此作为研究开端，本书对设计领域在创造力上的研究也将根据上述的研究成果继续做进一步的探讨，而本研究对创造力的解释基础主要是认知心理学的观点，认为创造力是每位个体与生俱来的能力，并依据玛格丽特·博登（Margaret Boden）对"P—创造力"的定义来判定设计创造力的产生与对其的观察分析。而创造力的相关研究随着齐克森提出以系统性的观点来看创造力的发生后，将创造力的研究范围从单一作品或个人扩展到了社会的层面。有越来越多的研究认同，创造力的探讨需包含社会群体的面向，这样才能更完整地涵盖创造力的复杂度。因此，在创造性思考方面，也应置于群体互动的架构下，才能让人更清楚地了解创造历程中的创造力思考模式。虽然有部分的研究认为，多元自由的群体环境对创意思考有所帮助，然而，有关创造力的认知研究大都只着重在单一个人的创意思考上，认为个人在面对问题时若能利用类比、发散、转换等各种思考模式，提出愈多的解决方案，则对创造力的激发愈有帮助。而群体下的创造性思考，相较于个人，或许能产生更多、更有创意的点子，因此当前在设计领域发生的一个重要转变也是由之前的以个人设计为主转向团队甚至团队间的合作为主要的工作模式，特别是在建筑及景观设计领域。但在团队合作的过程中，设计概念从何而来、主要创意到底是如何产生的等问题，都无法在最后的结果中得知，而这也是本研究发起的主要原因。

2. 设计与创造力

设计科学是对人类的专门研究，设计是有关作品的创作，此作品是为了达到人们的目标所产生的系统。而设计师应具备广泛的常识，因为设计工作也需要各种知识，以及能将其整合和分析的杰出能力。奈杰尔·克罗斯认为设计的能力是人类本能（Natural Intelligence）的一部分，此能力是天生并广泛地存在于每一个人当中。西蒙也提出，设计就是要创造一个比目前更好的局面。约翰·格罗将设计视为具有目的性的、有限制的、决策、探索和学习的活动。设计过程起于设计问题，而设计即为解决此设计问题的结果，如上文所述，琼斯曾提出一个广为接受的三阶段设计过程——分析（Analysis）、综合（Synthesis）、评估（Evaluation），设计过程则是此三种过程之间的协商和评估。大部分的人皆认为设计是人类最具创造力的行为之一。没有一本谈论设计思考的书籍中不涉及创造力和创意思考，创造力和设计有很大的相关性。盖特泽尔斯和纽维尔等人从设计的角度探讨人类内在思考的架构，认为发现问题与解决问题和创造力有关。而在问题的发现与解决上，西蒙认为在整个创造力的历程中，除了以新的角度探讨问题的形成，还要不断地探索及检验更多的替选方案，并从中发现具有创造力的解决方式，其也被定义为结构不良的问题解决过程（Ill-structured Problem Solving Process）。他还提出将问题分解出目标和子目标，然后针对部分子目标去寻求答案，且进一步地说明子目标之间相互关系的检测能够了解设计者决策的过程。

　　而设计问题被认为是定义不良或结构不良的（ill-defined/ill-structured），意指设计问题并无法被完整明确地描述出来，因此不会有固定数量的解决方案，问题解决的可能性是无穷尽的；且某些解决方式彼此存在着矛盾，设计问题更不可能拥有最佳解决方案，如何在这众多的替选方案中有效地挑选并转化成为具有创造力的结果，则是设计师一项很重要的工作。教育学家简·皮尔托（Jane Piirto）也有类似的观点，他提出艺术家必须自己创造出问题，并选择所要解决的问题及寻找解决方案，此过程充满了创造力。通常问题的选择是基于个人的理由、需求或状况，解决方案的执行则需要领域知识，如此则造就了一个富创造性的创作者，而这种情形通常发生在其具有足够的背景知识、适当的技巧和赢得同侪的肯定之时。另外，芬克教授等人注重创造力认知结构的研究，利用各领域的科学发明和创新的方式来得到创造性思考，他们将重点放在艺术品的外形呈现和结果上面，发现其与设计思考高度相关。艺术理论家法兰西斯·斯帕尔肖特（Francis Sparshott）也认为创造力的过程被定义为任何产生艺术作品的过程。盖特泽尔斯与米哈里·契克森米哈赖曾以视觉艺术家作为研究对象，认为创造力是一种不自觉地减轻紧张之尝试，艺术家的做法是通过想象力来找出可以象征性解决的问题，当确定问题并找到一个暂时的解决方案后，紧张便获得疏解，这便是创造力发生的关键。

因而，设计与艺术创作的过程，常被视为是对创造力过程的了解。

人类信息处理时的心智表征（Mental Representation）与创意思考明显相关。关于心智的呈现，许多研究观察到，视觉的想象力能使得问题的解决更具创造力。针对创造性发明所做的实验研究证实，心像的运用使得原本相异的部分得以被整合，因而达到创造新事物的目的。史蒂芬·金（Steven Kim）认为，"视觉形象化"能帮助创意思考的原因是形象是容易变化的，同时也可以呈现出一个问题的多重面貌，能够很快地被处理，而不会像语言表征（Verbal Representation）那样被定义严谨地局限住。

而设计思考就如同创造力思考过程一样，在转换和心中一致的视觉图像之目标描述时，需一个高抽象的层次。研究显示，研究设计思考对人类创造力的了解有所帮助，设计思考过程可被视为将描述转换成一致的视觉影像之过程，并强调此转换过程如何影响着创造思考过程。杰罗认为创造力和设计就如同一种电脑探索形式的概念，包含定义空间和探索，这些图像提供一种描述研究过程的机会，并浮现不同图形不断被改造的过程，也就是创造的过程。另外，设计过程中的创造力，其主要特征为"有意义且重要事件的发生"（the Occurrence of a Significant Event），也被称作"创造性跳跃"（Creative Leap），而这样事件的发生有时是突然出现的，设计者忽然认知到有意义的新事物，然而，通常都是事后回顾或观察者观察其设计过程时，才发现并指出这个重要概念的出现时机。而马赛·诹访（Masaki Suwa）等人认为此新事物的发生，是通过设计者本身具有的知识之沉默元素为中介。类似的观点，杰里·苏尔斯（Jerry Suls）也提出一个非常规性的设计流程模型，说明创造力多是指新构想的发生，亦即在可预期的设计过程中产生不可预测的行为。

然而，创造力并不只是在设计过程或结果中有新的概念想法或特别新事物的产生，还需在过程中的发生是有其必要性，因而产生不预期性和具有价值的新事物，且此新的结果仍是可被理解的。西蒙认为能够整合各方解决问题的丰富性，即设计创造力的特征。至此，将创造力置于设计领域的研究逐渐增加。设计被认为与创造力有很大的相关性，而设计活动即一个追求创意的思考过程。先前研究显示，创造力是来自多元的互动过程，群体间知识充分地交流和整合，被认为对群体的表现有正面的影响。另外，设计过程需要寻求问题解决的各种可能替选方案，因此也强调群体互动的重要性，位于设计群体中的设计师的创意思考必受群体之设计思考所影响，这可能架构在彼此之间设计想法的交流上。然而，许多研究指出，在群体设计过程中，很多设计师都不记得群体之间是如何发展出此主要的设计概念，他们虽然试图回想当时是由哪一个个体第一个所提出，但通常都力有未逮，这也说明了设计研究的困难度。但劳森认为设计师至少能够感知到自己的思考可能受到群体行为的影响，且同样地，其行为也会影响群体其他成员的思考。而群体中的设计师之间是较处于竞争的状态，对于信息的交流过程中会有所保留，避免其他同侪借此得到更好的表现，抑或得知对方具备的知识后，基于竞争的心态或自我表现的内在趋力，而转为追求更为独特、与众不同的表现，又或者设计师较倾向于将资源整合，收集众人的想法，提出一个完善的解决方案。关于这些设计师互动过程的认知行为是如何运作的，目前都尚不得而知。另外，数位媒材对群体设计思考的影响，也是一个很值得讨论的方向。或许解析群体设计历程的各个面向，可以一窥群体创造力的神秘面纱。

### 3. 设计中的创造性思考

大部分的人都认为设计是人类最具创造力的行为之一，劳森曾说过，没有一本谈论设计思考的书籍中不涉及创造力和创意思考，[18] 创造力和设计有很大的相关性。盖特泽尔斯和纽维尔等人从设计的角度探讨人类内在思考的架构，认为发现问题与解决问题和创造力有关。而在问题的发现与解决上，西蒙则认为在整个创造力的历程中，除了以新的角度探讨问题的形成，还要不断地探索及检验更多的替选方案，并从中发现具有创造力的解决方式，其也被定义为结构不良的问题解决过程，并提出将问题分解出目标和子目标，然后针对部分子目标去寻求答案，且进一步地说明子目标之间相互关系的检测能够了解设计者决策的过程。[19] 如第一章第三节所述，设计问题被认为是定义不良或结构不良的，意指设计问题并无法被完整

---

18 劳森 . 设计思维：建筑设计过程解析 [M]. 范文兵，范文莉，译 . 北京：知识产权出版社 & 中国水利水电出版社，2007: 115.
19 司马贺 . 人工科学：复杂性面面观 [M]. 武夷山，译 . 上海：上海科技教育出版社，2004.

明确地描述出来，因此不会有固定数量的解决方案，问题解决的可能性是无穷尽的；且某些解决方式彼此存在着矛盾，设计问题更不可能拥有最佳解决方案，如何在这众多的替代方案中有效地挑选并转化成具有创造力的结果，则是设计师一项很重要的工作。

另外，设计过程中的创造力的主要特征为"有意义且重要事件的发生"，奈杰尔·克罗斯（Nigel Cross）称之为"创意飞跃"。克罗斯对创意飞跃如何产生的总结有五点：第一，它来自早期的潜在观念或意图；第二，它似乎聚焦于某一特定问题，以之作为最重要的考虑；第三，它被快速复杂化、细节化，以满足一系列其他问题或功能；第四，它综合解决了众多设计目标和制约条件，被认为是联结问题和解决方案的桥梁；第五，它出现在对早期的概念和想法进行仔细回顾的阶段。[20] 大卫·博塔（David Botta）等也提出一个非常规性的设计流程模型 [21]，说明创造力多是指新构想的发生，亦即在可预期的设计过程中产生不可预测的行为。然而，创造力并不只是在设计过程或结果中有新的概念想法或特别新事物的产生，还可能会在过程中发生，因而产生不可预期性和具有价值的新事物。西蒙认为能够整合各方解决问题的丰富性，即是设计创造力的特征。至此，将创造力置于设计领域的研究逐渐增加。

劳森认为设计师最重要的思考模式为"推理"和"想象"这两种。"推理"是指有目标地将其导向特定的结果，其包含逻辑思考、问题解决和概念形成；而"想象"则是来自个人经验与资源的整合，是一种非结构、无目标的方式，如白日梦就是这种思考模式的一个例子，而艺术家和创意思考常被大众认为是富有想象力的象征。此外，劳森也将产生创造力分成"定义问题导向"和"解决方案导向"两种策略，并指出以设计问题而言，在解决方案导向中所产生的方案较具独特性，因此，解决方案导向将会是设计行为中的主要策略。而设计创造力是对现有的事物，产生新的架构、新的单元物件，或是新的组合方式。从改变设计原型的角度，维诺德·戈埃尔（Vinod Goel）整合了过去研究中所提出的一些可以产生创造力作品的方法，

20 Nigel Gross 设计师式认知 [M]. 任文永，陈实，译. 武汉：华中科技大学出版社，2013: 91–92.
21 David Botta, Robert Woodbury. Predicting Topic Shift Locations in Design Histories[J]. Research in Engineering Design, 2013, 24(3).

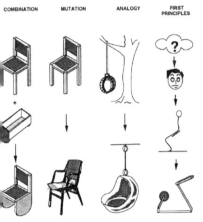

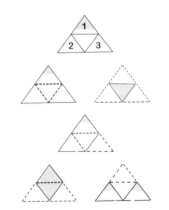

其包含"组合""突变""类推""设计原理"和"突现"五种。[22] "组合"是指将旧有设计的一个特征整合进一个新的整体或结构中;"突变"指的是对某个已存在设计的特定属性或几个属性的修改;"类推"被认为是创意设计的基本思考;而"设计原理"被视为一种产生优秀设计和创造性设计的方法,在设计过程中依靠设计原理有利于设计师更好地理解设计内核。它假设设计是通过分析需求与功能而得到设计结果。设计的核心是如何实现从功能到形式的跨越[23];最后,"突现"是这样一个过程,即未被察觉到的特征通过设计师的设计被呈现在设计结果中。罗森曼和杰罗将上述的设计方法更直觉地以视觉化的方式呈现说明,见图2-19。

**图2-19:创意设计方式的图示说明。由左至右依序为:组合、突变、类推、设计原理、突现**
**图片来源:《设计师式认知》**

## 三、联结性设计思维中的创造力认知

以前文提到的关于西蒙和纽厄尔的搜寻及问题解决理论而言,知识只是整个搜寻空间的节点,更重要的是节点之间的联结线段。因此创造力的知识对于创造力的搜寻空间而言,也只是问题空间的节点,而另一个形成创造力更重要的因素则是这些节点之间的联结线段,也就是创造力的搜寻策略及过程。因此,本小节主要分析和探讨如何利用联结性视角、认知创造力的生成及相关理论依据。

### 1.联想与重组的认知程序

创造力来自人们怎样独特地应用知识解决问题。根据西蒙和

22 Goel V. Sketches of Thought[M]. MA.: MIT Press, 1995.
23 Nigel Gross 设计师式认知 [M]. 任文永, 陈实, 译. 武汉: 华中科技大学出版社, 2013: 100–101.

纽厄尔的研究，有效率的问题解决者会用各种启发法搜索经验法则，并运用这些法则。[24] 当更多的经验法则从经验中建立起来之后，解题者就会更有解题效率。因此，认为解题是产生创造力核心的学者，会鼓励人们用经验法则的技巧有效运用可用的专业知识处理问题，启发创造力。[25] 在另一方面，知识是由联想建立构成的，第一章所阐述的认知心理学和联结主义的理论就证明了联想与创造力的关系，相信如果进行更多的联想会增强创造力，而创意也逐步增加。陈超萃先生在他的研究中认为，联想机制是重要的创造力因素，更倾向于应用心智影像技术作为训练方法，因为心智影像提供另一种知识表征的格式，对储存在记忆中的信息有更强烈的联结。[26]

关于在解决问题时重新组织知识的特别程序，根据完形心理学的理论暗示、创造性思维或洞察力在创造性的发现发生时，涉及知识的累积或快速将思想重组的结果。思想重组关系到对问题情境的重新组织或重新定义。如果设计师能产生新的奇异联想，并突破传统创造新的问题结构，做出新颖和有用的形态，则创造力就出现了。有些情况下，问题的结构会经过一系列的修正和改进，以形成一个满意的解决方案。

2. 搜索过程

在联结性思维下，第二个产生创造力的策略就是搜索过程。心理学家汉斯·艾森克（Hans Eysenck）曾表明："智慧，基本上是要发现新的解决方法，并带出记忆中不同念头为问题做出新解答的搜索过程。这种搜索过程是由'实用关联'的相关显性或隐性思想作引导的。"[27] 也就是说，有些人的思想能极度包容，存有相当广的关联与联结概念；有些人则有较为狭窄或更传统的观念。如果一个人的思维过程极度宽阔包容，能够提供给搜索过程许多灵活的想法，那么设计师有可能会做出不寻常的、新颖的、创意的想法。艾森克在文章中表示，这种

24 Hayes J. R. the Complete Problem Solver[M].PA: The Franklin Institute, 1981: 51–69.
25 Mumford, M. D., Baughman, W. A., & Sager, C. E. (2003). Picking the Right Material: Cognitive Processing Skills and Their Role in Creative Thought[M]. Hampton Press.2003: 19–68.
26 陈超萃. 设计认知：设计中的认知科学 [M]. 北京：中国建筑工业出版社，2008: 47–49.
27 Eysenck, Hans J. Creativity and Personality: Suggestions for a Theory[J]. Psychological Inquiry, 1993, 4(3): 147–178.

思维方式是创新的基础，在这个概念中，"实用关联"是相关信息联系到当前问题的接近度。如第一章中联结在心理学中的研究结论，人类在记忆里组织知识是靠"联结"，回忆知识也靠"联结"，假设这一结论成立，那么艾森克所说的"实用关联"的观念在某种程度上就等于联结。创作者必须建立联结性设计思维，运用联想或多样化的思考，以便得到需要的信息。如果经过搜索过程，比他人更能接近不凡的联结高度，或增强追求非传统事件或冒险事件的动机都和创造力有关。[28] 因此，搜索和个人动机这两种认知是创造力多面性本质的一部分。在设计里，物体的功能需求是解决设计问题最重要的考虑，如果设计师能搜索到崭新及独特的形态满足更多的功能需求，则就有可能产生有创造力的结果。

### 3. 推论

第三个产生创造力的策略就是推论。一个普遍被认同的观点是，解决问题是一个复杂的认知功能。有时候设计决策是由演绎推理做出的，有时是由归纳推理得出的。其他时间又需要根据给予的数据得出结论。史坦伯格在创造力本质属性研究中指出，当解题者在为演绎或归纳作假设找出问题的情况时，他们在分析问题的情景时，"分析性思维"正在进行。当必须应用判断时，解题者也必须结合证据和假设导出结论，这是"综合性思维"。这些分析性和综合性的思考，相似于分析性和综合性的技巧，也是智慧技巧的一部分。[29] 然而，这样的智慧技能因为是用来引导认知进度产生解答的，它们也应该被归类于逻辑思考部分。在这些逻辑思考里，逻辑学家查尔斯·桑德斯·皮尔士（Charles Sanders Peirce）提出了一个设证推理，它是从观察某些事件推演而形成假设，寻找新的数据参考，挑战公认的解释，推断可能的新型和新功能以及考虑后果等现象。[30] 设证推理在解决日常生活问题中扮演着一个非常重要的角色，同时也是创造力的核心。它也是在关注一组似乎毫不相关单元的概念。[31] 根据皮尔士

28 张亚坤，陈龙安，张兴利，等 . 融合视角下的西方创造力系统观 [J]. 心理科学进展，2018, 26(5): 810–830.
29 Sternberg R. J. the Assessment of Creativity: an Investment–based Approach[J]. Creativity Research Journal, 2012, 24(1): 3–12
30 K.L. 凯特纳，张留华 . 查尔斯·桑德斯·皮尔士：物理学家而非哲学家 [J]. 世界哲学，2005(6): 107–112.
31 陈超萃，风格与创造力：设计认知理论 [M]. 天津：天津大学出版社，2016: 269.

的解释，设证推理通常开始于一套不完整的观察，发展出一个对这套观察最可能也最合理的解释，并创建一种依当前有限数据做出最好的日常决策。大部分时间，数据是不完整的。这种现象也发生在设计过程中。有经验的设计师会发现，有时候不相关的部分单元可能会做出不同而且非传统的联结，而产生非传统的设计结果。这种做出非相关联结的方法是与发散性思维相关的，但设计者在建立联系后必须作适当的判断和解读，以此来联结当前设计决策的状态。

# 第四节　团队合作中的联结性设计思维

## 一、设计与设计师角色的改变

设计因社会、文化、经济、科技、政治和教育的变迁而改变，换言之，也因时代需求的变化而改变，那么在过去、现在和未来设计师如何改变，怎么改变呢？过去的设计通常是一个人独立作业，或是单一领域的团队合作，但是这些已不足以应付现在设计需要面对复杂的设计问题，因此，现今设计需要面对的是团队及跨领域合作模式。随着时代的变迁和科技文明的昌盛，在这些种种的外在和内在因素的影响下，设计也因此需要改变，准确地说设计一直在改变，随着科技和时代的需求而改变。例如，过去设计师从专案开始到结束是连续性的设计过程，而现在的跨领域团队从专案开始，看需要什么样的设计师和工具参与专案的工作，这些设计师全程参与专案的工作属于相互联结的设计过程。

由于设计的不断变化，设计师的角色也在不断地改变。例如，过去设计师个人独立解决简单的设计问题，但是现在设计需要面临更复杂的问题，因此，需要跨领域的团队解决问题。随着时代科技的变迁，设计师的角色定位由解决单纯的设计问题到现在需面对更复杂的设计问题，因此理解设计思维是如何在团队工作的背景下运行的，以及在合作设计的过程中联结性的体现和必要意义是本节主要讨论的两个问题。

大卫·布龙斯坦（David Bronstein）回顾了一些团队合作的整合性计划，归纳出进行团队合作及跨领域团队合作时所需要的五项基本要素：（1）互相依赖：成功的团队中，经常是不同的人扮演不同的角色。当面临复杂的问题时，成员彼此间必须清楚地知道自己的角色，了解自己所能作出的贡献，及需要依赖他人专长所达成的部分。（2）新创造的活动：成员间通过跨领域的整合，应创造出更实质的交流活动。（3）弹性：成员间会有意见不同的辩论，在相互辩论的过程中，应试图去找出彼此间的相同点，这些相同点是能够超越成员间各自原有的意见与看法，进而形成一种具有生产力的妥协状态，这种妥协是为了能够达成整合目标的协议，而非放弃自己原有的意见。（4）群体的拥有目标：所谓拥有是指假如整合计划中任何一个细节发生问题，计划中的每位成员都应共同担负计划成功或失败的责任，都会竭尽心力去克服，而非各自扫门前雪般地固守自己分内的工作而已。（5）注意历程：一个团队领导者要注意群体的历程，除了监控计划进度及目标的达成外，也需关注成员间在社会关系上的互动，并在计划进行的过程中修正目标。

布龙斯坦在研究中也提出，组成一个团队的设置前阶段最重要的是制定计划目标，目标的明确性会影响一个跨领域团队的最终表现：（1）设置阶段：包含计划目标、团队权利（指团队需要的可以做决定的权利）、适当的成员、正向的风气。（2）团队行为：包含合作、对专案的承诺、专案归属感、尊重与信任团队成员。（3）推动者：如团队领导者、高层主管、竞赛冠军奖励，通过团队领导者的带领、高层主管直接的支持，设定竞赛奖励等，能促进团队合作的成功。除此之外，成员间的沟通也是合作成为最为关键的环节之一。

邓成连在《设计管理》一书中提到，在设计过程中会产生许多的沟通活动，不同设计阶段中会需要不同专业领域的人和事参与设计过程。设计沟通具有复杂的特性。根据《牛津英文字典》，"沟通"意指告知、传输和分享的活动，源于拉丁字根"communicate"，意指"分享与公共的"。沟通可视为人们将心中信念、意见或感觉传达至另一人的过程。一般沟通的模式可通过口说语言、书写语言与图像语言等三种方式表达，面对面地沟通时，肢体语言的沟通表达方式也是其中重要的一项。之前有学者将设计沟通分为设计思考沟通和设计资料沟通两大类。通过设计过程中的沟通活动，设计师可以整理自己的设计想法，与他人讨论并交换意见，设计思考的沟通或是通过将设计概念的具体化来提供有形的设计资料，以作为讨论设计构想的媒介。

在组织或群体中沟通可提供四种功能：①增加控制：理清职责并且建立权威与责任感。②传达信息：提供做决策的基础。③提高动机：引发合作并且愿意承诺组织目标。④情绪表达：表达成员间的情感。邓成连提到沟通行为在团队内部是绝对必要的，因为它具有几项重要的功能：咨询或情报的分享、收集参考意见、表达或交换意见、表达情绪感受、人际关系或社交功能。团队沟通的功能即经由充分的讨论、意见的交换，统合团队内每个人的意见，目的是有效地达成共同的团队目标。也有学者在团队合作的研究中指出，合作中会因为词汇不通造成沟通困难，故要多看、多听、多沟通。《想法物语》一书则提到设计沟通要点包括自我了解与互相信任的默契、先听对方说、试着统一语言、建立适合的环境。这说明设计沟通的要点即试着统一语言，建立对彼此的信任，在适合的环境听对方说，以求进行良好的设计沟通，达成上文中所表述的沟通功能。

设计沟通和其他工作沟通最大的不同在于，设计沟通会使用到大量的视觉咨询。这些设计沟通所使用到的视觉信息分类为：文字、图片、手绘草图、通过三维软件用电脑绘制图片、实体模型、电脑模拟模型、动画视频影像等。陈超萃教授提出，设计师在沟通时应以是视觉化的方式呈现思考的过程与成果，以此期待发展出更多的概念思考及概念的可能。这种设计视觉信息在设计沟通中扮演重要的角色，能呈现设计师脑中构思设计的媒介，建立与沟通对象之间的共同认知，内容包含设计发展的思考图面与概念具体化的结果，传达非言语能表达的信息，以及成为设计与交流意见的参考物。

## 二、团队合作的设计思维模式

在设计过程中解决设计问题所需的知识，往往超过一个人所能够胜任的，由于多数问题都是复杂难解的，且不只是局限于同一领域的问题，有些问题需要深入理解，因此奈杰尔·克罗斯提倡设计师团队合作观念的重要性。[1]团队合作可以突破上述问题的困境，但团队设计可能遭遇的挫折和阻碍，来自队员中同步进行思考和认知活动，随之产生对话和互动行为，这些都可能导致严重的问题。[2]团队成员之间能彼此分享知识有助于作出重要决策，可以影响是否成为一个成功的合作设计。团队的工作不但可以将许多任务分工合作，团队成员所拥有各自的技能和知识背景都可以增加其多元性和完整性。[3]

桑德斯（Sanders）和斯坦伯斯（Stappers）所使用的术语"合作设计"，表明集体创造力贯穿于整个设计过程之中。[4]另一个关于合作设计的定义是克莱因曼（Kleinsmann）和法尔肯

1 Nigel Cross, Anita Clayburn Cross. Observations of Teamwork and Social Processes in Design[J]. Design Studies, 1995, 16(2).

2 Rianne Valkenburg, Kees Dorst. the Reflective Practice of Design Teams[J]. Design Studies, 1998, 19(3).

3 Paulus, P.B. Groups, Teams, and Creativity: the Creative Potential of Idea-generating Groups[J]. Applied Psychology: An International Review, 2000(49): 237–262.

4 Elizabeth B.-N. Sanders, Pieter Jan Stappers. Co-creation and the New Landscapes of Design[J], CoDesign, 2008(4): 5–18.

鲍（Valkenburg）提出的，他们认为合作设计来自同一学科或不同学科的参与者分享他们对于设计过程和设计内容的认识，目的是共同理解设计过程和设计内容，并实现更大的共同目标，即将要设计的新产品。[5] 这个定义把注意力放在知识的共享和综合上，以达到共同理解。解释并重塑设计中的问题是平常而又必不可少的一项任务。设计问题的本质是分析并理解其作为整个设计过程中的重要影响部分。个人设计师可以建立他们自己理解问题的模式，但是团队成员必须对问题的理解达成共识。然而在任何设计任务中，设计师都要从大量的资源中筛选出与设计任务相关的信息。设计任务的目标同时也意味着为某些人造物提供设计方案，同时也需要产生更多的观念去诠释这个产品。因此，本小节从合作设计的推理模式和理论依据两个方面探讨合作式设计的运行机制。

1. 溯因推理

探究这个问题的前提是要了解合作设计运行的思维模式，麦克·斯迪恩（Marc Steen）认为合作设计是溯因推理过程。[6] "溯因"一词是由实用主义哲学家皮尔斯提出来的，它是一种不同于演绎或归纳的推理："演绎证明了既定的事实，归纳表明了事情的可操作性，溯因仅仅表明了事情的可能性。"[7] 斯迪恩在研究中举例说明了这三种类型的推理。演绎推理是由两个或多个前提得出一个结论。例如，基于"人总是难免一死"以及"苏格拉底是人"这两个前提，可以推断出"苏格拉底难免一死"。这种类型的推理主要用于数学和逻辑。归纳推理是通过一系列的观察推断出一般性结论。例如，"铜被加热后会膨胀""钢被加热后会膨胀"，那么就可以得出"金属被加热后会膨胀"的结论。这种类型的推理主要用于自然科学和社会科学。溯因推理是依据当前具体情况，分析和判断解决问题的途径和解决方案。这种推理方式在设计中常常被用到。[8]

5 Maaike Kleinsmann. Barriers and Enablers for Creating Shared Understanding in Co-design Projects[J]. Design Studies, 2008, 29(4).
6 Marc Steen, Co-design as a Process of Joint Inquiry and Imagination[J]. Design Studies, 2013, 29(2).
7 Nigel Cross, Discovering Design: Explorations in Design Studies[M]. Chicago: The university of Chicago press, 1995: 110.
8 N. F. M. Roozenburg, J. Eekels, Product Design: Fundamentals and Methods[M].Chichester: John Wiley& Sons, 1995.

同样，多斯特（Dorst）最近认为，溯因推理是设计思维的核心。[9]多斯特将演绎理解为从了解"是什么"和"怎么样"到"结果"的过程，例如，知道恒星的运动轨迹，就可以推断星星的位置；归纳的过程是从了解"是什么"和"结果"到可能的选项"怎么样"，例如，如果知道恒星及其位置，就可以归纳出恒星可能的运行机制。他提出了两种溯因推理的形式：第一个是封闭性问题的解决，根据给定的期望"结果"和给定的运行机制"怎么样"，形成一个对象"是什么"；第二个是开放性问题的解决，根据一个期望的"结果"，形成一个对象"是什么"和一个运行机理"怎么样"。后者与设计思维和设定的概念相关。设定是迭代制定的框架，即组合结果和运行机制，以及制定可行的解决方案，从而在设计过程中创造性地在"结果""怎么样"和"是什么"之间转换。因此，设计思维可被视作一种迭代过程，问题和解决问题的途径是被同时发现、研究、评测的："设计过程不仅包括解决问题，也包括发现问题"，从而使"问题设定和解决方案制定共同展开"[10]。合作设计是不同的人参与设计思维的过程，斯迪恩认为可以借鉴实用主义哲学家约翰·杜威的思想，把合作设计看作是多人共同研究和构思的过程。[11]

### 2. 杜威的实用主义

19世纪末20世纪初，实用主义哲学出现在美国，其代表人物是威廉·詹姆斯、查尔斯·桑德斯·皮尔士和约翰·杜威。实用主义主要专注于人的实践和体验，而不是抽象的理论。[12]其中，杜威的思想非常契合技术、工程及设计，并已成功运用于这些领域。[13]

很多设计领域的人都熟悉杜威有关经验和美学的理念，杜威的理念也出现在舍恩的反思性实践概念中，舍恩借以讨论专家将实践和反思相联系的方式。[14]另外，使用杜威的理念来

9 Kees Dorst. the Core of 'Design Thinking' and its Application[J]. Design Studies, 2011, 32(6).
10 布莱恩·劳森，设计师怎样思考：解谜设计 [M]. 杨小东，段炼，译 . 北京：机械工业出版社 .2008.
11 布鲁斯·布朗，理查德·布坎南，卡尔·迪桑沃，等 . 设计问题：第 2 辑 [M]. 孙志祥，辛向阳，代福平，译 . 北京：清华大学出版社，2016: 6.
12 姬志闯 . 经验、语言与身体：美学的实用主义变奏及其当代面向 [J]. 哲学研究，2017(6): 113–119.
13 Carl DiSalvo, Design and the Construction of Publics[J]. Design Issues, 2009, 25(1): 48–63.
14 A. Schön Donald. Design: a Process of Enquiry, Experimentation and Research[J]. Design Studies, 1984, 5(3).130–131.

讨论合作能使设计史理论研究与实践相关联，并可以将理论研究应用于实践，这与杜威的目标是一致的。[15] 在杜威看来，哲学是开发工具的一种方法，人们可以用来应付现实世界中的各种问题，他希望哲学不仅仅是为哲学家服务，而能成为哲学家解决世人所面临问题的方法。[16] 杜威的实用主义有两大主题：一方面，它着重于人的具体实践、个人经历和实践知识的作用，另一方面它一直在促进合作，增强能力，改善现状。[17] 下文将这两大主题作简要讨论。

（1）实践、体验和知识

杜威区分了"粗略的、宏观的、原始的事物"的直接经验，即作为最小化的偶然反思的结果的体验，以及对精细的派生的反思对象的间接经验，即持续、规范的反思探究后产生的体验。[18] 此外，杜威的提倡实证方法包括反复实践的直接经验与反思的间接经验，从而获得实践知识，一种来源于实践并可以运用于实践的知识。[19] 另外，杜威认为，知识应该是特定的，这有别于传统哲学或主流科学。传统哲学和主流科学通常认为，知识是普遍的和必要的。[20] 杜威认为，思维和行动都是同一过程的两个名称，即尽最大所能穿行于宇宙的过程，而宇宙充满偶然性；"知识是活动的副产品，人在世上做事，做事又让人学到东西，如果人觉得该东西有用，就会把它带到下一个活动中去。"斯坦伯斯和伦科·范·德·卢格特等人也根据设计体验，就知识的生产表达过类似的观点。[21]

（2）沟通、合作和变革

杜威相信，某一时刻存在的具体状况，无论好坏都可以得到改善。他强调将人的沟通和合作的能力作为共同带来积极变革的方式："语言的核心不是表达既定的事物，更不是表达既定的思想。语言的核心是沟通，是在有合作伙伴的活动之中建立合作关系。其中每个合作

15 David Hildebrand, Dewey: A Beginner's Guide[M]. Oxford: Oneworld.2008.3.
16 Marc Steen, Co-design as a Process of Joint Inquiry and Imagination[J]. Design Studies, 2013, 29(2).
17 布鲁斯·布朗，理查德·布坎南，卡尔·迪桑沃，等.设计问题：第 2 辑 [M].孙志祥，辛向阳，代福平，译.北京：清华大学出版社，2016: 6.
18 杜威.哲学的改造 [M].许崇清，译.北京：商务印书馆，2002: 3–4.
19 杨修志.浅析杜威对"经验"与"理性"概念的改造 [J].汉字文化，2018(18): 100–101.
20 陈亚军.实用主义研究四十年——基于个人经历的回顾与展望 [J].天津社会科学，2017(5): 33–39.
21 Kees Dorst, Frame Innovation: Create New Thinking by Design[M]. MA: The MIT Press, 2015.

伙伴的活动都会受到伙伴关系的影响。"[22] 这种参与式的沟通、合作和变革不同于传统哲学和主流科学的旁观者知识概念，这种概念是指对外在的现实和稳定的事态的描述。[23]

杜威所倡导的是这样一个过程：人们可以通过一起反思自己的实践和体验来进行交流和合作，可以提高和改善自身或他人的境遇。此外，他视知识为工具，认为知识应该关注于探索不同的未来，增进交流与合作，促进积极的变革。这些关键问题也是合作设计讨论的主题，这一点使得杜威的理念与团队合作设计的研究特别契合。

通过杜威的探究概念，实践经验、知识沟通、合作和变革等主题紧密交织在一起。[24] 杜威倡导组织共同探究的过程，在此人们不仅讨论、界定问题，同时制定解决方案。通俗地讲，他设想的探究过程始于充满疑问的情境，通过富有成效的结合实践和思考，再到决议："探究是不确定的情境有管理地向统一的整体转变。"[25] 在这样一个探究过程中，其目的不是为了形成普遍知识来表述外在的现实，而是使人们能够一起共同探讨、尝试、学习，并使变革朝着预期的方向发展。

3. 合作设计系统中不同阶段的合作行为

大多的研究均支持"设计可被视为一种作业"或"设计可被视为一种程序"。其中将设计视为"解决问题的程序"广受讨论与研究。当设计可以被视为一连串问题的发掘与解决的交互过程时，设计需求本身就有机会被定义出"设计问题空间"（Problem Space）与符合设计需求之"设计目标空间"（Goal Space），如此便可进一步利用信息技术寻求解决。西蒙更清楚指出"设计寻找法则"（Search in Design）作为信息技术解决设计问题；换句话说，设计是从"问题空间"到设计"目标空间"的寻找过程。在设计过程中，以"搜寻问题空间"为主要研究焦点时，普遍为选择以"解构模型"来探讨设计问题。有许多成功的案例显示，

22 杜威.民主·经验·教育 [M].彭正梅，译.上海：上海人民出版社，2009: 179.
23 杜威.哲学的改造 [M].许崇清，译.北京：商务印书馆 .2002.
24 刘放桐.重新认识杜威的"实用主义" [J].探索与争鸣，1996(8): 46–48.
25 杜威.艺术即经验 [M].高建平，译.北京：商务印书馆，2010.

将复杂设计问题与规范以层级方式加以解构，使之成为平行层级以及垂直层级的小问题，并借以简化设计问题的目标空间，能有效地让合作团队成员专注自己负责的层级问题，加速解决方案的搜寻。

而多专业合作式设计系统，主要利用各自不同的专业相互整合、合作进而完成复杂挑战。要平顺地完成合作设计，需要长时间的沟通协调才有实质帮助。如果能够清楚了解合作式设计之沟通行为，建立研究合作系统资料的处理模型，则将更有助于厘清合作团队架构模型，让合作的部分沟通作业，通过清楚的系统规范各司其职，则合作障碍即可有效降低。因此，皮特斯（Peeters）和图伊尔（Tuijl）分析了大量合作式设计过程，获得了设计营造合作系统中不同阶段主要合作行为之分类与整理，各合作行为分类详见下表 3-1。

| 主要分类 | 次分类 |
| --- | --- |
| 设计阶段 | 拟订设计目标<br>资料收集、设计概念发想及其解决方案<br>解决方案的分析与综合，形成设计概念<br>动手做设计<br>由初期、细部到设计完成的阶段发展<br>设计过程中的各专家知识回馈到目前的设计方案<br>基于回馈信息修正设计方案 |
| 规划阶段 | 专案时间规划<br>各专业分工计划<br>时间管控<br>时间计划与分工计划的检讨<br>基于检讨修正时间与分工计划 |
| 设计合作阶段 | 安排合作计划<br>实际分工合作<br>分工效能的评估与检讨<br>修正合作分工计划<br>沟通<br>文件信息辅助决策<br>决策拟定 |

表 2-4：设计合作系统中的合作行为

4. 团队合作中的互动行为

　　劳森曾于《设计师如何思考》（*How Designers Think*）一书中大篇幅谈到设计过程中与其他设计师互动的重要性，他认为设计并不完全是个人的活动和过程，它是一个群体的行为。设计师在设计过程中并不会只满足于自己，他们更需与其他人交流，并采纳他们的观点，以获得群体的一致认同的结果。设计常常是一个整合的（Collective）过程，它与群体成员之间的想法互动息息相关，并强调群体动力（Group Dynamics）对其表现的重要性，不管群体成员之间是竞争或是分工合作的角色。教育学家伯顿·克拉克（Burton R. Clark）和其研究团队也认同群体活动的必要性，认为群体活动具有易拥有较多的创意想法，并打破个人思考的局限，扩展知识领域等优点。群体设计能够加强创意思考的能力。伦科·范·德·卢格特也谈到，群体设计在探讨问题空间上能够产生较多的创新想法，并能发现潜在的问题，而得到较为全面的问题解决方向。而观察业界专家设计师的日志可以发现，大部分的设计师比起独自工作的时间，他们其实花较多的时间在与特定领域的专家顾问和同侪的互动上。设计活动依赖着个人的天分和创意，并与群体分享与支援共有想法（Common Ideas）。设计团队都有个体和群体各自的"工作空间"（Work Space），良好掌握个体想法和群体工作之间的平衡点是相当重要的。乔治·内勒（George F. Kneller）在他的创造力研究中也提出类似的看法："创造力有一个矛盾的地方，为了让我们具有原创的思考，我们必须熟知其他人的想法……而这些想法可作为我们创意点子的一个跳板。"也因此，设计活动被认为是一个社会过程（Social Process），其中，设计计划（Planning）、信息整合（Information Gathering）、问题分析（Problem Analyzing）和概念产生（Concept Generating）是群体设计过程中重要的步骤，而社会互动、成员的角色和关系更是群体设计研究中不可忽略的分析面向。

　　既然设计是一种群体的活动，群体中若要彼此分享想法，对其设计过程的了解是很重要的，其中，"交谈"（Conversation）有助于设计过程的了解，其也可以视为一种经验分享的延伸。劳森（2004）以建筑师为例说明，建筑师会常利用这些重要的分享概念来促进自己的设计想法，与同侪对话的语汇也常常会出现在复杂的建筑设计思维中。但设计实务操作较少举办一个正式的会议来讨论作品，较常出现的形式是在一个展览或是非正式的分享空间中介绍自己的设计，因此会无形中促进群体的思考并发展出一个对于"什么是好设计"的共同观点。而这主要依赖彼此概念的分享，借由群体对一个正在进行的设计案进行讨论，使得讨论内容在设计过程中浮现出来。陈超萃教授也谈到，群体的设计活动需要求个别参与者相互分享资讯，并组织设计任务和资源，尤其是比较复杂且大型的设计案例，在设计过程中常会牵涉到不同的人或群体相互合作的机会，而设计沟通（Design Communication）是设计发展过程的重点。

　　关于设计群体如何发展及共享一组共同的设计想法，彭教授在一些个案研究中发现有两种沟通的形式，他将之称为"构造"（Structuralist）和"隐喻"（Metaphorist）。所谓"构造"的方式，是说一组设计团队在一个主要的规则影响下工作，此规则是从计划之初、概念发想过程中就被群体所清楚熟知的形式。以西班牙著名建筑师安东尼·高迪（Antoni Gaudi）在巴塞罗那所设计的圣家堂（La Sagrada Família）为例，众所皆知的圣家堂建筑模型是用绳索将各种不同比例重量小沙包垂挂在模型上，借以计算建筑物所需的扶壁力量，其概念发想和模型制作不是只有高迪一人就可以达成，包含他的结构技师和雕刻家都致力于去完成这个想法。他们在设计的早期阶段即共同参与桂尔纺织村教堂的设计，以达到他们共同的目标。相反地，所谓"隐喻"的方式，是指参与者共同举出他们所拥有的想法，然后企图从中去找出可行的想法，组织它们，并将之整合。劳森在与建筑师的访谈中也验证了这个结果，但他进一步指出，"构造"和"隐喻"两种群体沟通模式很可能皆共同存在于同一个设计过程中，虽然设计实务中较倾向于使用"构造"的方式，但在这样被规则受限的设计模式中也需要更多的创新想法，因此"隐喻"的群体思考模式也需被鼓励使用。另外，从群体知识库中的概念来看，设计的解决方案也常能贡献至知识库中，一个设计案的完工、甚至一个草图或想法的形成，其解决方式都会被其他设计者所评论、探讨，并影响之后其他设计作品的发展。劳森在2006年以科隆的塞夫林桥（Severin Bridge）为例，认为其贡献不只是解决了人类横跨莱茵河（Rhein River）两岸的问题，它更为未来设计桥的设计师们提供了可用的大量点子。赫茨伯格（Hertzberger）也曾从设计教育的观点中提到，知识与经验的获得对设计训练具有重要性。拉克斯顿（Laxton）认为，设计新手若无丰富的经验，则不可能产生具有创意的结果，他提出一个以水力发电厂为隐喻的设计学习模型（Hydro-electric Model of Design Learning），此模型在形成之初即强调丰富的知识对设计能力的重要性，而此想法与上述赫茨伯格的观点不谋而合。

## 三、团队合作设计流程中的联结性体现

在团队合作设计中，关于组织共同探究和构思过程包括五个密切相关的阶段。在理想状态下，杜威提出以下五个阶段，可以在一个反复迭代的联结过程中加以考虑。[26]

1.探索和定义问题（第一阶段和第二阶段）

（1）不确定的情境。感觉某个明确具体的情境存在问题，但究竟问题出在哪里目前尚不得而知，都认为强调个人主观经验是探究过程中至关重要的开端，让目前的情境令人生疑，而且表达和分享这些经验至关重要。探究不是纯粹的逻辑过程，感受是一个有用的定向的存在，并贯穿每个阶段。

（2）问题的确立。先初步界定一下问题，在随后的迭代过程中再重新陈述和细化，其中措辞和问题的表述很重要，"构思问题的方式决定了哪些提议会被考虑，哪些提议会被排除在外"。在设计思维中，设定问题和寻找解决方案之间同样存在密切关系。合作设计伦理以这样的方式进行，即参与者能够表达和分享他们的体验。同情他人，并且参与者能够依据自己和别人的经验来探索和定义问题。理想情况下，这些交互过程都经过精心的组织，以便参与者可以共同投入到问题中，例如"我觉得目前情境中存在的问题是什么？""其他人的经验如何？"或"我们应该在哪个方向寻找更可能的解决方案？"这些问题都是杜威理解为伦理的问题。

---

26 John Dewey, Logic: The Theory of Inquiry[M]. Saerchinger Press, 2007(3): 101（注：本节的英文均出自上述专著，这是本节的基础）

2. 感知问题与构思可能的解决方案（第三阶段）

确定问题解决方案。在迭代过程中，问题和可能的解决方案是同时探索和进一步明确界定的，这和设计思维又有相似之处。事实的观察和暗含理想意义和想法的出现是彼此相应的。杜威提议最好利用感知来探索和定义问题，感知是指一个人对当前情境的视听触嗅味的能力，而最好利用这些设想来探索和制定解决方案。设想是指一个人想象和展望多种替代方案的能力的理想情况下，感知问题和设想可能的解决方案是高效地结合在一起的，就像构思不同的和更详细的解决方案有助于对当前情境形成不同的更精确的理解一样，不同的和更严谨的感知问题的方式有助于构思不同的和更具体的解决方案。

如上所述，有关表达分享和同情的合作设计伦理也与参与者使用他们的感知和构思能力的方式和程度有关。例如对于感知能力而言，他们可以将问题视觉化，并使自己与相关人员感同身受，对于构思能力他们可以使用一些工具来促进联合创作和创新，在理想状况下这样的感知和构思涉及道德想象和戏剧排练。协同设计的参与者运用他们自己的想法和感受来想象和系数当前问题化的情境，或者其他理想的替代情境。在这样的深思中，我们通过评估替代方案想象自己参与其中，从而单独或共同找出消除难点和模糊点的方法，我们会持续不断地想象，直到受某种因素一种看上去统一协调紧迫的利益需要及其他与情境相关的因素激发而采取行动。

3. 试用和评估解决方案（第四阶段和第五阶段）

（1）推理。不应该妄下结论或过快地接受　种解决方案。初步界定的问题与不同建议方案之间的关系需要评估，以便评价不同的解决方案解决问题的方式。理想情况下，参与者可以探索和定义项目的范围和界限，并且批判性地讨论手段和目的以及手段和目的之间的关系，这种系统性方法可以促进系统性思考，因为参与者越来越了解项目的范围和界限，一个系统的视角可以帮助他们产生创新的想法和解决方案。

（2）事实意义的操作特性。这个阶段是有关实际使用解决方案的。该项目变得更加真实，利害关系更高，确保参与人继续建设性的合作至关重要。他们可能需要表达并讨论各自的角色和利益，这可能会让他们之间产生冲突。然而，认识并应对这些不同的观点和动机很有必要，这有助于共同理解需要做的事情，以及他们该怎样合作，他们需要共同寻找有效的解决方案。如果不考察他们的角色和利益，那么风险在于某个角色或者某个利益将主导项目，就可能导致产生不大可行的解决方案。理想情况下，合作式设计的参与者甚至可以创造性地高效处理深层次和重大的价值冲突，并且形成各方都满意的解决方案。

因此，团队合作设计伦理也体现在参与者尝试不同解决方案的方式和程度上，中肯地讨论项目的范围和界限，并协商其不同的角色和利益，这样一种方法将帮助他们去探索伦理问题。项目的范围是什么？什么解决方案可行？联想和关联也就是联结性的思维是整个过程的关键。史蒂芬·费什米尔（Steven Fesmire）讨论了想象的两个作用：一是想象作为移情设计、作为一种直接设身处地地回应他人、回应他们的感受和想法的方式；二是想象作为跳出现有模式、创造出新的替代模式的方式。因此想象是抓住现在、着眼未来的能力。[27]

综上，本节的观点是可以把团队合作设计理解为共同探究和想象的过程，即一种反思活动期间现有的工具和材料，以一种新颖的方式创造性地汇聚在一起，从而产生新的东西。在这样的过程中，每个阶段之间的联结、迭代、检验起到了核心的作用，人们运用智慧的力量来想象未来，并且创造工具和手段来实现这种未来。

## 本章小结

本章基于设计过程展开对联结性设计思维的研究。首先对"设计过程"的研究发展和模型进行分析，从设计过程的内容和结构之间转换关系的角度提出设计是一个多层次的联结系统。为了更好地理解设计过程中构成联结关系的规则，第二节在微观层面上探讨设计过程中联结性设计思维可视化表达的前提是将设计推理的全部过程生成设计原案并将其解析为设计单元，每一个设计单元可以是一个想法、一个决策或一个步骤，并在某种程度上改变了设计

---

27 Steven Fesmire, John Dewey and Moral Imagination: Pragmatism in Ethics[M]. Indiana University Press, 2003(9): 67.

的状态，即相对于在这一单元出现之前的状态。并且设计单元是按时间顺序生成的，综合起来表达了设计思维的过程。此基础上建立起的正反两个方向的联结性设计思维表征，可以说是发散性思维和收敛性思维的循环应用。也就是说，揭示设计单元之间的联结性是理解设计思维的双重模式和达到设计综合的关键。

随后基于创造力和设计中的创造性思考，明晰创造力的知识在创造力的搜寻空间中只是问题空间的节点，而这些节点之间的联结线段是形成创造力更重要的因素，并在联结性设计思维的视角下提出三个产生创造力的策略，分别为联想与重组、推论以及建立"实用关联"的搜索过程。最后，在本章的最后一节探讨团队合作中的联结性设计思维，把团队合作设计理解为共同探究和想象的过程，即一种反思活动期间现有的工具和材料，以一种新颖的方式创造性地汇聚在一起，在这样的过程中，每个阶段之间的联结、迭代、检验起到了核心的作用，从而产生新的创造力。

# 第三章　联结性设计思维的方法研究

## 第一节　联结性设计思维的表达方法

联结性设计思维的表达的过程实际上就是思维可视化的过程。关于思维可视化的理论及在思维研究中的应用在第一章已经做过较为详细的阐述，在这里主要是针对方法的内容展开讨论。在以往思维可视化的研究中，有三种方法最适合联结性设计思维的表达，下文将一一说明。

## 一、思维导图法

思维导图法（Mind Mapping）又称为心智图，是一种思维的视觉表达方式，展示了围绕同一主题的发散性思维与创意之间的相互联系。该方法最早是由英国学者东尼·博赞（Tony Buzan）在20世纪70年代初期发明的。思维导图是实现放射性思考的一种方法。放射性思考是人类大脑中一种自然的思维方式，允许人们建立自己独特的想法和发展有组织的扩散联想。每一类型的数据进入大脑，无论是情感、记忆，或是数字、色彩、音符、香气、符号、食物、线条、节奏、意象等都可变为思考的核心，并由此向外发射出无数钩子，每个钩子都与主题进行联结，每个联结都可以成为新的中心主题，成千上万的钩子继续向外辐射……这些联结可以看作是一种信息存储，即个人数据库，每个人的联想数据库都是独一无二的。[1]博赞叙述这个创造心智图的过程是跟随：一个中心点或概念，围绕着中心字词，可以画出或写出五到十个与单字相关联的点子。然后探索这些单字，并且再画出或写出五到十个与这些单字相关联的单字或图像。最初博赞将它作为一种笔记方法进行创造，相较于传统的记录方法，它更加直观地将各个概念间建立起联系。[2]

多数人产生想法以及组织观念的方法有两种：一种是拟大纲；另一种是涂鸦。拟大纲的状况是线性的，但是人的思维绝对不是以线性形式进行的，而是不断地产生概念联结，可能在草拟大纲的时候，第一、二点做完，做第三点的时候想出与第一点相关联，以画箭头或回头将第一点加上，以至于最后完成的大纲草拟非常凌乱，此外，以拟大纲的方式会减慢思考

---

1 东尼·博赞，巴利·博赞.思维导图 [M].叶刚，译.北京：中信出版社，2009.

2 赵国庆，陆志坚."概念图"与"思维导图"辨析 [J].中国电化教育，2004(8)：42–45.

图 3-1：与思维导图结构相似的天然结构
图片来源：《思维导图》

的速度，扼杀思想的自由流动，以至点子在还没有形成的时候就要将点子组织起来，这是不合逻辑的，并且这种拟大纲的方式排除了大脑对于色彩、面向、综合、节奏和影像的能力，因此自始至终都只有一个颜色或形状的方式是在间接地扼杀创造力；而以涂鸦的方式来表达自己的想法，通常是释放大脑右半球，尽情地发散，但是涂鸦使得大纲越来越乱，因而对自己因做白日梦而产生罪恶感。[3] 而思维导图法刚好是这两种方法的结合，在人们做笔记的同时可以尽情发散思考，并且可以形成结构化的组织。用思维导图来思考，能使绘制者不会因过早进行组织而使思维受到限制，因为过早组织会抑制想法的产生。[4]

思维导图由中心的主题概念延伸出主干和分支，不断地进行发散式的联想，这样的结构刚好与大自然中许多的天然结构相同（如图 3-1 所示），显示思维导图的自然本质。在这个过程中，会发现出现了层次之间的逻辑顺序排列，人们会依照各个发散概念的属性予以分类，发现概念之间的从属关系或归属类别并予以组织化，这就是一种"结构化的逻辑思维顺序"（Basic Ordering

3 东尼·博赞, 巴利·博赞. 思维导图 [M]. 叶刚, 译. 北京：中信出版社, 2009.
4 孙易新. 心智图法理论与应用 [M]. 台湾：商周出版社, 2014–2.

Ideas，简称 BOI）。[5] 这是在做心智图法的过程中非常重要的结构和技巧，不仅可以从心智图同一层次的节点数目看到思维的广度，也可以从一个分支的长度看到思维的深度；离中心节点近的为主要原因，离中心节点远的属于对主要原因的进一步发散。[6]

在设计领域，设计师可以通过思维导图将想法视觉化，并结合与主题相关的各种因素进行分析，从而将其进一步结构化。图 3-2 为设计过程中的思维导图，它能直观并整体地呈现一个设计问题，对定义该问题的主要因素与次要因素十分有用。思维导图也可以启发设计师找到设计问题的各个解决方法，并标注每个方案的优势与劣势。一个简单的思维导图能启发

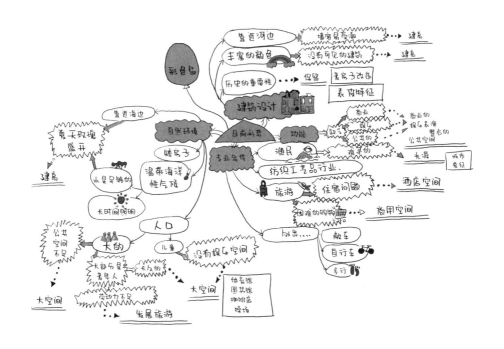

图 3-2：设计中的思维导图
图片来源：学生作业

---

5 东尼·博赞著，孙易新译. 心智图法基础篇：多元知识管理系统 [M]. 美国：耶鲁大学出版社，2002: 63.
6 赵国庆. 概念图、思维导图教学应用若干重要问题的探讨 [J]. 电化教育研究，2012, 33(5): 78–84.

设计师找到解决问题的头绪，并找到各个头绪之间的联结关系。当然，思维导图也可以用于设计项目中的问题分析阶段，或帮助设计师在报告中整体展示"神秘"的思维层面的设计过程。

思维导图的使用流程分为以下五个步骤：第一步，将主题的名称或描述写在空白纸的中央，并将其圈起来。第二步，对该主题的每一个方面进行头脑风暴，绘制从中心向外发散的线条并将自己的想法置于不同的线条上。整个导图看起来仿佛是一条条驶离城市中心的道路。第三步，根据需要在主线上增加分支。第四步，使用一些额外的视觉技巧，如用不同的颜色标记几条思维主干，用圆形标记关键词语或者出现频率较高的想法，用线条连接相似的想法等。第五步，研究思维导图，从中找出各个想法相互间的关系，并提出解决方案。在此基础上，根据需要重新组织并绘制一个新的思维导图。思维导图的主要用途在于帮助设计师分析问题，因此在使用过程中要不受限制地将大脑所能想到的内容记录下来。在进行小组作业时，首先每个人独立完成自己的心智图，然后再集中讨论、分析会更有效。目前，在互联网上可以找到一些绘制思维导图的软件。使用计算机绘制心智图可能会对设计师的思维有所限制且不利于团队交流，相比之下，用不同的色彩手绘心智图可以更加自由，也能让画面更具个性。当然这个方法也有其局限性。思维导图是对某个设计项目或主题的主观看法，本质上讲只是个人脑海中的思考路径。此方法在设计师独立作业时十分有效，也适用于小型团队作业，但在团队项目中导图作业需要提供额外注释说明，以供团队间成员讨论交流。

## 二、概念图法

第二个方法为概念图法，是康乃尔大学的诺瓦克（J. D. Novak）博士于 1960 年根据奥苏贝拉（David P. Ausubel）的"有意义学习理论"（Meaningful Learning）提出的一种教学技术。[7] 他强调当学习一个新概念的时候，拥有"先备知识"[8] 的重要。[9] 先备知识就是学习者必

---

7 徐洪林，康长运，刘恩山 . 概念图的研究及其进展 [J]. 学科教育，2003(3): 39–43.
8 先备知识即学习者必须具备相关的知识或概念，亦即学习者必须事先具备足够供联结新学习概念的既有概念架构，也有学者称之为先验知识。
9 Goldstein, J. Concept Mapping, Mind Mapping and Creativity: Documenting the Creative Process for Computer Animators[J]. SIGGRAPH Comput. Graph., 2001, 35(2), 32–35.

须具备相关的知识或概念，任何新知识的传授或教学若不能与学习者在学习之前就已经具备的知识结构网路产生联结的话，则这项新知识能被学习者记忆下来的可能就微乎其微，更遑论更高层次的理解分析。[10] 而有意义的学习便是指个人将新的概念或信息与旧结构中的问题进行联结，不断解决两者间的冲突，使之成为完整的认知结构。[11] 而诺瓦克教授认为概念图是用来组织和表征知识[12]的工具。它通常将某一主题的有关概念置于圆圈或方框之中，然后用连线将相关的概念和命题连接，连线上标明两个概念之间的意义关系。[13]它就像是网络一样，以许多节点和箭头联结不同的概念，类似于知识结构的建构方式，以网络关系来表现，而单独的概念并不足以构成一个概念意义，概念意义是由节点和节点之间的联结关系所形成的。这也可以解释人类的记忆，对于每一个概念的记忆并不是单独地贮存许多各自独立的节点，而是以一个较为复杂的"关系网路"联结在一起而被贮存。[14]在概念图里可以没有特定的方向，而且没有中心的概念节点，所以每一个人被鼓励要发现属于自己的概念架构；概念和联结随时都有可能改变，它们被联结成特定的概念或组合而成的概念，或者被分离成原因的种类或暂存关系的种类。[15] 在这样的思考过程中能显现出人的思考脉络，图3-3展示了概念图的建构过程。

概念图的四个要素包含概念（Concepts）、命题（Propositions）、交叉链接（Cross-links）和层级结构（Hierarchical Frameworks）。在许多心理学和教育学文献中，"概念"一词被定义为物体或事件的共同属性，这些物体或事件被归为同一类别，并以相同的名词命名。另有一些学者关注概念之间的交互、连接关系，认为概念是事件或对象的共性，只能通过一定的名称或符号来表达。[16] 而命题是以某种特殊的方式将两个或多个概念联结起来，便可以构成

---

10 余民宁. 有意义的学习：概念构图之研究 [M]. 台湾：商鼎文化出版社，1999: 28.
11 希建华，赵国庆，约瑟夫·D. 诺瓦克."概念图"解读：背景、理论、实践及发展——访教育心理学国际著名专家约瑟夫·D·诺瓦克教授 [J]. 开放教育研究，2006(1): 4–8.
12 表征知识指知识结构存在于人类心理的内在表现方式，即人类对知识的记忆或储存形式。
13 赵国庆，陆志坚."概念图"与"思维导图"辨析 [J]. 中国电化教育，2004(8): 42–45.
14 余民宁. 有意义的学习：概念构图之研究 [M]. 台湾：商鼎文化出版社，1999: 26.
15 Goldstein, J. Concept mapping, Mind mapping and Creativity: Documenting the Creative Process for Computer Animators[J]. SIGGRAPH Comput. Graph., 2001, 35(2), 32–35.
16 朱学庆. 概念图的知识及其研究综述 [J]. 上海教育科研，2002(10): 31–34.

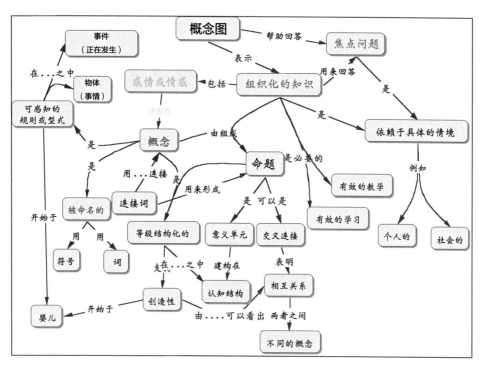

图 3-3：概念图的构建过程
图片来源：《概念图与思维导图》

一道命题。例如"苹果是红色的"这个命题，即是将"苹果""红色的"两个概念联结而成的一道完整语句；又如"世界存在许多人种"是一个命题，它不是一个概念，而是由数个概念组合而成的。交叉联结表示在不同知识领域中的概念所存在的相互关系，其具有两种结构含义：第一种指在同一知识领域的结构，也就是说，同一知识域的概念依据水平高低被安排在不同的层，概括性最强的是在顶部，具体事例在图表的底部，一般从属的是在中间层。第二种指的是不同知识概念之间的结构，即不同知识域可以产生超链接。各个知识域之间也可以通过超链接进行背景资料和文献知识的共享。

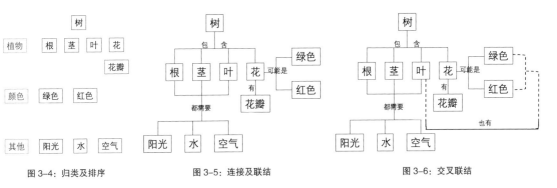

图 3-4：归类及排序　　　　　　图 3-5：连接及联结　　　　　　图 3-6：交叉联结

图片来源：《有意义的学习：概念构图之研究》

在这个方法中，最重要的就是概念之间的联结关系。因为单独的概念无法构成意义，而必须与其他的概念建立起某种联结的关系，这时候才能成为被知觉到的意义；而概念与概念之间的联结可以通过一些形容词或联结语来辅助概念意义的精确程度。[17] 概念图的结构就如网络结构一样，由连接线联结各个概念之间的关系，甚至于人们可以通过特殊的方式，如类推、比喻、隐喻、举例等，将它变成一个新的概念，并且更帮助人们解释或诠释这样的概念以让别人了解。在概念构图的过程中，人们一定会先从自己的某一个概念节点出发，沿着关系联结的线路慢慢去提取大脑内的知识。这是一种搜寻的过程，在这样的过程中，各种类似的概念会有先后次序地从人们的大脑被提取出来，而这样的次序因每一个人的"背景"的不同而有所不同，这种"背景"即与每个人自己所具备的知识和经验或者想要学习的观点有关系。[18]

由于概念图将复杂的资料转化为容易理解的以及整合的特性，可将这个简化过程视为一种"设计"的过程，并特别强调它的整合能力，这样的特性与收敛思考模式不谋而合，所以在研究的部分加入概念图的构思过程，主要目的是帮助创意思考复杂的概念延伸过程，分类和整理出联结关系的脉络，找出选择的结果，实现收敛思考的目的。余民宁先生总结出概念图绘制流程的三个步骤，分别为归类与排序、连接与联结、交叉联结。[19] 首先，归类与排序即将所有的概念进行分类，并将每一类的概念性值包含最广、最具概括性或最一般性者排在最上端，依序排列下去，到所有概念完成为止（见图 3-4）；接着，尝试以连接线将概念两两串联起来，并在连接线旁边加上连接语，说明两者之间的关系（见图 3-5）；最后，可以打破思考架构的框框，再尝试以不同的观点来架构新的连接线和连接语，而且可以跨越不同类群之间的概念（见图 3-6）。

---

17 余民宁. 有意义的学习：概念构图之研究 [M]. 台湾：商鼎文化出版社，1999: 52.

18 赵国庆，陆志坚. "概念图"与"思维导图"辨析 [J]. 中国电化教育，2004(8): 42–45.

19 余民宁. 有意义的学习：概念构图之研究 [M]. 台湾：商鼎文化出版社，1999: 86–89.

在这里可以很明显地发现，概念图与心智图在制作上的方式不同：概念图是先罗列所有概念，然后建立概念和概念之间的关系，一幅概念图中可以有多个主要概念；然而心智图则是以一个中心概念向外发散，随着思维的不断深入，逐步建立的一个有序的图。[20] 概念图就像一个网络一样，也像超联结的文件，一个节点通到另一个联结。但创造一个像网路的概念图，并不是可以马上就有所有面体的广泛视野，要不断地以多种方式去组合它。

## 三、原案分析法

第三种表达联结性设计思维的方法就是原案分析法，该方法是个很好的收集第一手而且是原始数据的方法，以去研究人类在创造设计时的认知现象。[21] 一个设计过程也可看成处理信息的先后次序，或者是发生在设计师心智中为解设计而作的信息处理过程。如前文所说，大脑就像一个黑箱子，无法透明地显示出思考的过程。要了解思考过程，仅通过思维导图和概念图的表达，掌握细部是不太可能的。因此要调查人类如何解决问题。做决策，最重要的是收集到能探测人类行为、推理和动机的幕后资料。这些心智数据可以由面对面地询问一些特定问题而得到。最早收集心智资料的方法是 1890 年前后完形心理学者研究人类行为所用的内省式口语报告法。[22] 这种方法是让受测者汇报测验者的询问或内省回答出一些关于过去、以前已做过的行为。这个方法在心理学领域已经应用实践了一段时间。在设计中，曾有学者用录音带访问设计师研究设计过程中所用的操作单元，以及解题行为的认知过程。[23] 在口语形式的报告中，受测者公布的数据会根据个人的推测或计算而来，并不是理想状态下受测者回忆起设计过程中的相关资料。因此，这个方法是在过程结束以后做反省，可能存在受测者潜意识里对过程进行有选择的回忆或修正，导致数据并不是百分之百的还原。相似于在教学期末评图答辩时，学生会做出可能的理由辩解设计意图，于是追忆法在此时出现了。

20 赵国庆 . 概念图、思维导图教学应用若干重要问题的探讨 [J]. 电化教育研究，2012, 33(5): 78–84.
21 陈超萃 . 设计认知：设计中的认知科学 [M]. 北京：中国建筑工业出版社，2008: 105.
22 K. Anders Ericsson and Herbert A. Simon. Protocol Analysis: Verbal Reports as Data[M]. Cambridge. MA: MIT Press, 1984: 48–62.
23 Darke Jane. the Primary Generator and the Design Process[J]. , 1979, 1(1).

追忆口语法是安排受测人做一系列心理测试，在测试完成之后马上询问心智历程。在追忆特别事件时，受测者通常会真正回忆刚发生的特别经历。这个方法相对内省法的优点是要求受测者在做完一事之后，立刻报告刚完成而且必须以事件为主导的过程数据。由于活动才刚完成，因此心智数据不会完全被忘记而可追溯。但这个方法仍然是在事后追想回忆，不能够掌握全部细节，也有编串的隐患。于是，同步叙述法就产生了。同步叙述法就是要当事人把当时在心理进行的任何思考全部讲出来，以便获取数据的程序。埃里克松和西蒙证明了，同步叙述报告中受测者不会变动任何认知过程，也能外显其关注过的信息。[24]这个方法是在受测者进行某事时，同时探查受测者所需带动后续步骤的关键数据，即所谓的操作单元。但在实验情况下收到的回答对应可能与日常生活中的行为不同。不过，经过模拟真实的情况、询问经过设计的问题，并观察真正行为，所收集到的数据应该足够可靠以至能建立起一个值得信赖的模式。

因此，对于设计研究中思维的可视化，最恰当的研究方法是"原案口语分析法"。结合上述方法的优点，原案口语分析法是将思维过程通过影像完整地记录下来，并存储为原案数据后再分析。由于有了原案口语数据，学者更能把人类认知过程有效地经由计算机程序进行模拟。在建筑设计的研究里，一些调查结果是以此方法经过"控制实验"去确认设计中所用的心智运作和表征，由口语数据中将认知行为模式化，以及用此方法分析设计活动和

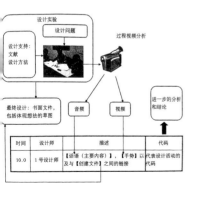

图 3-7：原案分析过程
图片来源：《设计问题：第 2 辑》

24 陈超萃.设计认知：设计中的认知科学 [M].北京：中国建筑工业出版社，2008：105.

设计行为。[25] 其他领域使用原案口语分析法的研究还包括工业设计、机械工程、软件设计等。

　　典型的原案口语分析主要包括三个步骤：（1）设计师设计问题的解决方案，捕捉分析所需的数据。（2）形成转录文本。（3）编码、分析、得出结论（见图3-7）。全部设计活动都被摄影机捕捉并转录，好比将设计者的语言和行为转录成文本；人们可以阅读和分析该文本并发现其中具有价值的信息。在这一过程中，需要设计师参加一个或一系列与解决设计问题有关的讨论活动，要求设计师运用"有声思维方法"表达他们的思想。全部讨论活动都用视听设备进行拍摄和录制，然后将该数据进行转译，即转译成文本资料。之后将文本资料进行分类处理。最后，设计研究者基于文本资料进行设计思维过程的深入化研究。

　　面对全球化的竞争压力与快速的产业升级状况，过去个人设计师的工作形态转向团队合作的内容，因此在设计领域，并不仅仅局限于一个人进行问题解决的研究，经常会有一个小团队一起进行设计活动，包括生成和发展设计概念。在团队合作的研究中，对于言语有效性的担忧是无关紧要的，因为团队成员在一起工作时自然会相互交流，因此对话的记录是实时思考的真实口头输出，团队成员间的交谈在一定程度上是思维的反映。在最近的许多关于设计思考和行为的研究中，记录了两人、三人、四人或五人小组成员的对话，以产生可分析的原案数据。尽管存在差异，但个人和团队的口头记录具有可比性，可以用同样的方式进行分析。事实上，个人与团队的推理可以彼此之间相互比较，个人设计师是一个与团队相似的单一系统。[26] 在设计中出现的较为特殊的一个问题是，一些沟通或个人的思考不是口头的，而是以图形的形式。设计师在尝试解决设计问题或者讨论解决方案时习惯于画草图。非正式的草图可以准确地表达设计想法，设计师在画草图时并不一定会附上文字。这可能使分析口头数据变得困难，特别是如果研究人员在设计期间不在场的话，因为它们可能因草图取代文字而出现"空白"。出于这个原因，研究者通常会使用录像而不是录音，因为录像可以捕捉素描以及手势和其他非语言的行为。

25 Masaki Suwa, Terry Purcell, John Gero. Macroscopic Analysis of Design Processes Based on a Scheme for Coding Designers' Cognitive Actions[J]. Design Studies, 1998, 19(4).
26 陈超萃. 认知科学与建筑设计：解析司马贺的思想片段之二 [J]. 台湾建筑，2015.

与其他方法相比，同步式原案分析已经成为设计思维的主要研究方法。如果严谨地运用，原案分析是可靠和有效的。它要求受试者将他们的想法用语言表达出来，而不是试图提供多余的解释，并且系统地进行解析和编码。在这些条件下，我们可以较真实地探究思维的过程和序列，这是通过其他方法做不到的。这种方法特别适合于研究定义明确的问题。而在定义不明确的问题（如设计任务）时，要得出具有普遍适应性的结果并不容易。尽管如此，原案分析仍然是一个值得研究和采纳的方法。

在这一部分的讨论和实践中，我们得到一个很重要的经验是原案分析并不适合时间跨度大的设计任务。代尔夫特的任务持续了两个小时（已属于长时间），但大多数设计任务花费的时间要长得多，在设计任务的整个过程中，试图记录思考的会话甚至团队会话是不实际的。因此，必须清楚地认识到，作为一种研究方法的原案分析只限于短暂的时间——不超过几个小时。幸运的是，对认知过程的研究不需要长时间的拉伸，而且因为分析单元很小，所以在相对较短的时间内就可以获得足够数量的数据分析单元。因此，如果研究对象是从认知的角度来探究设计思维，原案分析是一种合适的方法。

思维可视化研究为设计认知可视化研究提供了有价值的参考，并将有关语义的知识应用到可视化网络中，为设计活动中思维过程的研究提供了一种有效而直观的可视化方法。本文基于经典设计认知模型，运用原案分析法在设计过程中记录有效的语言信息，同时建立思维可视化模型，进一步研究联结性设计思维，探索个体与团队设计过程中的联结规律和概念生成，并通过对设计过程的分析和设计系统的搭建，在联结的视角下捕捉思维过程中的图形特点，分析设计过程中的关键步骤、关键路径、创造力的形成条件以及团队合作等相关问题。

## 第二节 联结性设计思维的记录方法

### 一、原案资料的转译

继用录影的形式把设计过程记录下来以后，下一个步骤就是原案资料的转译分析工作。原案是在问题解决或其他活动中将事件过程以影像视频作为记录，并将图像和录音结果转录为文字笔录，而这些记录就是设计者和研究者想要捕捉的思维过程，完整而未经编辑的文字记录为研究提供了原始数据。对原案资料的分析过程包含三个主要的步骤，首先将原案资料转译为文字资料，之后给予分断，最后再针对每一个断句去编码。其中，转译部分需搭配设计过程的影像资料。在资料分析过程中，可通过设计者的口头叙述或成员间不断讨论所组成的连续性语句来了解设计思考行为转移中的概念的发展与演化，并判断什么时间点出现产品设计的关键语句，且产生的干预很小。口语断句能看到设计的片段中设计者的想法、脑海中的物品意象图的转换及思考程序。而断句的前置作业是将设计者们在设计过程中的口语资料区隔开来，使其中一位设计者在连续发言时将表达的设计意象图做进一步的断句。

纽韦尔和西蒙使用的原案资料断句法是由"信息处理理论"的角度，经由不同的心理实验，系统的前后发展而出的。[1]他们认为收集到的原始资料首先需转成原案文字表，即化设计者的口语成文字表格。该文字表格以长于 4 秒的停顿作为分割界限，从而进行原案叙述。一个标准的原案叙事是使用最基本的措辞方式，不加解释地述说一个观察或一种经验。[2]陈超萃先生将此方法与拜恩的两秒分界法做区分，因为设计过程涉及许多图形视觉活动。[3]一些其他的研究也说明视觉收到的数据只能在短期记忆中保存两秒，并且要花几百毫秒到两秒时间由长期记忆中搜寻相关数据。[4]这停顿时期里，由收到视觉刺激、保存视觉码于短期记忆，再由长期记忆中回收信息的全部反应时间大约是 4 秒。任何长于 4 秒钟的停顿都表示下一个叙述可能会出现新的知识组集。因此，纽韦尔和西蒙所遵循的短句原则为停顿时间长于 4 秒作为依据。

1 陈超萃 . 设计认知：设计中的认知科学 [M]. 北京：中国建筑工业出版社 , 2008: 109.
2 Allen Newell, Herbert A. Simon. Human Problem Solving[M]. Englewood Cliffs, NJ: Prentice-Hall.1972.
3 陈超萃 . 设计认知：设计中的认知科学 [M]. 北京：中国建筑工业出版社 , 2008: 109.
4 Herbert A. Simon. How Big is a Chunk[J]. Science, 1974, 183: 482–488.

本研究的断句技巧主要以马赛·诹访等人的研究中所使用的定义延伸而来。[5] 所有的断句中包含了认知活动，在单一个的断句中可能涵盖了数个语句，必须对于特定的项目、功能、标题做出一致性的描述，若出现特定项目、功能、标题等两种以上的描述，并将其划分成不相同的断句，在此定义之下，任何的口语资料可能包含了上百个语句分段。在创意设计过程中包含了设计动作与回溯口语等情况是相当平凡的，为能控制断句等因素的客观性，若断句的类型不同，必须说明断句判断依据，以下为不同情况的描述：

1. 意象图转移式断句（Focus-shift Segment）：设计者的思考从初始的意象图转移至另一个意象图，而两者无明显的关联性。

2. 若口语包含了多个意象图，则需将这些看似一致的语句分为数个断句。

除了上述两种外，在团队的口语资料的断句过程中，较为复杂的思考过程需配合当下的设计动作，通过前后关系多次的比对后，才能判断意象图转换与否。因此，在编码上增加此两项：

1. 双方交换发言时：团队讨论过程中，交换发言的过程意旨一个新断句的产生，若一位受测者的发言未中断，但另一位受测者发言被中途打断，将计算成两个不同的断句。

2. 通过肢体动作表达时：在讨论过程中，受测者以肢体动作表达概念时，与口语上的表达有所区别，甚至表现的意义上也不同时，将受测者肢体动作传达的概念编为新的断句。

再者，就是图面资料的断句。设计的过程拥有口语资料断句与图面资料断句两种模式，主要是通过设计过程中所产生的图像信息与设计所提供的范例图像信息加以诠释并进行编码作业，此步骤也属于资料断句的一部分。特别是在团队合作设计中，由于团队设计的过程涵盖了成员之间沟通等因素，因此单独只有说出的口语资料是不足的，图像与文字上的表达也是概念延伸的重要依据，在诹访等人的研究中，对于设计师与草图的互动及草图的贡献价值有详细描述。[6] 而草图在设计过程中的呈现方式与重要性，等同于口语资料的传达意义，因此

5 Suwa, M. Content-oriented Protocol Analysis Coding Scheme[J].Key Centre of Design Computing and Cognition.1998.
6 Masaki Suwa, John Gero, Terry Purcell. Unexpected discoveries and S-invention of design requirements: important vehicles for a design process[J]. Design Studies, 2000, 21(6).

图面资料的内容纳入断句中是必须的。而断句的判定可分成两种：

1. 绘图动作中断：受测者在绘画草图过程中，仍无发言而停下笔进行下一个部分或完全中断思考时，这样的绘图编为一个新的断句。

2. 完整画完单一概念：完整地画完一个区域或完整地结束一个概念形体，进而编辑其他图面或文字时，此过程编为一个新的断句。

## 二、建立编码体系

以上的步骤为原案分析的前期处理，下一步骤是将分段后的资料加以编码。编码通常是根据研究的目的对收集到的文字和图面资料加以分类及编码，各类别间是互相独立、不重叠的；而分类方案因资料特性不同，在分析时会有所修饰。所设类别必须与研究目的和细节密切相关，以及分类编码后的资料经统整后可进一步推论个体内在的认知过程。[7] 其中值得注意的是，类别的数量是很重要的，主要是因为很难用太多的类别和子类别得出有意义的结论，同时也因为大量的类别使得编码工作变得困难和不可靠。在可信度和类别数量之间取得适当平衡的一个好方法是从较大的类别集开始，然后使用试错法减少它们的数量。可以将具有非常少的编码单元的类别舍弃，可以或与相关类别合并。爱立信和西蒙（1993）发表了一项研究，表明类别从 30 个减少到 15 个的益处。[8] 这是许多研究人员易于忽略的一个重要的地方，如果类别过多就会导致一个分散的结果，无法在研究过程和结果之间建立一个可辨别的关联关系。

类别的性质是最重要的，例如以设计步骤、设计想法或基于时间为分析单位的性质一样，它取决于研究的目的。在设计研究领域中，已经提出了一些通用或普遍的设计方案，如巩特尔（Gunther）等人提出的面向过程的分类方案中包括明确设计任务、寻找设计概念以及修正概念。[9] 再比如约翰·格罗（John Gero）提出了目前为止最著名、最完善的通用分类的方案，

7 Simon, H. A. the Structure of Ill Structured Problems[J].Artificial Intelligence, 1973, 4(1): s181–201.

8 Ericsson, K. A., and H. A. Simon. Protocol Analysis: Verbal Reports as Data[M]. MIT Press. 1993.

9 Günther, J., E. Frankenberger, and P. Auer.Investigation of Individual and Team Design Processes[J]. In Analysing Design Activity, ed. N. Cross, H. Christiaans, and K. Dorst. Wiley.1996: 117–132.

被认为在设计领域或设计研究领域中都是最有效的。该方案由功能、行为和结构三个主要类别组成，这些类别被称为"FBS"模型。[10]它们分别有如下定义：功能（F）功能对应于使用者对系统的需要，如依照目前需求的目的发展的功能；行为（B）对应于系统所预期和实际的表现，如系统与子系统的；结构（S）指设计过程中对于物件结构、材质、造型等的设计。其中行为又分为预期行为（Expected Behaviors：Be）与实际运作行为（Actual Behaviors：Bs）。此理论核心思想的设计活动是设计者在所感知的环境下拥有目的、决策、探索及学习的运作过程，设计目的在于改善或创新原始产品的功能需求，通过使用者对于设计物认知的预期行为至设计物结构的实际操作方式，最终则是设计物的呈现，功能及结构并非直接转换，而是通过其运作模式进行转换，可用来解释设计过程中设计者们的思考行为的关联。"FBS"模型过程的设计思考转移共有八种，分别解释不同设计阶段之间的相互作用关系，思考转移意指设计师在思考过程中由一个思考类别转移至另一个思考类别，也代表设计师们不同思考行为的转换过程，如图3-8所示。

图中的八种思考转移模式分别为：（1）F——Be：构想，针对设计议题需求，提出可能的功能与预想运作情境。（2）Be——S：综合，经由预想使用者行为与情景模拟，分析设计议题所应具有的结构与可能发展的造型。（3）S——Bs：分析，通过设计议题产生的结构造型，发展产品的实际运作方式。（4）Be——Bs：评

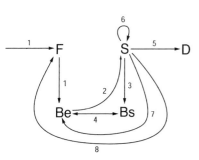

图 3-8："FBS" 模型
图片来源："Design prototypes"

10 Gero, J. S. Design Prototypes: a Knowledge Representation Schema for Design[J]. AI Magazine, 1990, 11(4), 26–36.

估，以预期行为与实际行为相互评估概念的可行性。（5）S——D：图面呈现，对于产品外观、造型与结构进行图面的绘制。（6）S——S：结构之修正一，产品外观、造型与结构的再次修正。（7）S——Be：预期行为之修正二，以产品外观、造型与结构进行使用者情景模拟并再次修正。（8）S——F：结构之修正三，将产品功能与产品外观、造型与结构之再次修正。"FBS"模型相关研究仍然扩展至更广泛的行为认知相关议题，如认知心理学中的描述性模型，涵盖了设计过程及进程，其中也连接了学科间的操作，而规范性也是描述性模型[11]，运用"FBS"模型来解释设计过程是目前较为常见的编码分类方法。

　　除此之外，马赛·诹访（Masaki Suwa）和他的同事进行了一系列非常详细的原案研究，主要研究设计师的认知过程，特别是在草图的行为方面，分析的单位是设计片段，此概念与第二章介绍的设计单元的概念相似。诹访等人的分类类别是利用设计行为作为区分，并运用四种行为认知层次分析设计片段属于何种层次进行编码。[12]四种层次分别为：（1）肢体层次（Physical）：指身体的活动，例如手拿笔画图的行为。（2）视觉层次（Perceptual）：对视觉空间的感知活动，如形状、材质、相似与对比等感受行为。（3）功能层次（Functional）：非视觉空间信息的描述性活动与人的心理反应，如功能条件或使人有快乐、激励、魅力等情绪。（4）概念层次（Conceptual）：非因身体的生理活动及视觉空间感知而引发想法的概念性活动，如好坏或美丑的评判，或设定目标、探索知识等。这些研究表明，认知设计行为的基本原理可以在微观层面上建立起来，而草图作为一个扩展的外部记忆，可供设计师在后期的设计过程中使用。诹访等人指出了他们遇到的一些困难，其中包括难以对模棱两可的行为以及讲话中的非连贯性语言，特别是草图中可能导致并发认知行为的多种解释（即草图行为的不确定性）等进行分段编码。诹访和同事在研究中采用的方法是回顾性的原案分析。全程视频记录这个设计师的设计过程，在播放录像视频时，分析评论设计师的意图和行为。

11 John S. Gero, Udo Kannengiesser. the Situated Function–Behaviour–Structure Framework[J]. Design Studies, 2003, 25(4).
12 Masaki Suwa, Barbara Tversky. What do Architects and Students Perceive in Their Design Sketches? a Protocol Analysis[J]. Design Studies, 1997, 18(4).

根据以上的两种分类方案，在本研究中，设计单元包括了所有的设计想法，但也包括了推动或有推动潜力的构思过程以及其他的贡献。考虑到这些起推动作用的设计单元是否会对创作过程和结果产生影响，所以决定加入这些元素。研究中没有包括讨论后未推动设计构思向前发展的情况，如基本重复想法、一般同意的声明或与促进有关的讨论。在联结性设计思维的研究中，应该对每个设计单元都按顺序编号，并归纳其类型而进行编码。各部分也由做出贡献的参与者编码，以便在稍后的过程中分析团队中成员的贡献和合作模式。因此，在本研究中原案资料转译为设计单元的规则标准如下（表3-1）：

| No. | 参加人员 | 设计单元 |
|---|---|---|
| 1 | D | 每个人都有自己的无人机，他们派人去接收包裹 | 构思 |
| 2 | A | 所有这些资源都没有意义，我不介意去超市 | 评论 |
| 3 | C | 如果无人机进入超市。怎么会掉下包裹？ | 问题 |
| 4 | B | 超市的扫描系统 | 构思 |
| 5 | D | 传送带 | 构思 |
| 6 | B | 无人机扫描抽屉后将其放入，您还需要扫描 | 构思 |

表3-1：设计单元编码示意

1. 构思（I）：与设计任务相关的新解决方案或部分解决方案，如"一个可以变形的鼠标""变成平板装的方便收纳"，在这里不需要对这些想法的质量做出判断。

2. 规范（S）：有关设计要求或感知要求的陈述，如"鼠标的表面材料不应该让手感到不适"。

3. 问题（Q）：与设计任务相关的问题，可以激发想法或引导特定方向的构思，如"怎么会在雨中工作？"

4. 知识（K）：当参与者分享可以激发想法或引导特定方向的想法的知识时，如关于现有解决方案的信息或相关的个人经历，如"我在超市看到过类似的服务"。

5. 评论（C）：包含有可能激发想法的新信息的任何其他陈述，如"这个想法也可以帮助有流动性需求的人"。

## 三、建立联结的类型

对建立联结关系的规则进行分类也非常重要，用以表明所发生的思维类型，可供不同目的的分析和研究。在以往的研究中，格里斯基维茨（Gryskiewicz）根据创意解决问题过程中的想法与问题相关的方式对其进行分类。他使用了一个典型的重新设计任务，即"还有什么可以装在茶包里"。[13] 然后，他研究了现有产品和新想法之间的关系，他提出了四个截然不同的类别，分别为：第一，直接类，提出的新想法直接解决了设计问题，不需要任何修改，并且很好地保持在给定问题的约束范围内。第二，补充类，解决方案涉及产品的新用途，其中产品内容和产品功能相互作用。第三，修改类，解决方案涉及结构变化。第四，平行类，解决方案涉及产品结构中使用的材料的不同功能。不同于格里斯基维茨的是，在伦科·范·德·卢格特的研究中，他舍掉了格里斯基维茨提出的四个思想关联类型中的第一种类别，因为他的研究目标是从一个局部的角度来观察发生在前一单元和后一单元之间的转换特征[14]，而补充、修改和平行这三种类别的划分可以用来分析推理过程中的构想发展间的转换特征：其中补充类的联结为小而辅助的变化，设计单元之间的关系是基于对同一构想的细微改进；修改类的关联提供了构想的结构性变化，同时保持了现有的思路，前一个设计单元的主要方面仍然存在于后一个设计单元中；而对于平行类型的联结定义为即使有迹象表明两者之间存在某种联系，但在当前的观念中并没有早期观念的直接作用，大多数平行联结是基于自由联想。[15]

以格里斯基维茨和伦科·范·德·卢格特的研究作为参考基础，在联结性设计思维的研

13 Gryskiewicz, S. S. a Study of Creative Problem Solving Techniques in Group Settings[D], University of Lodon, 1980.

14 Remko van der Lugt. Developing a Graphic Tool for Creative Problem Solving in Design Groups[J]. Design Studies, 2000, 21(5).

15 Remko van der Lugt, R. Brainsketching and How it Differs from Brainstorming[J]. Creativity and Innovation Management, 2002, 11, 43–54.

究中使用的联结类型编码如表 3-2 所示。

| 编码 | 联结类型 | 示例 |
|---|---|---|
| P | 平行：重复的想法，应用于新的背景 | 运送包裹的电梯慢慢地从无人机上降下来；电梯把包裹从屋顶送到地面 |
| I | 补充：进一步发展解决方案的补充 | 电梯把包裹送到地面；在公寓的底层有一个公共的集合点 |
| N | 新概念：由问题或评论产生的新设计概念 | 无人机必须知道它把东西送到了正确的人那里；顾客有唯一的密码来解锁包裹 |
| A | 替代：更改元素或应用于新的背景 | 运送包裹的电梯慢慢地从无人机上降下来；有一台起重机把包裹从无人机上吊下来 |
| T | 发散：通过一个共同的主题进行认知联想 | 客户通过语音提供服务反馈；顾客可以给无人机充电作为送货小费 |

表格来源：作者根据本研究绘制

表 3-2：联结类型编码方案

　　为了提高判断的一致性，当符合下列一项或多项准则时，也可建立联结关系：除语言以外的一些明显的迹象，如根据手势判断是否存在联结关系；存在功能、行为或结构上的相似性；设计单元是按顺序进行的，并且是在同一个思路中构建一个单一概念或解决方案；相同的基本思想适用于不同的环境。除此之外，还可以制定额外的指导原则，以帮助确定是否应该将两个设计单元编码为联结关系：单独重复单词并不一定意味着有联结；如果这些设计单元之间没有出现相关的想法，则可以对包含大量干预动作的设计单元之间的链接进行编码；当一个想法的元素在文本中重复出现多次时，该单元只能联结到该想法第一次出现时，除非在随后的操作中引入了一个新元素，从而产生一个新的联结。

# 第三节　团队合作中的联结性设计方法

## 一、不同阶段中的合作行为和模型架构

大多的研究均支持"设计可被视为一种作业"或"设计可被视为一种程序"。其中将设计视为"解决问题的程序"广受讨论与研究。当设计可以被视为一连串问题的发掘与解决的交互过程时，设计需求本身就有机会被定义出"设计问题空间"与符合设计需求之"设计目标空间"，如此便可进一步利用信息技术寻求解决。[1] 西蒙更清楚地指出"设计寻找法则"作为信息技术解决设计问题；换句话说设计是从"问题空间"到设计"目标空间"的寻找过程。

在设计过程中，以"搜寻问题空间"为主要研究焦点时，普遍选择以"解构模型"来探讨设计问题。有许多成功的案例显示将复杂设计问题与规范，以层级方式加以解构成为平行层级以及垂直层级的小问题。[2] 借以简化设计问题的目标空间，能有效地让合作团队成员专注自己负责的层级问题，加速解决方案的搜寻。而多专业合作式设计系统，主要利用各自不同的专业相互整合、合作进而完成复杂挑战。要平顺地完成合作设计，需要长时间的沟通协调才有实质帮助。如果能够清楚了解合作式设计的沟通行为，建立研究合作系统资料的处理模型，则将更有助于厘清合作团队架构模型，让合作的部分沟通作业，通过清楚的系统规范，各司其职，则合作障碍即可有效降低[3]，因此佩特斯（Miranda A. G. Peeters）和图埃尔（Van Tuijl）分析了大量合作式设计过程，其研究结果主要获得设计合作系统中，不同阶段主要合作行为的分类与整理，各合作行为分类详见下表3-3。

1 Simon, H. A. the Structure of Ill Structured Problems[J].Artificial Intelligence, 1973, 4(1): s181–201.

2 Netinant, P., Elrad, T. & Fayad, M. E. a Layered Approach to Building Open Aspect–oriented Systems: a Framework for the Design of on–demand System Demodularization[J].Communcation ACM, 2001, 44(10): 83–85.

3 Peeters, M., Tuijl, H., Reymen I., the Development of a Design Behavior Questionnaire for Multidisciplinary Teams[J]. Design Studies, 2007, 28(6): 623–643.

| 主要分类 | 次分类 |
|---|---|
| 设计阶段 | 拟订设计目标<br>资料收集、设计概念发想及其解决方案<br>解决方案的分析与综合，形成设计概念<br>动手做设计<br>由初期、细部到设计完成的阶段发展<br>设计过程中的各专家知识回馈到目前的设计方案<br>基于回馈信息修正设计方案 |
| 规划阶段 | 项目时间规划<br>各专业分工计划<br>时间管理<br>时间计划与分工计划的检讨<br>基于检讨修正时间与分工计划 |
| 设计合作阶段 | 安排合作计划<br>实际分工合作<br>分工效能的评估与检讨<br>修正合作分工计划<br>沟通<br>文件信息辅助决策<br>决策拟定 |

**表格来源：作者根据本研究整理**

表 3-3：团队合作设计中各个阶段的合作行为

2. 团队合作设计的过程模型

麻省理工学院的教授汤玛斯·W·玛隆（Thomas W. Malone）在探讨设计合作过程中有效能的设计协调机制时，从过程模型的观点定义协调为管理活动与活动之间的相互关系。基于此定义，设计协调可被视为管理跨领域设计活动之间相互关系的过程。而有效的设计协调机制，即针对设计合作的过程中如何有效管理不同专业领域设计成员之间设计活动的相互关系。玛隆教授于麻省理工学院的协调科学中心提出了一个设计活动过程模型探讨的架构，如图 3-9 所示；此架构将过程模型利用阶层式的设计活动进行分解与明确化，分解意味将设计活动拆解成更小的次级活动，而明确化则定义能够完成这些活动的不同方法。此架构基本上包含四个步骤：（1）分解复杂的过程为可管理的次过程。（2）分析这些次过程彼此之间跨领域的相互关系。（3）利用一个较好的协调机制取代既存的协调过程，以符合管理跨领域相互关系的需求。（4）重新组合产生新的设计过程。[4]

哈佛大学的杰弗里·黄（Jeffrey Huang）则从资源的角度引用玛隆的研究，认为设计活动之间存在三种基本相互关系，即流动、分享与调适[5]，如图 3-10 所示。类似的过程模型回顾，显示出两个主要的现象：第一，大部分的设计过程模型以一种"高层次"的方式表达概括的过程模型观念，很少具备精细的设计过程分析。第二，大多数的设计过程模型以不同设计阶段的方式来描述整个设计过程，对于设计过程的平行处理特性并未加以考量。[6]此类"高层次"或"阶段式"的设计过程模型观念，着重强调普遍性、弹性化的应用原则，其过程模型表达方式往往是不明确与模糊的，这些高层次的抽象化过程模型在进行实际的设计过程应用时往往面临落实的难题。

## 二、团队合作中的互动模式

### 1. 团队合作中的互动

团队互动在社会现象中可被视为一种社交过程，而设计过程也是一种社交过程，例如设计师如何与客户沟通、如何与专业

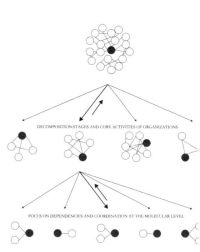

图 3-9：设计活动过程模型
图片来源：*The interdisciplinary study of coordination*

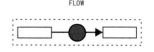

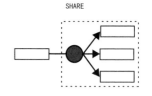

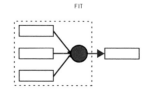

图 3-10：设计活动的三种相互关系
图片来源：*Design study*

---

4 Malone, T. W, K. Crowston. the Interdisciplinary Study of Coordination[J].ACM Computing Survey, 1994, 26(1): 87–119

5 Huang, J., How do Distributed Design Organization Act Together to Create a Meaningful Design? Towards a Process Model for Design Coordination[M], CAADFutures'99, Georgia, USA, 1999: 99–116

6 Simon Austin, Andrew Baldwin, Baizhan Li. Analytical Design Planning Technique: a Model of the Detailed Building Design Process[J]. Design Studies, 1999, 20(3).

同事互动，由以上两个观点来看，社交上的互动将影响整个合作是设计的过程，好的互动过程将成为团队成功的要素之一。奈杰尔·克罗斯（Nigel Cross）和安妮塔（Anita Clayburn Cross）针对设计团队的互动归纳出以下几点：角色与关系、规划与行动、信息的收集与分享、问题的分析与理解、概念的产生与采纳、冲突的避免与解决等。[7]

（1）角色与关系

在团队中，个人的表现与角色定位对于团队都具有一定程度的影响。在设计团队中，部分角色的定位在正常状况下会自然产生，例如组长角色的定位往往会随着时间的推进而有所不同，而每个成员的风格与特质都可能带来不同的领导作用。个人在团队中的社交与心理因素会影响到团队的动力甚至是创造力。然而，角色和关系并非简单且一成不变的。例如，每个成员在某一时刻都会起着领导型的角色，尽管每一位成员都会以自己的方式对其进行演绎。在任何团队合作活动中，角色行为的差异性是不可避免的，这主要取决于个性、经验和当时的工作任务，团队成员应该对互相的偏好比较敏感。

（2）规划与行动

无论是在独立作业或是团队合作中几乎都需要规划，利用规划使时间获得有效利用，这似乎是必要的。在团队互动的过程中特别是设计团队中，团队往往有意识地进行规划并设法维持所规划的内容，在独立作业中也是如此，但从许多研究中可发现许多活动与流程的开始往往都是在没有强制力介入的状况下，以非正式的方式进入下个阶段，甚至以跳跃的方式进行着。在设计过程中，特别是概念构想阶段，往往是以没有计划的、直觉的、计划之外的方式进行着。规划在设计活动中似乎是必要的过程，但并非所有的人或团队都有规划的进行活动。在设计活动中常存在着"机会主义者"，"机会主义者"常偏离现状或规划中的行为，寻求新的思考路径，在团队中这样的人似乎成为团队中的不确定因素，将有机会激发团队中不同的认知与思维模式，并在团队陷入思考阻碍时给予适时的刺激，但团队中仅能存在的少数"机会主义者"，不然可能严重阻碍到团队的运作。

---

7 奈杰尔·克罗斯 . 设计思考：设计师如何思考和工作 [M]. 程文婷，译 . 济南：山东画报出版社，2013：117–141.

（3）信息的收集与分享

好的互动有助于团队的运作，一个成功的团队必定有好的互动过程，而信息的收集与分享在团队互动中占有相当的地位，团队信息分享中常运用到个人知识与认知。明确的观察收集信息在任何一个团队中都是必要的，明确地了解设计要求有助于团队中的信息收集与分享，错误的信息收集可能造成任务的误解或社交要求的遗忘。

（4）问题的分析与理解

在设计过程中分析与理解是具有影响力的（Nigel & Anita, 1995），问题的发现与分析在设计过程中属于扩大设计面向的过程。设计师个人可独立分析并理解问题，但在团队中问题分析与理解则需要达成共识并对问题有普遍了解，如团队成员对于问题的理解不同，则造成往后团队运作的阻碍以至于团队在分析与理解的过程中不断恶性循环。

（5）概念的产生与采纳

团队一起创造设计理念是必要的，再将这些设计理念整合入一个特定的设计方案中。因此，团队必须将最初的设计理念进行完善，使其成为更加具体和合适的方案，并且必须决定从已有的众多方案中选取一些设计方案。设计方案最初可能是一个模糊的、之后还需要进行很多完善工作的概念。首先需要建立设计方案，然后再就其细节进行慢慢完善。有很多关于团队成员合作建立设计方案的例子，可以加入团队合作性对最初的设计方案的修改和完善。

设计活动代表着要对于目标产生概念上的建议与规划，团队中概念的提出是经由团队对问题的理解所产生的，意指概念是在合作中所建构的，因此概念的采纳也必须经由团队所认可。成员如何争取概念的通过，最常利用的方式就是利用有利的证明与理论来说服团队，以取得概念上的支持。

（6）冲突的避免与解决

冲突在团队中是无法避免的。[8] 不同的解释、不同的认知、不同的概念与不同的主张都可

8 Nigel Cross, Anita Clayburn Cross. Observations of Teamwork and Social Processes in Design[J]. Design Studies, 1995, 16(2).

能产生冲突，如果冲突只是为了个人没适时提出解决方案，问题是不可能获得改善的。在团队中冲突可能带给团队不同的观点，冲突的产生代表着团队中不同的意见，正向的冲突可以带给团队正向的刺激，反之则阻碍团队运作。

2. 团队合作中的沟通模式

一个共享的工作媒介是重要的，在一个跨领域的共通的平台，如语言、方法、工具等，将有助于团队互动，在多项研究中发现"沟通"是团队互动中重要的一环。[9]"沟通"意指告知、传输和分享的活动，就拉丁字根"Communicate"来说意指"分享与公共的"。"沟通"可视为人们将心中信念、意见或感觉传达至另一人的过程。团队成员间无法做到心灵直接感应，所以需要借助各种介质，包括使用的语言、措辞，甚至音调、表情、手势等肢体语言。许多学者针对沟通做了不同的定义，这些定义因领域学科的不同有许多不同的定义方式。克劳德·夏农（Claude Shannon）和瓦伦·韦弗（Warren Weaver）认为，沟通包括一个人的想法影响另一个人的所有过程，是一种社会行为，用来分享态度、观点、信息、知识、意见的方法。[10] 切斯特·欧文·巴纳德（Chester Irving Barnard）则称沟通就是人与人间传递有意义符号之过程。[11] 西蒙认为，沟通是组织中的一分子将自己的想法意思传递给另一分子的过程。[12] 涂崇俊经归纳关于沟通的定义，提出一个共同特征：沟通是一种动态过程；为个人或团体将观念、意见、态度或情感，利用各种媒介或工具，如语文、符号、传达给他人或其他团体，以建立相互了解的一种心理及社会过程。[13]

团队沟通其实不太容易去做明确的界定与定义，因此对于何谓沟通有多种不同的说法与

9 Nigel Cross, Anita Clayburn Cross. Observations of Teamwork and Social Processes in Design[J]. Design Studies, 1995, 16(2).
10 林颖谦 . 情境故事法对跨领域合作设计的影响——以使用者导向创新设计课程为例 [D]. 国立台湾科技大学设计研究所，2010.
11 Barnard, C. I. the Functions of the Executive[M]. Cambridge: Harvard University Press, 1968.
12 Simon, R. J. Administrative Behaviour[M].NY: the free.1976.
13 林颖谦 . 情境故事法对跨领域合作设计的影响——以使用者导向创新设计课程为例 [D]. 国立台湾科技大学设计研究所，2010.

定义。邓成连认为，对于团队沟通的功能，团队或群体中"沟通"可提供四种功能：第一，增加控制：理清职责并且建立权威与责任感。第二，传递信息：提供做决策的基础。第三，提高动机：引发合作并且愿意承诺团队目标。第四，情绪表达：表达感受。[14] "沟通"行为在团队内部是绝对必要的，因为它具有下列几项重要的功能：信息或信息的分享、收集参考意见、表达或交换意见、表达情绪感受、人际关系或社交功能。

对于新产品研发活动的沟通，可将其概分为外部沟通与内部沟通两种。外部沟通是指团队成员与团队或团队以外的人员沟通；内部沟通是指团队成员间的沟通。内部沟通又细分为三种：一是功能内沟通，如研发成员之间的沟通；二是功能间的沟通，如研发与行销成员不同功能之间的沟通；三是层级间的沟通，如团队成员与高阶主管的沟通。设计上的沟通，设计师在沟通上有别于传统的沟通模式，通常利用草图或模型等图示化的方式进行，衍生、发展构想，以视觉化的方式呈现思考过程与成果。设计师沟通的目的在于发展更多的概念思考及概念的可能性，以及将设计概念传达给设计者以外的人。因此，设计师在设计过程中通常需面对两种沟通状况：一个是设计师本身；另一个则是设计师本身以外的人，将外观、功能和设计概念提供设计是本身思考修正之用，另一个则是将成果和概念与其他专业人员、行销人员及客户沟通。[15]

在设计的沟通中，相关资料的传达是主要的沟通内容，而这些相关的设计信息则是设计师在沟通过程中将概念传达给对方一项重要的依据，所以在设计的沟通中不论是针对客户、专业领域同事或行销计划人员，都要提供设计相关信息的资料作为沟通及意见交换的依据，而图示化（视觉化）的沟通资料对于设计领域外的沟通对象具有相当大的帮助。综上，团队运作所涉及的范围相当广泛，从人员配置、成员互动到团队的沟通，所有的因素可说是环环相扣、相互联结的关系，团队的运作模式可有效增进知识与技术的交流，达到互助互惠的成效。

14 邓成连 . 设计管理 – 产品设计之组织、沟通与运作 [M]. 台北：亚太图书 , 1999.
15 Newton D'souza. Investigating Design Thinking of a Complex Multidisciplinary Design Team in a New Media Context: Introduction[J]. Design Studies, 2016, 46.

## 三、合作原案的编码与分析方法

团队合作的原案分析方法与前文介绍的编码规则略有不同，主要有四种编码操作定义并将原始资料转换编码成可视化信息记录下来，四种操作定义如下：

1. 一些无设计意义的对话和语助词则不给予考虑，如表 3-4：

| 编码 | 无设计意义的对话内容 |
|:---:|:---:|
| 无 | 好累，没有想法 |
| 无 | 再想想吧 |
| 无 | 我去倒杯水 |
| 无 | 好吧，那你先去吧 |
| 无 | 语助词 |
| 无 | 嗯嗯 |
| 无 | 哦 |

表 3-4：编码操作定义一

2. 谈话内容中如果都是依循同一个概念主轴，则会标示出第一个提出概念的人与谈话内容，以及衍生出的相似概念对话内容也给予标示，如表 3-5：

| 编码 | 对话内容 |
|:---:|:---:|
| A | 有点像贴纸那类的东西吗 |
| A1 | 可以自己自由剪裁大小 |
| 无 | 还有你觉得呢（无衍生概念） |
| 无 | 如果他那个东西是可以就像贴纸的话，你可以贴在这里啊（重复旧概念） |
| B | 不然就是也可以做这个椅背 |

表 3-5：编码操作定义二

3. 对话句子中假设出现与参考资料陈述相同的文字说明，则不给予编码标示，除非有衍生出新的意义，如表 3-6：

| 编码 | 对话内容 |
|---|---|
| 无 | 任务要求里说如果是临时的项目就不需要固定的问题了 |
| 无 | 任务要求里还有什么？如果超过三个月就需要与墙面固定了 |

表 3-6：编码操作定义三

4. 联结概念总共分为三种元素：第一，小概念延续主概念时，则彼此之间建立联结关系，形成一个群组；第二，小概念不延续主概念时，则小概念彼此之间也建立联结关系，也会形成小群组；第三，小概念与先前其他主概念（包含小概念）相关联时也给予联结。

# 第四节　联结性设计思维的分析方法

## 一、联结性设计认知特征提取

设计认知作为一种复杂内容形式，它是特殊的，也是隐性的。如果想要对其做深入分析和研究，就需要将与之相关的数据和资料进行全面的收集和分析。设计认知的复杂性是设计认知中非常重要的一种特性，这种复杂性主要表现在设计内容、设计过程、设计团队以及设计方法这四个方面。首先，设计内容的复杂性主要体现在设计过程中的各类数据和资源较难捕捉和记录，比如设计师在方案讨论时的手势、表情等转瞬即逝，只有借助各类手段和方法才能对其进行设计内容回溯；其次，设计过程的复杂性表现在设计师在设计过程中会不断修改和改变之前的设计内容；再次，设计团队的组织与建立越来越复杂，鉴于当今设计需要解决的问题更加综合化、复杂化，由多学科背景所组成的设计团队就成了主流。最后，设计方法具有复杂性，这主要是指解决各类设计问题需要对多样化的数据进行归纳与分析，从而制定最优设计方案。而基于此所制定出的设计方案往往都是通过多样性的设计方法才能够实现。

联结性设计认知的另一个重要特征就是其具有隐藏性。所以如何将隐性设计信息特征进行提取和表达是设计认知研究中非常重要的一个环节。不同的隐性设计信息特征所反映出的设计认知状态是不相同的，有些信息类型也无法反映出特殊的设计认知状态。故特征信息类型的选择对于认知性的表达以及获取关键信息的能力有着重要影响。这类隐性设计信息特征为分析、判断、预测设计认知的内容结构的关系和本质提供可行的路径，此路径通过联结模型的架构、层级关系、关联属性以及预测性等方面有所表现。

基于以上两点关于设计认知的特征，可以从以下几个方面来对其进行评价：设计概念的多样性；设计语言的创新性；设计过程的复杂性以及设计主题的深刻性。通过对设计概念、设计语言、设计过程以及设计主题的评价，将设计认知的内容进行联结，并从中将设计概念进行细化与分解，同时界定设计创意。从过程、知识概念、内容这三个层面对联结性认知特征进行分层提取。其中过程层是关于认知复杂性特征、关键路径特征以及敛散特征；知识概念层是关于设计感受力、设计理解力以及设计观念；内容层则包括设计密度、设计主题、设计节点、设计创新等。虽然特征表达使持续性的设计认知片段化，但通过这三个层面的特征构建为设计认知由定性到量化研究提供基础数据，为揭开设计认知的模糊、复杂面纱提供新的途径。

## 二、联结性设计认知特征可视化建模

在对联结性设计认知特征进行有效提取之后，只有将其进行可视化建模才可以进一步分析设计认知的本质。信息可视化的理论方法主要针对缺乏信息载体的设计思维活动进行记录和处理。在设计过程中，任何语言、草图、表情、手势等都将统一为文本并作为媒介的信息载体。在设计过程中通过摄像机及录音笔等数码工具将设计过程进行完整记录，并将相对应的环境信息通过文字进行描述。尽管有时针对动作和表情的文字记录会不够准确，但与之相关的主要信息都会被详细记录。因此，文本信息相对于其他媒介使用起来门槛较低，同时还能够保证信息的完整性，从而为设计认知可视化提供更多可能。

在对设计认知进行有效记录之后，如何将其进行分类与梳理就是可视化建模最为关键的一项工作。基于上文所提到的设计认知的复杂性，作为设计认知信息载体的认知文本信息同样也存在这种属性。如果仅仅对文本信息进行简单的显化分析，是无法挖掘出其内在特征的。所以，联结模型的构建需要以原案分析方法作为基础，对复杂设计结构进行拆分和解构，通过特征信息的表述为隐性认知的表达提供可能，为分析设计认知的内在特征提供有效解决方法。

联结性设计认知特征可视化模型基本包括三个部分：信息数据提取；数据图形绘制；图形优化设计。可视化建模的第一步就是设计认知特征信息数据的提取，以文本信息数据作为存储媒介。依据原案分析法的操作方法和规则，根据音频和视频资料对设计过程进行回溯记录，同时将文本资料进行转译和编码，建立起统一的编码规则和联结系统；第二步是模型的图形绘制阶段，该阶段需要将抽象的数据通过可视化图形模式呈现出来。此过程是以简洁的图形样式将特征信息快速呈现，以此增强可视化模型的可读性。第三步是将第二步中出现的图形样式进行优化设计。通过对颜色、比例、形状、位置等多方面元素的调整与优化，一方面可以使图形样式的视觉表现形式更加统一、协调，另一方面也能够高效地整合各类型图形信息。通过这三个步骤所建构的模型，可以有效地处理设计认知特征的复杂信息，从而综合多方数据揭示出设计认知的隐性内涵。

## 本章小结

本章是对联结性设计思维的表达、记录、分析以及在团队合作中的方法研究。在联结性设计思维的表达方法中，思维导图、概念图法及原案口语分析法为黑箱中运行的思维推理过程提供了有效直观的显化，是实现联结性设计认知特性量化研究的前提基础。随后的第二节是对联结性设计思维的记录方法研究，其中也分为三个步骤：第一步为将原案资料转译成文字，之后给予分析；第二步再针对每一个断句进行编码，进而建立编码体系；第三步是对建立联结关系的规则进行分类，用以表明所发生的思维类型，并根据设计单元的内容建立联结机制。在面对团队合作的复杂设计团队成员的交互过程，根据现有团队合作阶段行为及沟通模式的研究，构建合作原案的编码与分析体系，通过设计过程中各种变化信息，如思维、语言、草图、前后行为等对设计的内部认知及思维增量之间的联结关系进行分析。

设计过程的推进往往伴随着发散性思维与收敛性思维的不断转换与结合，并且没有任何变化规律可言。而设计内容的复杂性则是由解决方案空间和问题空间综合作用所产生的，其中包括各种文本、草图、手势、表情等多维的数据、信息和知识资源在过程中的交替演变，强调了设计过程的复杂性，需通过认知理论模型实现拆解与重构。因此，针对复杂的设计认知形式，在本章的最后一节提出通过联结性设计认知特征的可视化建模，对联结性相关特征进行提取，将复杂的认知信息做结构化处理，实现特征形式的分类化表达和可视化表达，为研究认知中的联结特性提供更多可能。本章内容为下一步模型构建的前期资料收集和分析提供方法指导。

# 第四章　联结性设计思维与方法的模型建构

## 第一节　模型建构的理论基础

### 一、从规范性到描述性的设计过程研究

目前的设计研究成果多数属于规范性的内容，如第一章介绍的格哈德·帕尔（Gerhard Parrl）和沃尔夫冈·拜茨（Wolfgang Beitz）提出的系统设计方法学。设计研究路线可分为描述性和规范性。描述性研究路线是归纳、形式化设计实践以改进设计活动本身，而规范性研究路线提出设计应当如何做以完善现有的设计实践。[1]设计模型也可分为规范性和描述性。描述性设计模型从认知角度描述实际设计过程，其作用是辅助设计者，侧重于计算机辅助设计。规范性或者规定性的设计模型给出基于规则、步骤的方法和技巧。[2]

在展开讨论描述性设计过程模型的特征之前，首先解释何谓规范性以及何谓描述性。决策科学、心理学、哲学对规范性和描述性都有详细定义和解释。决策科学对二者的定义为：规定性理论是关乎合理决策应如何制定，而描述性理论是关乎决策实际是如何制定的。[3]心理学对二者的定义是：规范性理论从认知角度致力于认知如何理性推理、判断和决策的规则，理论基础主要是形式逻辑、概率理论和决策理论；描述性理论描述人实际如何思考。[4]哲学对二者的定义是：规范性陈述阐述应当如何，是基于价值判断，无关逻辑；描述性陈述阐述事实如何，无关价值判断。[5]与"normative"接近的概念是"prescriptive"，"prescriptive"表达改进某项事物所需要做的改进。有文献用"normative or prescriptive"的表达方式将二者归为一类。有文献将"prescriptive"置于"normative"和"descriptive"之间，认为过程模型广义上属于"prescriptive model"[6]，决策过程是"prescriptive"，其目的在为提供遵循"normative"

1 Behdad S, Berg L P, Thurston D, et al. Synergy between Normative and Descriptive Design Theory and Methodology[C]// Proceedings of the ASME 2013 International Design Engineering Technical Conferences and Computers and Information in Engineering Conference IDETC/ CIE 2013, August 4–7, 2013, Portland, Oregon, USA, 1–15.

2 侯悦民, 季林红. 设计科学：从规范性到描述 [J]. 科技导报, 2017, 35(22): 25–34.

3 Hansson S O. Decision Theory: a Brief Introduction[J]. Techniques of Automation & Applications, 2005, 12(3): 1–94.

4 侯悦民, 季林红. 设计科学：从规范性到描述 [J]. 科技导报, 2017, 35(22): 25–34.

5 Philosophy Index–normative[EB/OL]. 2017–07–10.

6 Baron J. the Point of Normative Models in Judgment and Decision Making[J]. Frontiers in Psychology, 2012(3): 577. doi: 10.3389fpsyg.2012. 00577. 2012: 1–7.

原则[7]的方法。"Prescriptive"本质上属于应当如何，即"ought"。因此，二者一并归于"normative"。与"descriptive"接近的概念"explanatory"，有文献表达为"descriptive or explanatory"[8]，指出解释性理论是对某个事物在某个特定层次进行描述性阐述，因此在此归类于"descriptive"。虽然这些定义并不完全相同，但是基本含义大致相同。规定性阐述是对做某事情规定规则和程序，即应当做什么（ought）。描述性阐述是描述事物的本来面貌，即解释事物何以是其所是（is）。解释性是描述性理论的必要条件，是区别描述性阐述和描述性理论的区别所在。

对于设计方法界来说，亚历山大在《形式综合笔记》中描述的方法的巨大吸引力在于揭示了建筑设计的多产理论是可能的。该方法被视为一个基于规则的、系统的演示，使用该系统可以管理整个设计过程。使用了数学模型和要进行计算的事实肯定增加了这种方法的吸引力。但事实上，二十年来在设计方法领域的辛勤工作对大多数设计领域的影响微乎其微，工程设计可能是个例外。在设计教育中，教师们和学生都发现各种实验方法的实施是费力的、耗时的、乏味的。更糟的是，他们注意到使用这些系统方法后，在最终的设计解决方案中却看不到任何提高。[9]在很长一段时间里，研究人员认为他们所开发的方法的不完善是导致失败的原因。因此，他们的反应是更加努力，主要是寻找数学和计算在设计中被利用的方法。这一努力使计算机辅助设计取得了令人印象深刻的进步，但却对设计师们概念化问题和寻找解决方案的方式没有任何影响。研究者意识到，仅仅通过指出方法的缺陷来解释方法缺乏有效性的原因已不再可能，显然，必须考虑其他原因。[10]据观察，设计师们似乎使用了固定的思维模式，因为各种方法的规定性质要求设计师以相当严格的顺序遵循预定的步骤，这似乎与"自然设计思维"的设想不一致。[11]

7 Keller L R. Decision Research with Descriptive, Normative, and Prescriptive Purposes—Some Comments[J]. Annals of Operations Research, 1989(19): 485–487.
8 List C. Levels: Descriptive, Explanatory, and Ontological[EB/OL]. 2016.
9 Grant D P. Design Methodology and Design Methods[J]. Design Methods and Theories, 13(1): 46–47.
10 赵伟. 广义设计学的研究范式危机与转向：从"设计科学"到"设计研究"[D]. 天津：天津大学，2012.
11 Papalambros P Y. Design Science: Why, What and How[J]. Design Science, 2015(1): 1–38.

于是，对描述性设计模型的研究开始展开，研究人员将其与规定的模型或方法进行对比。他们的论点是，对实际设计行为的良好描述对于理解思维的过程至关重要，因为它发生在实际的设计实践中。研究人员认为，相对于计算机而言，人类更善于产生新想法。[12]但这种新模式存在一个严重的困难，即人们对设计师的思维方式，尤其是他们如何产生和发展创意的过程知之甚少，因此多个描述设计者的设计思维过程的描述性模型应运而生。例如，约翰·纳尔逊·沃菲尔德（John Nelson Warfield）的设计理论概括人类设计过程的共性原理[13]、上一章介绍的约翰·格罗提出的"FBS"模型，以及为设计思维提出了可操作的规范模式的TRIZ理论[14]等。设计是思维过程，是通过思维实现功能与结构之间的转换。C-K理论（Concept-Knowledge）[15]认为这个过程是概念和专业知识互相关联、从初始概念发展到准确精确专业知识的过程，认为初始概念与专业知识关联，继而产生新的概念，新概念进一步与更具体的专业知识关联，如此反复之字形交互关联，最终产生经过知识验证、用知识表达的设计方案。C-K理论是对设计者思维过程的描述。"FBS"模型最初用综合的概念表达思维过程，后发展为基于情景的设计从认知角度用情景关联性表达思维的动态性。[16]

联结性设计思维与方法是用思维可视化的方式对设计问题、设计概念、设计方案、创造力以及团队合作等进行多维度的研究。而根据各种不同的研究目的，近年来设计领域在思维层面上讨论设计过程内容和结构的理论与方法也层出不穷。其中，有三种研究方法涉及对思维过程间联结性问题的讨论，分别为概念—依存理论、概念依存模型和链接表分析法，三种方法的提出分别指向空间、路径及知识概念演化所相关的研究，因此下文会对这三种模型的构建理论和分析原则做进一步的阐述。

12 Baron J. the Point of Normative Models in Judgment and Decision Making[J]. Frontiers in Psychology, 2012(3): 577. doi: 10.3389fpsyg.2012. 00577. 2012: 1–7.

13 Rzevski G. on the Design of a Design Methodology[M]. UK: Westbury House, 1981.

14 Altshuller G S. Creativity as an Exact Science: the Theory of the Solution of Inventive Problems[M]. Luxembourg: Gordon and Branch Publishers, 1984.

15 Hatchuel A, Weil B. C-K theory: Notions and Applications of a Unified Design Theory[C]//Herbert Simon International Conference on "Design Science". Lyon (France), 15–16 March 2002, 1–22.

16 Gero J S, Kannengiesser U. the Situated Function–behaviour–structure Framework[J]. Design Studies, 2004, 25(4): 373–391.

## 二、问题空间的设计搜寻模式

西蒙在 1995 年提出的搜寻模式主要理论是在替代方案（Alternative State）的问题空间中搜寻符合设计目标的过程，起始点为问题，经由一连串的中间状态，进行到满意解的目标状态，如图 4-1 所示。搜寻策略的进行上，由于人类会根据个人条件与问题属性，应用各种不同的问题解决策略，反倒不需要经由搜寻整个问题空间也能获得满意解答。同样地，设计师的设计过程也许也未完整搜寻，但由于其搜寻策略应用得当，仍可得出满意解。

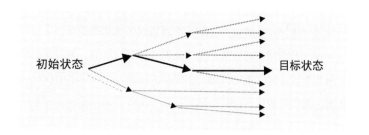

图 4-1：西蒙搜索模型
图片来源：《人工科学：复杂性面面观》

有经验的设计者在进行问题的处理时，会表现出"直觉性"的行为[17]。而这种直觉式的行为，被视为是对已知知识的重新编译，而有经验的专家可以将此经过问题分解并删减到最少最有效用的策略形式。[18] 然而，先前的研究对于策略的形式却存在着

---

17 Akin, O. an Exploration of the Design Process. In Developments in Design Methodology[M]. New York: John Wiley.1984: 189–208.
18 Waterman, D.A. a Guide of Expert Systems[M]. Oxford: Learned information Press.1985.

不同的看法，一方面美国认知心理学家吉尔·H·拉金（Jill H. Larkin）指出，专家设计师在问题处理的操作过程上倾向于前推式的搜寻策略，他分别通过数学及物理运动问题的解题过程来指出专家在处理设计问题上，因其凭借着丰富的问题处理经验，而倾向于采用前推式的搜寻策略，运用其领域的程序性知识来解题，如此能产生较为明确的进行方向，也就是以资料为导向的搜寻策略。[19] 而在心理学家约翰·罗伯特·安德生（John Robert Anderson）研究的实验中也发现，其解题的过程中会以广度优先的解决方式来运作，而不像生手那般是使用深度优先的策略。[20] 前推式策略的运作方式如图 4-2 所示。在前推式策略的问题空间中经过层级性的分解，问题解决的方法经由格状构造被向下引导着，在一开始便创造出倾向于某问题的概括性细分，并且逐渐产生出为数较多的详细子问题，不明确的问题空间也随着时间轴的推进，而朝向解决方案与事件的终结，因此在整个问题转化为系

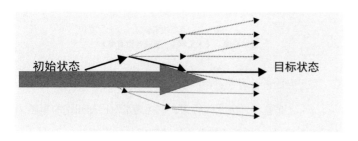

图 4-2：前推式搜索模型
图片来源：《人工科学：复杂性面面观》

19 Larkin, J. Enriching Formal Knowldege: a Model for Learning to Solve Textbook Physics problems. In Cognitive skills and their acquisition, ed[M]. Anderson, J.R. New Jersey: Lawrence Erlbaum.1981.
20 Anderson, J.R. Cognitive Psychology and Its Implications. 3d ed[M]. New York: W.H. Freeman.1990.

统性的问题架构上，前推式策略扮演着重要的角色。

　　另一方面，台湾学者陈政祺的研究指出，无论专家和生手，在搜寻策略上同样都采用一致的策略，即倾向于使用倒推式策略来处理问题，也就是应用已知的知识法则为基础，由目标状态反向出发，其中则通过大量的运算步骤来获得达成目标的充要条件。[21] 此策略在进行的步骤上会出现大量的问题处理过程，因此属于较没有经验的运作行为。陈政祺同时指出设计中由于对设计细节的加强创新，因此可在每次的设计中将专家设计师视为处理问题的生手，故而提出专家倾向于使用倒推式策略来进行设计问题处理。图 4-3 为倒推式策略运作方式。而倒推式的策略不同于前推式策略能掌握整个问题空间的清楚概念，且其少涉及对一个问题的重新思考，然而它却能将许多问题空间中被隐藏起来的分枝与节点呈现出来，并超越由问题解决者所粗略列举的可能性[22]，因此倒推式策略在问题独特性上的处理，能够提供具有相当特质的初步考虑，并在整个问题架构的建立上提供强化的功能。

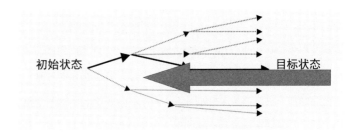

图 4-3：倒推式搜索模型
图片来源：《人工科学：复杂性面面观》

21 陈政祺．专家设计师搜寻策略之设计思考研究 [D]. 台湾：国立交通大学，2000.
22 彼得·罗．设计思考 [M]. 张宇，译．天津：天津大学出版社，2008.

在问题的处理上随着搜寻策略应用，自然无可避免地会涉及经验法则的部分，而经验法则的重要性在于问题解决能够在较熟悉的方式下被有效率执行，此种有效率的解决问题的程序是有用的，因此经验法则的应用使得为专家设计师在解决问题时，能具有快速从模糊的概念推展到具体细节的能力。[23] 而由以往的设计经验中得知，纯粹由上而下（亦称前推式）或由下而上（亦称倒推式）设计过程是少见的，而多半采用互补的方式来进行[24]，这也说明了设计的过程中并不全然是某一策略的进行，而会伴随着其他的搜寻策略的应用，因此在整个过程中应可看出其应用的倾向，但并无法获致明确的使用策略。由于设计问题的处理系通过搜寻策略将问题分解，并重组设计的已知片段来进行的，也就是划分高层问题的抽象概念及较低问题的已知片段[25]，因此，问题架构的建立对问题处理的效率也扮演着重要的角色。此外，我们也了解到设计片段生产与应用的描写，就如同经验法则般并不全然传达着经验法则活动推理的本质，而仅在于增进对于特殊问题上的执行能力，被设计者采用的经验法则与其先前个人经验与心智模式息息相关[26]，因此在细节的处理难以细究，而仅能在其规则产生与应用的"架构概念"上来探讨其适切性。

## 三、问题 - 解决空间的协同进化设计模式

如前文所述，协同进化模型（Co-evolution Design Process）最早由玛莉·卢·迈赫（Mary Lou Maher）等人在西蒙将设计视为一个搜索过程的理论基础上提出，并进一步假设在任何设计过程中都存在两个并行的搜索概念空间，分别为问题空间和解决方案空间。其基本思想是设计师迭代地搜索每个空间，使用一个空间作为衡量的基础，同时使用另一个空间来评估之前的动作，反之亦然。[27] 如图 4-4 所示，该模型表示这两个概念空间之间存在一种联结转换关系。迈赫和唐玄辉认为共同进化的设计模型可以发展成一种认知模型，其目的是描述设

23 Lloyd, P. Is there a Case for Generic Design[J]. Languages of Design. 1994(2): 243–262.
24 Mitchell, W.J. The Logic of Architecture[M]. Cambridge, MA: MIT Press.1990.
25 Mitchell, W.J. The Logic of Architecture[M]. Cambridge, MA: MIT Press.1990.
26 彼得·罗. 设计思考 [M]. 张宇，译. 天津：天津大学出版社，2008.
27 M.L. Maher. A Model of Co-evolutional Design[J]. Engineering With Computers, 2000, 16(3–4).

计师迭代地寻找设计解决方案、对问题规范进行修订的方式。[28]这种感知强调了这样一种假设，即设计认知过程被认为是循环的，在这种循环中，概念空间之间的作用是迭代的、周期性的。它寻找问题规范和设计解决方案之间共同演进的证据。假设计算模型和认知模型之间存在直接的相关性，假设问题和解决方案空间之间具有共同进化的性质，假设这两个空间相互补充，在设计过程的不同方面具有优势。

克罗斯认为，设计师倾向于把假设性解决方案作为进一步理解问题的手段。因为孤立于解决方案之外的问题不可能被充分地理解，很自然地，假设性解决方案就被当作探索和理解问题的一种辅助手段。[29]正如雅内·科洛德纳（Janet Kolodner）和琳达·威尔斯（Linda Wills）研究的结果来自工程设计专业的高年级学生："提出的解决方案通常会直接提醒设计师考虑重要问题——问题与解决方案协同进化。"[30]克罗斯和多斯特对有经验的工业设计师进行的口语分析研究得出了同样的结果。他们提出："设计师从探索问题空间开始，进而寻找、发现或认可局部结构。这种问题空间的局部结构也能带给他们解决方案空间的局部结构。他们利用解决方案空间的局部结构来产生一些能形成设计概念的初步想法，接着进一步扩大和发展这一局部结构……然后他们将这一成熟的局部结构转回到问题空间，再一次利用它的影响扩大问题空间的结构。他们的目的是创造一对相配套的问题——解决方案组合。"[31]观察设计师"重新定义"设计问题，调查该问题是否"符合"以前的解决方案，通常是对当前的稚嫩解决方案进行"修改"的过程。参照多斯特和克罗斯在几个设计过程中应用共同进化模型观察创造力的结论，图4-5划分了问题和解决方案之间的共同进化关系，说明了设计的连续阶段；从早期的命题开始，在共同进化的过程中，通过对核心解的分析和概念空间之间提供的信息，最终以对最优解决方案的修正而结束。

28 Mary Maher, Hsien-Hui Tang. Co-evolution as a Computational and Cognitive Model of Design[J]. Research in Engineering Design, 2003, 14(1).

29 Nigel Gross, 设计师式认知 [M]. 任文永，陈实，译. 武汉：华中科技大学出版社，2013: 141.

30 Janet L. Kolodner. Powers of Observation in Creative Design[J]. Design Studies, 1996, 17(4).

31 Nigel Cross, Achieving Pleasure from Purpose the Methods of Kenneth Grange, Product Designer[J]. The Design Journal, 2001(4)1: 48–58.

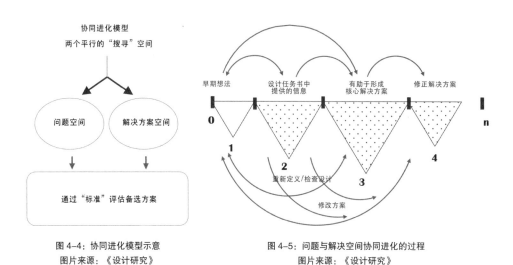

图 4-4：协同进化模型示意　　　　　图 4-5：问题与解决空间协同进化的过程
图片来源：《设计研究》　　　　　　　图片来源：《设计研究》

　　问题和解决方案协同进化的概念描述了设计师如何在设计概念发展阶段同时处理问题和解决方案这两者的联结关系，两者互相影响，彼此制约。设计师的关注点在问题和解决方案两者之间来回切换，逐渐形成问题和解决方案这两个空间的局部结构。由此可以总结，设计是设计师对问题空间和解决方案同时进行探索的相互联结、匹配的过程。

# 第二节　典型描述性模型的联结性特征

## 一、概念－知识理论

概念—知识理论（C–K Theory）为 1996 年法国学者阿尔曼·艾邱艾尔（Armand Hatchuel）首度提出，他有感于传统系统理论不能活用许多设计知识，故提出了一个设计概念与知识互动的理论，目的是用来了解设计师在创意发想阶段的思维，建立一个至少为建筑、工程、设计所共享的沟通工具和跨领域的语言。概念—知识理论定义设计基于创意，且让设计过程中概念与知识间具有能同时发展的可能。它提供一个通用的解释形式，描述部分所知的事并扩展它它未知的定义，让过程中的想法尽可能地不被遗漏。[1]概念—知识理论由C-"概念空间"（Concepts Space）与K-"知识空间"（Knowledge Space）组成，艾邱艾尔将设计定义为"设计是一种概念汇集或变形至知识的过程，即知识的命题"，其理论由C-概念空间与K-知识空间组成，设计开始于知识空间至概念空间的析取，结束于一些概念至知识的合取，并在现实知识中推论出一个解决方案。[2]

（一）概念空间的基本假设与定义

1. 概念（C）为特殊集合：概念为一命题，且此命题在知识空间中不具逻辑值（即不具"真"或"假"），也可以说概念（C）包含许多实体，部分定义来自属性。

2. 概念（C）为集合，不能从中提炼出任何元素：若概念可提炼出任何元素，即代表概念可为真，那么概念则成为知识中的命题，和无逻辑值的概念相矛盾，即概念无法如同知识一般进行衍生。

3. 在设计中，概念(C)被定义为集合理论里的集合，不具有选择公理：在选择公理中提及，永远可能在集合中找到元素，且接受或拒绝选择公理所控制的数学原则。但设计需要概念和概念来组成集合，因此不接受选择公理。就算拒绝了选择公理，在概念中仍能使用集合基本

---

1 A. Hatchuel and B. Weil. a New Approach of Innovative Design: an Introduction to C–K theory[C]. Paper presented in the Proceedings of the ICED'03, August 2003, Stockholm, Sweden, 2003 , 14.

2 A . Hatchuel and B. Weil, C–K theory in Practice: Lessons from Industrial Applications[C]. Paper presented in the Proceedings of the International conference DESIGN 2004 Dubrovnik, May 18–21, 2004.

的属性和操作。

4. 概念（C）集合只能被分割或包含，不能被寻找或探索；仅能借由增加或减去新属性至原本的属性来创造新概念（新集合）。若新增属性，即将原集合作分割，拆解于子集合中；若减去属性，即将原集合中某属性删除，产生新集合。

5. 概念（C）借由增加或减去属性可改变状态；当有此操作时，便可能联结产生新的知识命题。

（二）知识空间的基本假设与定义

1. 知识（K）称为一个"知识空间"：为一个具有逻辑状态的命题空间。这空间常被忽视，然而却是定义设计中不可或缺的部分。

2. 知识间的推理皆有"真""假"可言：在标准逻辑命题为"真"或为"假"，在非标准逻辑命题中则为"真"、为"假"或不可预测或包含模糊值。

3. 概念可活化、联想、发现知识，以及综合转化出新的知识。知识不会独立存在，必定联结着知识或概念。

（三）C-K 理论操作过程定义

1. 操作过程中，"析取"即将知识空间中的命题转换成概念（K → C）的操作；"合取"则为相反的操作（C → K）。

2. "合取"的意思为借由满足知识空间中具有逻辑值的命题来达到一个概念，即要达到一个概念必须从现有的知识中来考虑且满足和概念相关的属性。

3. 设计为一个过程，经由 K → C 析取来产生概念，由 C → K 合取中分割或包含来扩展。

4. 如图 4-6 所示，概念空间为树状结构，然而知识发展则不同。任何概念的扩展必须依赖知识，而知识也必须依赖概念。即在概念中扩展与否需依赖知识，相反地，任何知识的产生需要借由一些概念的路径。设计是从知识至概念的析取（Disjunctions）开始，并结束于一些概念至知识的合取（Conjunction）并于现实知识（K-relatively）中推论出一个解决方案。

5. 创意与创新导因于概念的扩张分割：在概念空间中概念可自由扩展，其所有促使分割的属性皆来自知识。

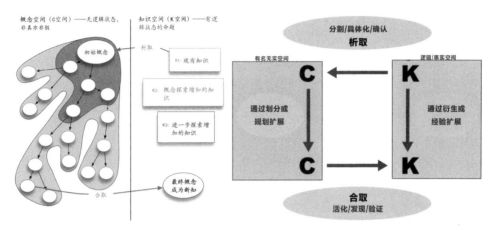

图 4-6：概念－知识理论操作过程
图片来源：《Innovating Now!》

图 4-7：概念－知识空间联结关系
图片来源：《设计研究》

（四）理论操作中的联结性特征

概念—知识理论中包含的概念空间和知识空间，将知识空间中的命题转换至概念空间中的概念或反转。而概念中属性或命题的增加与减去为设计中主要的结构。设计过程在操作制定时允许两个空间同时作扩张。图 4-7 为概念—知识理论矩阵，在图中可以清晰地看到四种类型的联结关系，分别为外在的概念联结知识（C→K）、知识联结概念（K→C），与内在的概念联结概念（C→C）、知识与知识（K→K）的自联结。

首先，知识至概念（K→C），从知识空间"增加或减去"属性至概念空间的操作，也可称为"析取"，将知识命题转化为概念。这个操作强调设计的合理性，且此操作关系到所谓的替代方案的产生，然而概念非替代方案，而是潜在、可能被选择的种子方案。此操作能通过知识在知识空间的分割、详述、证实或其他的扩展，确保概念的产生。其次，概念至知识（C→K），这个操作寻找知识空间的属性，知识空间以逻辑陈述推演得出许多知识属性，让概念借由增减属性来达成命题。也可以说当设计者对于概念有足够的想法时，即一个概念具有属性 p1、p2……时，此时这个概念已转换为知识项目。这个操作又称为"合取"，而一个设计的理由可能会导致许多"合取"从一个"析取"的操作而开始，即这个动作可能借由一个概念而引发了许多知识的发展。而知识发展通常为两种，即如何更进一步详细说明（借由分割）和如何分析与评估（借由知识证实）。且此操作接受如同结束的设计，也涉及传统设计上的许多实证部分，如测试、实作、试用、模型。[3] 再次，内在的概念至概念（C→C），这个操作是集合理论最基本的原则，它控制"分离"与"包含"，但它的内容是可增强的，包括将概念分解为新的子概念或概念的重组。最后，知识至知识（K→K），这个操作是逻辑与命题的最基本原则，它让知识空间可以自我扩张，而扩张可借由知识的演绎或经验，于实现中，则包含知识空间中所有知识的获得，如咨询资料、专家访谈等。

概念—知识理论最主要的意义是以知识推理的角度诠释设计过程，其理论简单来说，就是所有的创意概念皆源起于知识，概念生产演化的过程会刺激知识的出现，进而取得知识推理所产生的"属性"，属性会改变旧概念、产生新概念，当这样的运动持续进行，概念与知识空间会不断加大，问题的解答也就具有多元的方向与可能，于是创造性产品产生。艾邱艾尔不断地解释概念空间与知识空间的推理逻辑，表示该理论的观点与其他理论差异甚大，他认为凡是与概念有关的推理活动，除了知识至概念（K→C）之外，都与联想、启发或直觉有关，故"概念虽然来自知识空间，却无法证明它是知识的命题"[4]，换言之，设计过程中的联想、启发、关联是一种知识的应用。对应联结性思维的记录和表达可以将设计内容通过网络化的视觉形式呈现出来。空间上的连接可用于探索概念与团队成员之间的交互关系。在 C-K 联结网络中，从概念点 C 的出现再到寻找下一个概念点 C+1 的过程中，可以清晰地反映出知识演化过程以及 C-K 空间中相互联结的节点。它还可以更直观地看到每个成员在团队中所扮演的角色。通过概念点 C 和知识点 K 的相互关联，为设计过程和内容探索架起了一座桥梁，它使得内容系统和联结结构互为补充，为研究认知特征提供了理论保障。

---

3 A.O.Kazakçi and A. Tsoukias. Extending the C-K Design Theory: a Theoretical Background for Personal Design Assistants[J]. Engineering Design, 2005, 16(4).

4 A. Hatchuel and B. Weil. a New Approach of Innovative Design: an Introduction to C-K theory[C]. Paper presented in the Proceedings of the ICED'03, August 2003, Stockholm, Sweden, 2003 , 14.

## 二、概念依存模型

　　美国斯坦福大学设计理论研究学者马赛·诹访（Masaki Suwa）和芭芭拉·特沃斯基（Barbara Tversky）对建筑师如何解读他们自己的草图很感兴趣。他们以两名有经验的建筑师和七名高年级建筑学生作为实验对象，进行了一个两阶段的实验。在第一阶段，每个设计师被要求在 45 分钟的时间内设计一个博物馆和它周围的环境，并将全部过程录影。在第二阶段，每个参与者都被要求在观看相应的录像时，清晰地表达出他在每个草图绘制时的想法。语言表达被记录下来并转录到原案资料中，因此该方法属于回顾性原案分析的范畴。原案被解析成设计片段（类似于第二章定义的设计单元概念），然后通过包含四个主要类别的类别方案对其进行编码，每个类别又进一步划分为子类别。四种层次[5]分别为：（1）肢体层次（Physical）：指身体的活动，如手拿笔画图的行为。（2）视觉层次（Perceptual）：对视觉空间的感知活动，如形状、材质、相似与对比等感受行为。（3）功能层次（Functional）：非视觉空间信息的描述性活动与人的心理反应，如功能条件或使人有快乐、激励、魅力等情绪。（4）概念层次（Conceptual）：非因身体的生理活动及视觉空间感知而引发想法的概念性活动，如好坏或美丑的评判，或设定目标、探索知识等。在编码原案的基础上，诹访和特沃斯基指出了经验丰富的建筑师和学生使用他们的草图活动来发展设计解决方案的方法的一些不同之处。

　　在后来的研究中，诹访和特沃斯基对设计片段之间的联结关系进行分析，在两个层面上建立了片段之间的概念依赖关系（Conceptual Dependency）。他们所描述的一个片段和前一个片段之间的概念依赖，与联结性设计思维中对反向联结的定义是相同的概念。他们在研究中很快发现"整个设计过程包括许多连续的片段"，这些连续的设计片段组成块，成为"依

5 Masaki Suwa, Terry Purcell, John Gero. Macroscopic Analysis of Design Processes Based on a Scheme for Coding Designers' Cognitive Actions[J]. Design Studies, 1998, 19(4).

赖块"。[6] 在他们的定义中，所谓的"块"被看作一个小单元，通常由两个或三个设计片段组成。诹访和特沃斯基将块内相邻片段之间的联结关系解释为对设计主题的深入、详细的探索，类似于文诺德·戈埃尔（Vinod Goel）所称的"垂直转换"[7]。但是，相同的片段也可以显示出与更早之前的片段之间的联结，这些联结不包括在同一个区块中。戈埃尔称这种联结关系为"横向转变"，除此之外，还有一些独立的设计片段不属于任何块。

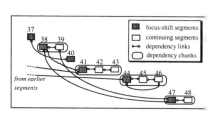

图4-8：概念依存模型示意图
图片来源：*Design Studies*

原案资料分析的断句依据主要具备两种形式："焦点移转断句（Focus-Shift Segment）"或"概念延续断句（Continuing Segment）"[8]。原案分析对于焦点移转断句的确认方式是：当实验参与者关注的焦点偏离他原先的思考，并且移转到另一个种类或子目录上。对于概念延续断句则暗示着：参与者持续探索的项目，在某些程度上与他之前的断句相互关联。图4-8是概念依存模型的示意图，在诹访和特沃斯基的一小部分分析中，包含了12个设计片段和它们之间的依赖联结关系。新块（或独立段）的第一个片段表示焦点的转移。诹访和特沃斯基发现，在他们的研究中，建筑师的依赖块中比学生拥有"更多的连续片段"。这让他们得出结论：建筑师转移注意力的频率降低了。根据研究者的说法，这种差异源于建筑师从草图中"读出"更多不同类型信息的能力。

---

6 Masaki Suwa, Barbara Tversky. What do Architects and Students Perceive in Their Design Sketches? a Protocol Analysis[J]. Design Studies, 1997, 18(4).
7 戈埃尔将草图的行为分为二种：由一个构想草图到另一个构想的横向转换，以及由一个构想到更细部设计的垂直转换。横向的转换主要是在设计构想较不完整的早期构想发展，设计师产生不同构想的草图；而垂直转换是发生于较细部的设计阶段，针对较细节的部分进行设计。
8 Masaki Suwa, Barbara Tversky. What do Architects and Students Perceive in Their Design Sketches? a Protocol Analysis[J]. Design Studies, 1997, 18(4).

诹访和特沃斯基在论文的最后建议，一种旨在取代纸上草图的设计分析工具，应该是能够唤起从类似草图的描绘中"读出"信息的新方法。

## 三、链接表

链接表是对设计活动的记录方式，为设计者在设计过程中"读出"信息提供了可能。这种方法最早是由美国麻省理工学院的加布里埃拉·戈尔德施米特教授提出，是为评估设计师及其团队设计生产率而设计的分析模型。此方法源自奈杰尔·克罗斯观察几篇有关群体创意设计过程的分析，其方式皆从追溯设计概念发展的历程来分析，并指出设计概念发展历程对创意设计是一个关键角色。也因此，链接表被认为是一种记录设计过程的分析系统，着重在设计动作（Design Move）（这里等同于前文定义的设计单元概念）、设计想法（Design Ideas）或决策（Decisions）上的联结关系，它是将设计过程以一种图像的方式来呈现，可追踪每一个过程之间的关联性，并呈现出结构性的设计推理过程。[9] 其后，许多研究也将链接表的分析方式应用在以设计群体为对象的实验观察中。

坎嫩吉瑟和杰罗曾提出以链接表作为口语分析的方法有两个优点[10]：第一，此方法不受限于设计者的人数，且分析列表中的任何一个区段都有其一致性，因此皆可放在一起比较；第二，分析方式有其弹性，其断句和联结的编码方式可根据研究目的而独立定义。也因此，伦科·范·德·卢格特扩展了戈尔德施米特提出的链接表的使用，用其追溯设计想法产生的过程，并得到具有创意的想法会和其他想法之间有良好的整合关系，若设计想法有经过良好整合的创意过程，则具有较大的联结网路。戈尔德施米特也曾提出，具有生产力的设计师，其产生的设计动作更能和其他的动作相联结，相反地，较不具生产力的设计师的设计动作之

9 Gabriela Goldschmidt, Dan Tatsa. How Good are Good Ideas? Correlates of Design Creativity[J]. Design Studies, 2005, 26(6).
10 Gero J S, Kannengiesser U. The situated function–behaviour–structure framework[J]. Design Studies, 2004: 25(4), 373–391.

间的关系较为随机，而无法贡献到设计概念中。[11]

  链接表中的一个重要概念就是设计动作（Design Move）。设计动作为与设计任务相关的概念，是指对设计的问题分析，提出一些整合的解决方案，一般被认为是思考的基本元素，可能是视觉的、具象的或抽象的。在很多研究中，设计动作为口语分析的最小单位，意即一个断句是一个想法，可通过口语或图像的方式传达至群体之中。接下来，要根据上述的定义对收集到的资料进行编码分析。首先，给予每一个断句（意即每一个设计想法）一个标题，来简短说明此想法的主题，并撷取一张设计过程中代表此标题的电脑操作画面，以方便研究者快速联结设计想法与图面内容，然后再将每一个断句根据"链接依据"的规则来编码，编码结果以图像的方式呈现，图 4-9 为断句初步编码结果的链接矩阵图，最终呈现会将之转为如图 4-10 的链接网络图。

  与概念—知识理论和概念依存模型的联结编码规则相比，链接表对设计过程以沿着水平轴按顺序编号的记录方法更有利于设计过程中联结性思维的分析研究，提出对设计思维的联结性研究就是以创意的结果必然初始于一个想法及其后有许多与之相关的信息相连而成的假设为基点。如同玛格丽特·安·博登（Margaret Ann Boden）所认为，创造力是心智的过程，而非心智产品[12]。之后，阿什温·拉姆（Ashwin Ram）等人进一步指出创意结果并不

| S11/A | 调整椅子 | 11 | | | | | | A | |
| S12/A | 调整橱架外型，迎风 | | 12 | | A | | | | A |
| S13/A | 调整基座 | | | 13 A | A | | | | |
| S14/A | 调整基座 | | | 14 | A | | | | |
| S15/A | 调整橱架外型 | | | | 15 | | A | | A |
| S16/A | 调整基座 | | | | | 16 | | | |
| S17/A | 图书馆方向的入口 | | | | | | 17 | | |
| S18/A | 棚架，旗帜飘扬 | | | | | | | 18 | A |
| S19/A | 棚架接椅子 | | | | | | | | 19 |
| S20/A | 棚架：彩带飘扬 | | | | | | | | 20 |

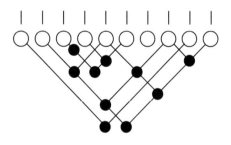

    图 4-9：链接矩阵图        图 4-10：链接表示意图
    图片来源：《Design Studies》     图片来源：《Design Studies》

11 Goldschmidt, G. Serial Sketching: Visual Problem Solving in Designing[J]. Cybernetics and System: An International Journal, 1992, 23, 191–219.
12 Boden, M. A. the Creative Mind: Myths and Mechanisms[M]. London: Abacus. New York: Basic.1990.

是杰出的心智过程的结果，而是一连串的普通思考过程的结果[13]，霍华德·格鲁伯（Howard Gruber）也曾提到创造力从来就不是来自单一的步骤，而是一连串复杂的行动所造成的连锁反应[14]。同样，罗纳德·芬克（Ronald Fink）等人也认为创造力不只是单一的过程，而是许多心智过程集合成的创意发现。[15]设计想法之间紧密相关是创造力的先决条件，越重要的想法，其联结关系越紧密。在联结性思维的分析研究中，需完整观察一个设计任务的设计推理过程与设计想法在个人和群体之间的联结发展，而链接表的基础模型适合本研究所要观察的主题，因此下文将对链接表的内容与特征做详细说明。

13 Ram, A., Wills, L., Domeshek, E. Understanding the Creative Mind: a Review of Margaret Boden' s Creative Mind[J]. Aritificial Intelligence，1995(79): 111–128.

14 Gruber, H. E. Afterword, in D H Feldman (ed) Beyond Universals in Cognitive Development[M]. Ablex Publishing Corp., Norwood, NJ, 1980: 177–178.

15 Fink, R. A., Ward, T. M. and Smith, S. M. Creative Cognition: Theory, Research, and Applications[M]. Cambridge. MA: MIT Press.1992.

# 第三节 联结模型的内容与特征

## 一、基于链接表的模型内容建构

采用链接表分析模型可以记录设计过程，追溯设计概念发展的历程，以及在这个过程中每一位参与者对该设计所做出的设计动作。通过原案编码转译等方法，将设计单元以符号方式表示，并以一种图像的方式把原本抽象的设计思维过程可视化地呈现出来，追踪每一个单元之间的关联性，有助于设计者和研究者分析设计推理的结构模式，观察一个设计任务的设计推理过程与设计想法在个人和团队之间的变化。链接表的主要构成元素包括背景网格线、设计单元之间的连接线、水平跨度序列、成员代号以及单元联结点。

如图 4-11 所示，其中：（1）是背景网格线，可以清晰地展示出设计过程，如果想强调单元与单元之间的联结关系节点而不是突出连接线，那么这种表示就更为清晰。背景网格线的绘制是根据设计步骤的长短以及参与设计的人数决定网格的横轴、纵轴跨度长短。（2）是设计单元的水平跨度序列和。（3）是参与者成员代号，在模型中序列号是沿着水平轴按时间顺序编号；设计师的名字可以由姓氏的大写字母进行替代以利于观看，从左至右的排序方式则根据在设计过程中每个人的发言次序，即最左边是最先发言的，最右侧则为最后一个发言的。而在设计过程中具体的发言频率、次序以及不同设计者之间的关系，则根据具体的设计案例灵活调节。在设计想法产生过程中，需明确得知此设计想法来自哪一位成员，以及与其他想法之间联结的关系。（4）是联结性设计思维模型中的连接线，用于连接前后有所关联的设计单元、设计步骤及设计想法。建立单元间的联结需要与成员传达和接收的想法进行沟通，必须与手头的任务相关，并提供某种解决方案。（5）是单元联结节点，两条连接线所相交的点为动作联结点。这些节点的密度本身就可以提供对设计过程联结性的洞察。如果节点密度过于稀疏，这个推理过程就可能被认为是零乱的、无连贯性结构的，相反，一个非常密集的节点群可能就意味着设计思维的固定，不够发散和开放。

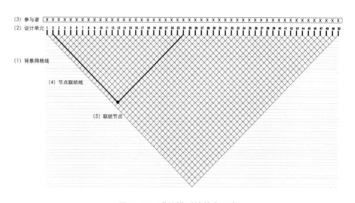

图4-11：联结模型的基本元素
图片来源：根据本研究绘制

　　链接表可以被看作是对设计过程的放大描述，在这个模型中，设计师的每一个设计想法、设计步骤或设计决策都可以被观看到。而设计单元之间的联结并不能完整地描述设计的整个推理过程，因此联结都是分段出现的。尽管如此，设计网络和连接线依旧可以展示出设计者的思维过程。如果对设计单元进行定性和编码，或者对联结的类型进行编码，那么设计过程的可视性就非常清晰了。对于思维模型的应用，设计过程的完整性并不是主要关注点，核心内容在于设计概念是"如何"产生的。通过这个模型，可以找到在设计过程中被参与者忽略的且对设计结果产生影响的设计单元。比如以往团队合作设计的许多研究指出，在群体设计过程中，很多设计师都不记得群体之间是如何发展出主要的设计概念，他们虽然试图回想当时是由哪一个个体第一个所提出，但通常都无迹可寻，在链接表的使用中就能很好地解决这个问题。

　　几乎所有的设计过程都是包含两个设计单元以上的序列，所以在这样的序列中就可以得到一个以图形符号表示的设计过程联结的关系网络。大多数网格描述图或者过程图表示的对象都是作为节点，而节点之间的联结关系作为链接线。在这里需要关注的是表示互为联结关系的链接线，它们作为变量，可以看作描绘步骤过程中联结网络图表中的节点。图 4-12 展示了一个联结模型，其中五个设计单元通过六个链接相互关联。

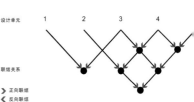

图 4-12：正反向联结示意图
图片来源：根据本研究绘制

在这个联结图表中，设计单元 1 与设计单元 3 建立了一个正向联结；设计单元 2 没有反向联结，但与设计单元 4 和单元 5 分别建立了两个正向联结；设计单元 3 与设计单元 1 建立起一个反向联结，并与设计单元 4 和单元 5 分别建立了两个正向联结；设计单元 4 与设计单元 2、设计单元 3 分别建立反向联结关系，并与设计单元 5 建立正向联结关系；设计单元 5 与设计单元 2、单元 3 和单元 4 分别建立反向联结。一个设计单元的反向联结沿网格线"串"起来，这些网格线起始于一个设计单元并向左对角线建立关联以满足联结动作。与此对应，沿着网格线排列的正向联结同样始于一个设计单元并向右对角线移动以符合相关联结。显然，第一个设计单元不可能有反向联结，最后一个单元也不可能有正向联结。

在第二章的内容里，介绍了联结性设计思维的表征分为正向联结与反向联结。而反映在链接表的分析模型中，正向联结即正向联结思维的表现，反向联结即反向联结思维所建立的结果。微观认知层面的设计综合被理解为源于包含构思和评估行为的循环过程。[1] 这些行为被定义为设计单元，它们组成原始设计方案和解

---

1 Gabriela Goldschmidt.Linkography: Unfolding the Design Process[M].MA: The MIT Press.2014: 47–50.

决方案，直到其中一个解决方案被认为是合适的。联结性设计思维的研究前提就是假定它们之间的联结能够实现最终的结果，或者说是达到设计综合后的"良好的适合"。而设计的原创性和适应性又不可能以同样的方式实现。为了达到原创性，设计师必须提出一些建议。为了确保结果适合，必须对之前提出的建议进行评估，以确保它与为满足要求所采取的步骤是一致的。当在进行评估时，经常会将提案与之前提出的几个问题进行匹配。当在提出建议时，方案继续向前进行，设计者所做的决策可能会与后续行动联系起来，而后续的行动会紧随其后，或在随后的过程中发生。当在对提案进行评估或者评价时，会回顾已经完成的部分，以确保当前的工作和之前的建议能够良好地匹配，并且在设计过程中没有明显的矛盾、不匹配或者其他负面的结果。因此在这里，向后回顾的过程创建了反向联结，而向前衍化的过程则创建了正向联结。如果想要了解设计活动中的设计想法、设计决策或设计步骤上的联结关系，就需要分别查看这两个方向的思维过程和每一个过程之间的关联性。

## 二、联结关系的类型

在链接表中，联结关系的产生并不是固定的。每一个设计单元都可能会影响到更多的联结，而新生成的联结可能是向前推进，也可能是基于之前的设计单元所产生的。因此，基本的联结类型有零联结、单向联结和双向联结三种，具体示例如图 4-13 所示。其中，设计单元 2 与其他单元没有产生任何关联，无联结建立，故为零联结；设计单元 1 与设计单元 3 建立正向联结关系，设计单元 5 与设计单元 4 和设计单元 3 建立反向联结关系，不论正反

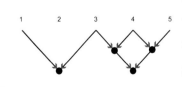

**图 4-13：联结类型示意图**

向，都只建立了单方向的联结关系，因此称为单向联结；设计单元3与设计单元1建立反向联结，并与设计单元4建立正向联结，同样，设计单元4分别与单元3和单元5建立反向联结与正向联结，因此设计单元3和设计单元4可以称之为双向联结，故为在正反两个方向产生联结关系。

那么，联结的类型在联结性设计过程的分析中分别意味着什么，下文将以一个原案分析实例来分别说明（具体原案资料见附录）。该原案记录了一个由三名产品设计本科学生（A、B、C）组成的团队，他们正在设计一个烟灰缸，专门在公园或海滩等户外场所使用。在设计讨论的初始阶段，他们主要围绕该烟灰缸的外形以及烟灰缸的表面材质以用于吸烟者可以在上面扔烟蒂，讨论持续了几分钟，其间有27个设计单元。在第27步，讨论转向另一种替代解决方案。图4-14为一个链接表，它记录了这段设计过程中27个单元之间的联结。

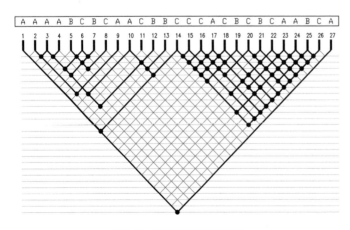

**图4-14：烟灰缸设计原案链接表**
**图片来源：** *Linkograhy*

1. 零联结

从图4-14中可以看出，联结模式的一些独特性就显现出来。该过程可以看成两个部分：从单元1到单元14生成少量联结，从单元14到单元26生成较多联结。在这里，将重点解读每一个设计单元的联结类型。在上面的链接表中有一个没有联结的单元：即单元11，在原案分析的记录表中可以看到讨论内容为："如果开始下雨会发生什么？"在讨论这个设计方案时，设计师C提出了这一构想，解决方案必须在各种天气下都有效。她问下雨会如何影响烟灰缸。干湿条件的问题在之前的讨论中没有提到，其他设计师也没有注意到这个问题，也许是因为他们认为这个设计要素不会影响到最终的设计结果，或者他们认为这个问题应该放到以后再讨论。因此，这个步骤没有联结到任何以前的步骤，也没有联结到任何后续步骤。因此，第11步没有联结。这种联结类型被称为零联结。在许多联结图表中可以找到少量的零联结现象，但这种现象多发生在较为初级的设计团队的设计过程中，而不会出现在有经验和成熟的设计师中。形成这种情况的原因可能是因为成熟的设计师能够预测他们之后可能采取的更多步骤对设计过程的影响。例如在围棋比赛中，大师们一定会比新手考虑更多未来的步骤和棋局发展的可能性。在设计中也是如此，专家们更容易避免零联结现象的发生。

2. 单向联结或双向联结

在上图中可以看出，单元4、7、8、9、12、13、26只有反向联结，以及设计过程的最后一个单元27，在任何设计过程中都可以视为没有正向联结。相比之下，只有正向联结的单元1、单元2和单元5在图中可以看到。仅向后或仅向前联结的设计单元称为单向联结，而其他的则是双向的，因为它们同时具有向后和向前联结。单向联结是第一步和最后一步的唯一可能。其他单向联结表明，设计师要么专注于到目前为止所发生的事情（仅针对反向联结），或者专注于到目前为止已经完成的新想法，但后来的移动形成了联结。除了零联结（单元11）以外，这个序列中的所有其他联结都是双向的。如果计算出两个方向的联结，有七个单向动作，只有反向联结占28%；两个单向移动只有正向联结，占8%；绝大多数都为双向联结，占 60%。通过美国麻省理工学院的统计数据，双向联结的比例通常接近三分之二，对于经验丰富的设计师来说，平均比例会略高一些。在烟灰缸设计案例的链接表中，正向联结与反向联结的比例为 3.5：1，正向联结要明显高一些。可以看到，几乎所有的单向联结都集中在联结性设计思维模型的前半部分，而从第 14 步开始，大部分的联结方式都为双向联结。通过双向和单向联结之间的平衡，以及两者在联结总数中所占的比例，可以一方面了解设计过程中设计人员之间的联结关系，更为重要的是，通过该模型，有助于发现设计过程中的创新点。双向联结表明两种推理模式之间的快速转换与发散和收敛思维相关。正如第二章所提到的，发散思维和融合思维之间的高频率转换是创造性思维的典型特征。在上图中，第一部分是"弱"的，因为很少取得进展，而下半部分是"强"的，因为在这部分中有更多显而易见的创造力。

## 三、关键步骤与关键路径

上一小节区分了有联结和没有联结的设计单元，以及只形成向前或向后联结的单元和具有双向联结的单元。在组成设计过程的若干单元中，哪些设计单元是特别的并且对设计结果产生重要影响呢？这个问题也是联结性设计思维的分析研究中需要重点探讨的问题。按照"创意的结果必然初始于一个想法及其后有许多与之相关的想法相连而成"[2]的说法，在设计过程中最重要的单元，就是那些与其他设计单元形成了特别多联系的单元。在链接表的记录中，它们被称为关键步骤（CMs）。每个设计单元生成的联结数量不尽相同。如果联结作为过程质量的主要指标这一基本前提是正确的，那么关键步骤就具有特殊的意义。从很多实际实验的记录结果来看，大多数设计想法的出现时间多为片段、不连续的，只有很少部分重要的设计想法会贯穿整个设计过程，成为此次设计工作的主要设计理念。这个想法会对其他的设计想法有较多且持续的影响，同时也会有比较大的可能去影响其他设计师的思考。

---

2 Gabriela Goldschmidt, Dan Tatsa. How Good are Good Ideas? Correlates of Design Creativity[J]. Design Studies, 2005, 26(6).

一个设计单元要产生多少个联结才有资格称为关键步骤？这个数值可根据每个设计过程的具体情况而定。关键步骤的识别与研究人员在分析设计情节时建立单元之间关联的倾向有关。如果在判断联结是否存在时倾向于严格，则联结的总数将不会很高，因此，相对较少数量的联结就足以使该设计单元被认为是关键的；如果建立联结允许更多的余地，联结的数量将会很高，因而需要更多的联结才能使该设计单元被视为关键。因此，确定关键步骤的阈值（即标准范围）是灵活的，每个研究都根据联结的数量和研究目标来确定阈值。有时在同一研究中会使用多个阈值，以比较不同阈值下的参数。因此，当谈到关键步骤时，首先必须指出阈值。链接表的绘制通过在图表的上端添加 CMt 符号来实现，其中 t 是所选择的阈值。链接表可以指定三个不同阈值中的关键步骤，如图 4-15 所示。经过美国麻省理工学院的统计数据，比较好的阈值是可以产生一个序列中总移动数的 10%~12% 的关键步

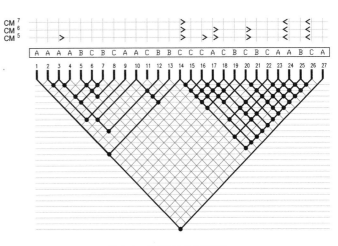

**图 4-15：链接表中的关键步骤**
图片来源：*Linkograhy*

骤。[3]

那么，明确如何计算指定的联结数量是非常重要的前提。如果想要更进一步地了解设计过程，就可以查看设计步骤生成的联结总数，或者查看两个方向之一（正向或反向）的联结数，其中后者可以指出在无论是向前还是向后的联结中的关键步骤。换句话说，一个设计单元在一个方向上生成的联结就足以标记为关键步骤，不管它在相反的方向上建立了多少联结。关键步骤同样在图表中用 CMt 符号表示：<CMt 表示 T 或更多的反向联结而导致的关键步骤，反之，>CMt 代表 T 或更多的正向联结而导致的关键步骤。只有在极少数情况下，一个动作的联结数量可达阈值数量或更多，其中包括正向和反向联结，也就是说，总共至少有 2t 个联结。对于阈值 t，在这种情况下的符号用 <CMt> 来表示。在链接表中符号 CMs 用来区分每个阈值级别上的正向联结和反向联结。在图 4-15 烟灰缸设计的联结图表中，关键步骤的阈值定为 5、6、7。在最高阈值时，可以看到有三个关键步骤，分别是设计单元 24 和单元 26 在阈值 7 下的反向联结，以及单元 14 的正向联结。当降低阈值时，更多的设计单元通过重要性的测试；在这种情况下，只增加了正向的关键步骤，单元 14、17 和 20 的正向联结在阈值 6 下被定义为关键动作；在阈值 5 的范围下新增了单元 3、14、16、17 和 20 的正向联结。在这个原案的三个阈值范围下都没有出现双向联结，均视为关键步骤的设计单元。在所有单元中，阈值 7 下的关键步骤占 11%，阈值 6 下占 19%，阈值 5 下占 26%。根据上述麻省理工学院的研究数据，对于大多数目的，在烟灰缸的设计联结分析中，都倾向于将关键步骤的阈值指定为 7 个联结。

在设计过程中的联结性分析，第二个重要的概念就是关键路径的识别。关键路径（Critical Path）的定义最早由麻省理工学院建筑系主任约翰·哈布瑞肯（John Habraken）和他的博士研究生王明红（Wang, Ming-Hung）所提出，他们将操作过程画成一个包含操作步骤和决策的联结网状图，并有专家评定出关键路径。[4]之后"关键路径"一词被戈尔德施米特教授和塔

---

3 Gabriela Goldschmidt, Linkography: Unfolding the Design Process[M]. Massachusetts: The MIT Press.2014: 59.
4 Wang, Ming-Hung and Habraken, John N. Six Operations : Notations of Design Process[J]. CumInCAD, Spring, 1982: 1-18.

斯特所借用，应用在链接表记的分析中，指的是设计过程中关键步骤的序列。虽然此关键路径并非由专家评估而来，但这两位学者发现评定出的关键路径和王明红以及哈布瑞肯的结果有很高的相似度，关键路径被认为可以观察设计推理过程。[5]

王明红和哈布瑞肯的研究目的是定义可以解释设计过程的设计操作，探讨了这六种操作之间的一些内在联结关系，并以网络格式记录。他们同样使用了原案分析法记录设计过程，一名设计师被要求在公寓内布置家具和其他物品，并提供平面图。这项任务被刻意简化，这样研究就可以集中在要点上。该原案被分解为决策制定的设计步骤。接着，几乎在同一时间进行的行动被合并成一个步骤。在总共 12 个步骤中，做出了 35 个决定。王明红和哈布瑞肯根据他们的分析绘制了一个网络图，其中节点代表决策，连接箭头代表操作，如图 4-16 所示。王明红和哈布瑞肯请专家组确定了一条关键的路径，包括在这个过程中所做的 8 个主要决策，通过它们的序列号来识别，分别为 1、2、3、10、12、14、19、20。

戈尔德施米特教授和塔斯特根据王明红和哈布瑞肯的网络图绘制了一个链接表，如图 4-17 所示，其中节点表示设计单元之间的联结关系，而王明红和哈布瑞肯的节点是编码后的设计单元。在链接表中，联结数量多的设计单元一目了然。在有三个联结点可定为关键步骤的级别下，符合条件并组成关键路径的设计单元分别为 1、5、10、14、19、20、33。虽然

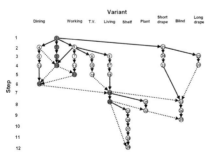

图 4-16：王明红和哈布瑞肯设计研究的网络联结图

图片来源：*CumInCAD*

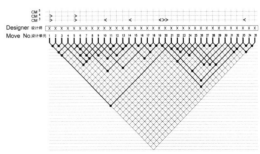

图 4-17：基于网络联结图改编的链接表

图片来源：*Linkograhy*

5 Gabriela Goldschmidt, Dan Tatsa. How Good are Good Ideas? Correlates of Design Creativity[J]. Design Studies, 2005, 26(6).

该关键路径与王明红和哈布瑞肯的关键路径不相同，但它们极为相似，两者的对比如下表 4-1 所示。表中的数据对比能够验证由联结强度确定的设计单元的关键程度和由其他标准下（在这种情况下是专家评估）独立确定的关键程度之间的正相关关系。这一结果支持这样的观点，即设计和设计过程的关键步骤确实可以通过它们相对于同一序列中的其他单元形成的向后或向前的联结数量识别出来。

| 联络网络图中的关键步骤 | 1 | 2 | 3 | 5 | 10 | 12 | 14 | 19 | 20 | 33 |
|---|---|---|---|---|---|---|---|---|---|---|
| 联结网络图中的关键路径 | X | X | X | | X | X | X | X | X | |
| 链接表中的关键路径 | X | | | X | X | | X | X | X | X |

表格来源：作者根据戈尔德施米特教授的研究绘制

表 4-1：联结网络图中专家评估和链接表中的关键路径对比

## 第四节　联结性设计模型的应用与分析

联结性设计的方法包括表达、记录和评价三个方面，其中表达是前提，首先要将黑箱内的设计思维以可视化的形式表达出来。其次，将设计活动的过程记录下来，把过程中的语言、动作及草图行为转译与编码。最后，根据时间顺序在水平基线上划分设计单元，并识别出相关单元之间的联结来构建出模型。联结性设计模型在应用分析的过程中，应把观察重点放在单元间的联结关系所产生的结构上，即以一个"设计单元"作为一个分析单位，并假设在设计过程中越有意义的想法，则会有越多与其他想法相关的联结，从而找到设计过程中的关键动作，总结设计者或设计团队在思维层面上的设计问题分析过程、设计概念演化过程以及设计方案求解过程、创造力的生成过程以及团队合作的成员贡献等问题，引证联结性设计思维在设计过程中的重要性和指导意义。因此，本节将以烟灰缸、王明红和哈布瑞肯所做的设计原案作为案例重点讨论联结性设计模型的应用和分析侧重点。

### 一、联结的图形结构

前文讨论过几乎所有的设计过程都是包含两个设计单元以上的序列，所以在这样的序列中就可以得到一个以图形符号表示的设计过程联结的关系网络。这些由联结点组成的图形模式是可以在一定程度上反映设计过程的内容和结构，例如关于一个子问题讨论的起点和终点，对于一个设计概念后续的发展情况以及设计过程中不同阶段的体现。在图形的探讨中，戈尔德施米特教授提及一个较好生产力与较差生产力的设计过程，设计单元间形成的联结关系图形的表现是不同的[1]；伦科·范·德·卢格特在联结理论研究上进一步提出，一个具有创意的设计过程，其图形会有庞大的联结网、少量的自我联结，以及各种联结种类的平衡[2]；提出FBS编码类型的研究学者凯恩和格罗也总结了联结图形的四个类型，四项类型说明设计单元延伸的发展程度，从联结图像分布与数量解释每一个图像所代表的意义，如表4-2所示。

---

1 Goldschmidt, G. Serial Sketching: Visual Problem Solving in Designing[J]. Cybernetics and Systems: an International Journal, 1992(23): 191–219.
2 Remko van der Lugt, R. Sketching in Design Idea Generation Meetings[D].Faculty of Industrial Design, Delft University of Technology. 2001.

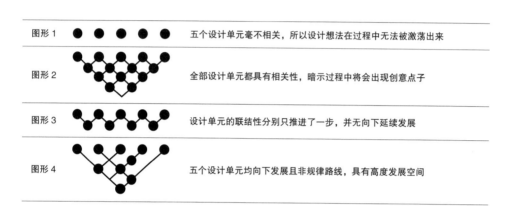

| 图形 1 | 五个设计单元毫不相关，所以设计想法在过程中无法被激荡出来 |
| 图形 2 | 全部设计单元都具有相关性，暗示过程中将会出现创意点子 |
| 图形 3 | 设计单元的联结性分别只推进了一步，并无向下延续发展 |
| 图形 4 | 五个设计单元均向下发展且非规律路线，具有高度发展空间 |

**表 4-2：以五个设计单元说明四种联结图形的意义**

在这四种图形中，第一种是没有讨论的必要的，后面三个在不同的设计过程中都代表一定的意义，以烟灰缸的设计原案为例（见图 4-18），具体说明除第一种图形外的三种图形在过程中分别代表的意义。正如已经指出的那样，该图中明显分为两个部分，第一部分包括设计单元 1 到单元 14，第二部包括单元 14 至单元 26。单元 27 与单元 1 形成反向联结，但同时在相反方向与之前的联结全部断开并转向一个不同的设计概念讨论。单元 14 是两个部分的中间点。两部分都由一个明显可辨的三角形组成，即称为区块。这个概念与诹访和特沃斯基提出的概念依存模型中的区块相似，都是相同的一个设计主题深入、详细的探索。在这个案例中共形成两个区块，并且通过一个设计单元联结在一起。这说明了单元 14 起到了承上启下的作用，即回答了设计单元 1 所提出的问题，又引出了第二个问题，并且得到后续步骤的积极响应。区块在图形上的特点是单元间有一定的正向反向联结关系，但单元之间并没有形成特定的规律。两个区块之间的关系是不定的，可以是像在这个案例中有一个或几个枢轴的单元做承接，或在两个区块之间建立了重叠联结关系的单元。此外，区块也可能是完全独立的，在块与块之间没有任何动作产生联结关系。区块是连续设计单元之间的联结块，这些联结几乎只在它们之间形成联结，并且松散地或根本不与其他单元建立联结。一个区块中单元间相互联结的关系是对彼此的相关属性、设计问题以及可能性的交叉检查。当这种检查完成时，至少阶段性的完成或当它被打断时，一个新的思维循环就开始了，在新的循环中发展讨论另一个问题。在讨论一个问题时，设计师或团队关注这个问题，并将设计师或团队的几乎所有注意力引向这个问题；只有在偶然的情况下，才会出现与前一个主题相关的问题，这就是在后期过程中找到与前一个区块发生相关的联结的地方。这种思维模式加强了对设计问题解决的理解，即设计问题的解决是对范围有限的子问题的一系列检查。在某一时刻，子问题被合并，解决方案被集成或综合到一个单一的设计方案中。区块反映了思维过程的结构，由于图形属性，它很容易在联结图中被捕获。然而，在某些联结图中很难定义区块。这种情况其实说明了它们所代表的设计过程的结构不明，没有对明确概述的设计问题进行逻辑性的分析处理。

当在相对较少数量的移动中生成大量联结时，就形成了表 4-2 所示的网状结构。在图 4-18 的联结图中，可以看到单元 14 和单元 19 之间形成清晰的网状。互连单元 20-26 间的链路也可以被认为是网。网是联结密度特别高的一部分，网比区块小，并不是在所有的联结图中都可以找到。形成网状结构的设计单元记录了一段简短而密集的几个步骤，其中某个问题被非常彻底地检查，并且它的各个方面被编织在一起，以确保它们彼此一致。例如，在烟灰缸的设计片段第 14-19 单元中，团队讨论了必须处理每天抽 40 根香烟的重度吸烟者的可能需要解决的问题。在第 20 单元，他们继续谈论普通吸烟者和他们的习惯。当某些东西需要特别的澄清时，或者当一个想法正在通过几乎同时提出它的几个方面来建立时，就会发现网络。普林斯顿大学的心理学教授乔治·阿米蒂奇·米勒（George Armitage Miller）曾发现，在处理信息时，人们可以在短期记忆中容纳 7±2 个项目[3]，这解释了大多数网络属于一系列不超过 7 个紧密相连的设计单元的事实。例如，图 4-18 中的网状结构包含 6 个单元，而单元 20 至单元 26 的顺序是 7 步。

---

3 Miller, G. A. the Magical Number Seven, Plus or Minus Two: Some Limits on Our Capacity for Processing Information[J]. Psychological Review.1956, 63 (2): 81–97.

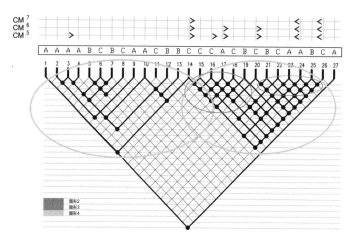

**图4-18：烟灰缸设计原案链接表**
**图片来源：《Linkography》**

图形3的形成是设计单元序列将每个单元联结到上一个单元。这种情况下形成的连接线使人想起锯齿形的Z字形图案。当这种情况发生时，所代表的意义可能是当时的思维是非常线性的，一个想法导致下一个想法，每一步都会对刚刚说过或做过的事情做出反应，但没有更全面的观点。在烟灰缸的设计片段中，介于单元22和单元26之间有一个非常短的图形3的例子。当Z型锯齿结构是独立的形式，没有向下继续发展成为更大网状结构组成部分的时候，可能说明设计者并没有参与设计方案的综合阶段，而是在线性串中将一个观察或命题构建在另一个上，并没有试图拓展或深化思考。

通过对联结图形的识别和判断，结合原案资料编码的设计单元内容，就可以以视觉化的形式将设计思维和推理的结构在联结性设计模型中展示出来，同时也会警示设计者还欠缺哪些部分的思考，比如区块代表设计者或团队正在系统地考虑主要概念或细节处理的连贯性问题，而缺少区块可能就是相反的证据，设计者正在思考单个问题，或者在几个问题之间来回跳跃，并没有深入发展。对于图形意义的解读可以根据不同研究目的或当时的设计阶段单独判断。

## 二、联结的密度

在众多设计单元形成联结后，对于各个阶段密度的讨论肯定是必不可少的环节。联结图中的联结数量在不同情况下差别很大。当然存在个体差异，但最有影响的因素是联结图的长度。在包含大量单元的网络中，联结的潜力更大。在饱和的网络中，潜在联结的数量是 $n(n-1)/2$，其中 n 是设计单元的数量，当然，饱和的联结网络完全是假设的，在现实中不会出现这样的网络。以有 50 个设计单元的联结模型为例，潜在的联结数量为 50（50-1）/2=1225。如果只添加一步，潜在联结的数量就变成 51（51-1）/2=1275。换句话说，在序列中增加一个设计单元就增加了 50 个新的潜在机会，第 51 个单元与之前的所有 50 个单元建立联结关系。在链接表中使用的术语是链接指数（L. I.）。链接指数是联结数量与联结图或其部分中生成联结的移动数量之间的比率，表示为比例。最高的链接指数是在网状结构中发现的，这些网状结构被先验地定义为高联结密度的单元组。同一设计过程中可能显示不同阶段的不同链接指数值。例如，在烟灰缸的链接表中，设计单元的数量是 27，联结的数量是 60。因此，链接指数为 2.2。如果分别计算联结图的两个半部分的链接指数得到单元 1 到单元 14 的链接指数为 1.1，单元 14 到单元 27 的链接指数为 3.1。如在联结图中捕获的，这与过程的两个部分之间的联结活动的可见差异是一致的。

联结的密度是设计阶段中联结活动数量的快速指示，这反过来又暗示了设计者实现综合的过程中所做的努力。然而，这里值得注意的是，不要得出这样的结论：高联结密度必然是好的或创造性设计的标志。高联结密度可能是由于多次重复或多次尝试探索不同的思想，而这些思想之间几乎没有连续性。戈尔德施米特教授和塔斯特也曾指出，联结的密度是一个必须谨慎使用的值，并且只能在适当的地方使用，我们发现链接指数值与设计质量之间没有相关性。[4]因此，"创造力"与"设计生产率"、"质量"与"联结密度"之间的关系仍然是下一章实证研究的一个问题。

## 三、联结结构的转折点

对于联结结构转折点的观察也是进一步考察关键步骤的位置是否增加了对思维过程结构的理解。以王明红和哈布瑞肯的设计过程研究为例（见图4-17），它包含两个清晰且略有重叠的区块，第一个从第1个设计单元延伸到第21个设计单元，第二个从第19个设计单元延伸到第33个设计单元。单元19、20和21将两个区块联结起来；末端的单元34和35可以被视为第二个区块的"附加组件"。关于关键步骤，在这里首先观察到的是设计单元1以正向联结开始，以对称的方式在末端以反向联结的关键步骤作为结束，但这里不是最后一步，而是在倒数第三步的位置，这说明了设计师从提出一个命题开始，在随后的单元中进行探索。当序列达到一个明确的结尾时，就有了一个决定性的举动，不一定涉及整个过程，但可能涉及最后一个被检查的问题。在前面也提到过，这个设计过程是由两个非常明显的区块组成的，而开头的正向关键步骤并没有与末尾的反向关键步骤形成联结，而是联结到两者之间的其他单元。它们可以被看作是区块的初始和最终动作，而不是开始和结束序列的关键单元。第一个区块没有最终的反向关键步骤作为收尾；单元1虽然联结到单元21，但它不是关键步骤。然而，在第二个区块中，第一个设计单元19是正向的关键步骤，也是反向的关键步骤。因此，第二个区块以正向的关键步骤作为开始，并以联结到反向关键步骤作为结束。这很有代表意义，因为如果区块是处理已定义的问题，通常是为了确定一个命题是可行的，那么区块从命题开始，以某种形式的结论结束。当然，一个问题可能没有解决，或者探索时间很短且有限，并且在相同的区块中出现了与问题相关的问题，在这种情况下，可能没有最终的反向关键步骤作为结束，就像这个表中的第一个区块情况一样。在某些情况下，相反的情况也是如此，

---

4 Gabriela Goldschmidt, Dan Tatsa. How Good are Good Ideas? Correlates of Design Creativity[J]. Design Studies, 2005, 26(6).

也就是说，区块可能没有初始的正向关键步骤，但可能有最终的反向关键步骤。

区块是相对较大的结构。在区块的内部可能会发现更小的结构，例如网状结构或 Z 型锯齿结构或没形成任何图形的松散结构。在这个设计过程中没有明显的网状图形，在单元 3 和单元 10 之间有清晰可辨的松散结构。在这个小结构中，最后的单元 10 是反向关键步骤，并且包括一个正向的关键步骤单元 5。这似乎将进程向前推进了许多步骤，并通过反向联结对其做出响应，直到单元 10。另一个反向的关键步骤是在设计单元 14 中找到的，但是它的联结是局部的，也就是说它的反向联结跨度很短，它反向联结到单元 10、单元 12、单元 13，并且它可能在序列中没有结构上的重要性。同样，单元 19 的反向联结也是局部的，它反向联结到单元 14、单元 16 和单元 18，而且这也不是对一个区块的长期探索的结果，甚至也不是对一个松散定义的结构的结束。另一方面，单元 19 的正向联结包含了整个第二部分。与下一个同样是正向关键步骤的单元 20 联结在一起，它们在这个区块中为设计活动设置场景，以最终反向关键步骤作为结束。从技术上讲，单元 20 也是第一个区块的一部分，但是它的重要联结使它成为一个关键的移动，与第二个区块的活动有关。在这个区块中没有更小的循环；在这一点上，它与第一个区块不同。一个单元同时是正向联结的关键步骤和反向联结的关键步骤是非常罕见的，因为这种设计决策的总结性很高，并且对后续的发展也起到了积极的促进作用，这通常发生在有经验的设计师中。当它们发生时，通常是枢轴单元，就像当前案例的这种情况一样。在这个案例的双向关键步骤中，设计师总结了他到目前为止所做的工作，涉及几个物件位置的变动，并准备好下一步分配给植物的空闲空间。

每一组紧密相连的单元组合都有一些共同的探讨内容，否则，它们之间就不会有大量的联系。因此，许多后续的单元联结回最初的单元之一，这些单元在特定的动作组中引入主题内容。同样，根据相同的逻辑，在设计过程转向其他问题之前处理该内容的最后一步，并将联结回参与特定块或阶段的讨论的单元。综上，关键步骤的位置或许可以帮助理解设计过程的内容和结构。在本章的研究中，从联结密度、关键步骤、联结图形结构以及关键步骤的位置等方面观察了设计过程中设计想法的整体发展、从"关键想法"得知了重要想法在整个设计过程中所扮演的角色，以及从"关键路径"详细检视了设计推理与联结过程。

## 本章小结

设计认知处于动态变化中并推动着设计过程的发展，前文从"联结"这一概念入手，指出联结性设计思维是在当代复杂新环境中进行设计工作所需关注的认知主线。本章第一节分析了当前的设计研究从规范性转向描述性，设计模式从以问题空间为主到问题空间与解决空间协同进化。第二节描述了现有的设计认知理论模型中对设计认知过程中联结关系的探讨，虽然现在相关的理论模型已经较为丰富了，但真正具有整合性与针对性的理论模型还是非常欠缺的，所以此联结模型是在思维可视化基础上构建联结设计模型，从时间序列的角度描述设计全过程的认知活动，并通过所形成图形特征对设计过程中的内容单元之间的联结性进行量化表达，主要包括联结图形、联结密度、关键步骤和关键路径的特征，通过这些特征可以观察设计过程中设计想法的整体发展、重要想法在整个设计过程中所扮演的角色，以及详细检视设计推理过程。此内容为下一步实验数据采集和分析提供方法指导。

# 第五章　联结性设计思维与方法的实证分析

## 第一节　实验计划说明

## 一、实验介绍

　　本章以第三章和第四章的方法与模型分析为基础，用原案分析和联结设计模型的方式进行实验，进一步讨论在设计过程中联结性设计思维是如何影响设计的及设计师彼此创意想法的产生的历程是什么。实验分为两个部分，第一部分为一个团队设计过程的记录与分析，实验操作过程通过原案分析法进行全程的记录，之后将其整理成联结设计模型用于分析设计过程中的联结性，以及联结性对于联结结构、关键步骤以及创造力等相关元素的影响。第二部分则对实验过程所收集的资料进行分析，基于第一部分的分析结果，对团队合作过程中的设计认知行为做更加深入的讨论。

　　下面是对本实验的设计和操作之间的相关细节作出说明，其中包括实验目的、受测者的选择、实验主题的拟定、实验前准备、实验过程说明、实验环境与设备、记录方法和分析模型等。

### 1. 实验目的

　　第三章和第四章对于联结性设计思维分析的案例都是具有真实设计环境所记录下的设计过程，因此在这个过程中有许多研究者无法控制的变因，比如设计师之间缺乏对彼此想法的评估，意见交换的频率过低，从而影响设计过程中联结性的产生。因此，为更集中获得与联结性有关的设计参数，此实验对设计过程进行一场实验操作，由此来验证联结性设计思维对联结结构、关键步骤、创造力等影响设计的关键因素的影响，并完整记录此实验过程中有关设计师较为复杂、认知行为的细节，以此来对设计过程的联结性思维做更深入的讨论。

### 2. 受测者选择

　　西蒙曾经在书中指出，成为一位专业设计师之后，才有可能成为具有"创造力"的设计师[1]，而霍华德·加德纳（Howard E. Gardner）也曾提出一位创作者具有创造力的行为发生在

---

1 司马贺.人工科学：复杂性面面观 [M].武夷山，译.上海：上海科技教育出版社，2004.

形成专家过程中的前期阶段。[2]因此，为使实验结果更具有参考价值，探讨设计者的创造力及联结关系，所选择的受测者需要在设计领域受到长期训练，并具备足够的设计知识，且具有一定的创作潜力。另外，本研究对象需要一个设计团队，而两位及以上的受测者才能视为一个群体，而本实验重点在于发现和研究联结结构和创造力是如何通过联结性所体现出来的，为让这个团队设计过程单纯化及可被清晰地观察和记录，因此，选择三组受测者共计 6 人次进行设计操作。这六位受测者的背景都是来自相同的设计领域，并且受过 4 年以上的设计专业教育以及具备 3 年以上的实际工作经验。而且为了能让两位受测者在设计过程中交流顺畅，除了彼此设计背景和经历相当外，二者之间也曾互为设计伙伴，了解彼此的设计背景与风格，以使彼此之间有好的互动基础，更利于本实验的执行。

3. 实验题目的拟定

本实验的选题范畴为"城市公共空间装置"。为能让设计者有最大的发挥空间，也考虑到实验时间的限制，避免过长的实验时间让受测者感到疲累而影响到设计结果，因此，在实验题目拟定方面，选择规模不大的设计对象且为设计者熟悉的问题，让受测者能在有限的时间内做多元且深入的思考和合作。

因此，本实验题目定为"城市公共空间中的展亭设计"，设计目的需兼顾环境美学，融合在地景观并包含展亭在公共空间中的基本功能，设计呈现需包含设计图稿、创作理念、作品模拟图、名称、材质、尺寸、安装方式等，相关基地资料请见附件 2 的实验流程说明书。本实验题目采用开放式的问题，让受测者在最少的规则下提出各种可能的解决方式，并达到群体之间的充分交流。

该城市公共空间的具体地点是位于山东济南环山路的一座游园。该游园名为"开元游园"，占地 10600 平方米。该游园因毗邻千佛山风景区开元寺遗址而得名。该游园的规划设计者利

2 霍华德·加德纳.大师的创造力：成就人生的 7 种智能 [M]. 沈致隆，崔蓉晖，陈为峰，译.北京：中国人民大学出版社，
2012.

图 5-1：任务基地位置及实景

用叠石筑路和南北高差，营造了一个植物景观活动广场。该广场的游人多以老人、儿童为主。周边小区及住宅楼较多，所以每天客流量大概在千人左右。广场位置及环境如图 5-1 所示。

## 二、实验准备

### 1. 实验前准备

通过第三章和第四章对于联结性设计思维方法和与之相关的模型分析可知，在设计开始之前，前期资源和计划主要包含"领域已存在的知识和范例"和"设计师过去的经验和技能"这两类，它们都对团队设计过程的设计思考影响很大。因此，为让研究者在之后的资料分析中能清楚地得知设计想法的来源和转变的原因，在此设计中对知识储备和计划的因子给予控制。在领域已存在的知识和范例部分，由研究者统一提供给两位受测者相同的设计任务以及关于此任务的相关信息。而在设计师过去的经验和技能方面，正式实验开始前会请受测者简单介绍自己过去三年的设计经历和设计作品，其中要对个人的设计理念和实践经历进行介绍，让研究者对受测者的先前设计风格与方法有一定的概括了解，也可以帮助受测者共同回忆过去的设计经验。

2. 资料收集方式

受测者在设计过程中需善用上述两类资源，此外也能依据各自的设计习惯在规定时间内额外对设计所需材料进行收集。为获得完整的记录结果，本实验进行时将全程录像和录音。由于本研究分三组同时进行，每组由两位设计师组成，所以每位设计师都将使用各自的笔记本电脑作为设计工具，使用Mac系统的设计师将使用自带的Quicktime Player进行屏幕录制，使用Windows系统的设计师将安装"Freez Screen Video Capture"软件进行屏幕录制，以便完整记录设计师在电脑上所进行的设计动作。

在实验环境与设备准备方面，本实验希望能在自然的状态下获得有效的分析资料，因此将受测者熟悉的设计空间作为实验的场地，避免实体环境的改变对受测者的创意思考造成太大的影响。[3]但由于实验过程中需架设两台摄影机，因此需要较大的空间，所以研究者先会自行选择适合场所，并于每位受测者进行实验之前，询问所需设备和平常工作场所状况，并尽量符合受测者的需求，而在实验过程中，也发现受测者并没有因为实验场地而影响设计思考的状况发生。

3. 实验环境与设备

在实验工具的选择上，三组受测者皆使用数字设备为主，但也能以其他设计媒介作为辅助。本实验由受测者自行准备平常惯用的电脑并带至实验场所使用，3D建模和后期处理方式由受测者自行选择其擅用的软件，三组成员均以犀牛5.0和草图大师8以及Adobe Photoshop CS6为主。研究者提供白纸和铅笔，以便受测者能于设计过程中记录快速产生的尚来不及具体化的设计想法。

---

3 McCoy, J. M. Evans, G. W. the Potential Role of the Physical Environment in Fostering Creativity[J]. Creativity Research Journal, 2002, 14(3–4): 409–426.

## 三、实验流程

1. 实验过程说明

本实验分为三个阶段，第一阶段为知识建立，主要是将该设计题目及相关参考资料提供给受测者，使其了解设计内容。第二阶段为团队设计阶段，以原案分析法作为团队设计合作过程的记录方式。第三阶段为设计结束并产生设计结果之后，会根据原案分析的内容生成联结模型并用于分析和研究。

因为考虑到设计过程中应避免过多外在的因素影响设计过程，因此在实验进行时并无间隔时间让受测者离开实验环境，但实验时间不宜过长，时间过长会造成设计师的疲劳，从而影响设计思考，因此设计任务执行阶段采取快速设计的方式，详细的设计想法与信息用口语的方法进行补足。

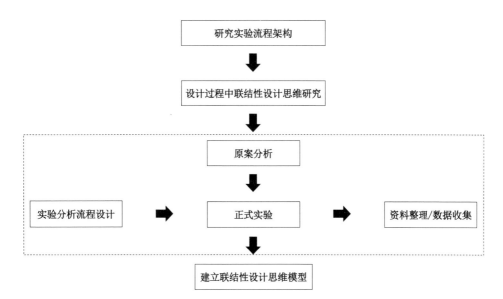

图 5-2：研究实验流程说明

因此在设计工作开始前，用约 40 分钟进行背景信息的介绍，包含设计任务的资料提供以及设计师对先前作品的简介；在设计过程中，三组同时进行，每个团队中的两位设计师用 30 分钟至一小时左右的时间进行方案讨论和分工，手绘完成初步效果图之后再次进行讨论和改进，工作进度随着方案的进度随时进行修改和调整，最终生成三维效果图。整个过程需在 5 小时之内完成，研究实验流程如图 5-2 所示。

2. 实验限制

为能达到好的设计交流，选择的受测者需互相熟悉，对彼此的设计风格也有所了解，因此，不易找到多组皆为专家设计师并且是不同领域的设计师来执行此实验。但本研究是通过原案分析和联结设计模型验证和分析设计过程中联结性是如何影响联结构、关键步骤、创造力的问题，故受测者都来自相同领域足以对本研究问题有初步的了解，在未来研究中则可选用多组不同领域的设计群体，对此议题进行更深入的讨论。

# 第二节 实验内容

本实验共分为三组设计团队，每支设计团队都由 2 人组成。三组都设计相同的题目并都使用数字媒介来做设计，下面将对这三组设计团队的实验过程与结果进行描述。

## 一、第一组设计过程说明

### 1. 设计过程概要

第一组设计阶段需提出初步构想，为让受测者在设计初期阶段尽可能提出各种设计想法，主要进行水平式的创意思考，本次设计共约花 6 小时。在设计前期阶段，对设计主概念的搜寻和讨论约花 1.5 小时，即在概念发现的阶段，讨论各种可能的方案，寻找团队最终关键概念。在概念细节处理阶段花了 1 小时，在这个阶段延续主概念，并侧重于设计对象的形态、结构、材质、色彩及细部建构方式等方面。下面分别简单说明两位受测者（受测者 A、受测者 B）在主概念的搜寻和概念细节处理两个阶段的实验内容。图 5-3 为受测者 B 用草图大师软件建构的 3D 草模，以及实验场景照片和方案设计过程的草图记录。

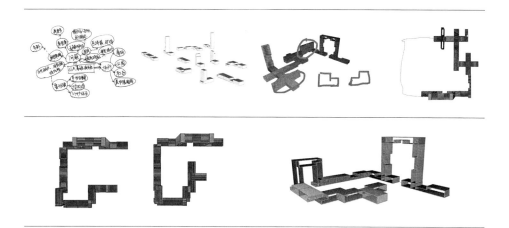

图 5-3：一组设计场景及图面设计记录

一组的两位成员一开始即先对公共空间展亭设计的相关信息作快速、大量的搜寻，定出三个设计策略，分别为"经济型""信息型"和"地标型"三种，并考虑到使用者的角色与需求。而基于前面的想法，该组约花了 40 分钟的时间进行资料搜寻与收集，"经济型"的策略着重在模块化与结构技术这两个议题的案例分析。之后进行基地分析，考虑了使用者行为和当地特色，将上述三个设计策略整合，提出一个以条状金属结构为主，并能快速、简易组装完成的设计方案，确定此方案后，又开始对此设计想法进行相关案例的资料搜寻。该组成员一开始即提出不同的设计方案，之后再将之进行整合，属于先进行水平思考后再进行垂直思考的模式。到具体设计操作阶段，经讨论，该组的两位成员选择直接用三维软件建出展亭的各个小单元体，再尝试单元体之间合适的组合方式，以及最后围合的形态，表 5-1 为一组方案设计阶段的原案资料截取及相对应的屏幕影像截图。

| 设计单元 / 受测者 | 内容 | 原案资料 | 影像截图 |
| --- | --- | --- | --- |
| A53/A | 建独立模块化单元体 | 基本上就是这样，每一个都是条状的长方体，其中有几个是 L 型的组合。这个凹凸是按照你刚刚说的那个想法 | |
| A53/B | 单元组合 | 对，但这个竖向的缺口和它那个横向的缺口长宽不是一样的，对不起来，必须得插进去，所以这个缺口对不对到一起无所谓的。条形的结构能交叉起来就行了 | |
| A56/A | 单元组合 | 是这样吧，把这个插进另一个的缝隙里，刚刚建模的时候这两个的宽度是一样的，所以正好能插进去 | |
| A57/A | 调整形态 | 这个反正都是条状的，要么是顺着方向，要么是十字交叉，就看怎么合适了。反正最后是要围合起来的，关键看怎么走过去了 | |

| 设计单元/受测者 | 内容 | 原案资料 | 影像截图 |
|---|---|---|---|
| A58/A | 调整形态 | 不过这样看起来确实有点奇怪，太复杂了。或许我们不应该打破这个条形的形态，不要弄这么多十字交叉 | |
| A59/A | 高低尺度 | 你看这个拱门，这是最高的了，可以作为主入口，两边也可以当座位 | |
| A60/B | 高低尺度 | 可以，左边也设置一个低一点的拱门，可以是另外一个入口，像这样 | |
| A61/B | 高低尺度 | 现在基本是这样，人放在里面是这种感觉的，基本上是有三个层次 | |
| A62/A | 调整围合形态 | 你看这个整体形体怎么围合比较合适啊，左边这种好像有点累赘了，没有整体感，而且也没有能增加什么额外的功能，反而会不大好坐，但右边这个稍微好点吗 | |
| A63/B | 调整围合形态 | 左边这个好一点，但是最后多出来个垂直方向的小尾巴好像没什么用，把它去掉，然后再把最后一个单元体的方向转一下 | |

表 5-1：一组设计原案片段截取

　　在第一组的设计讨论中，研究者观察到两位受测者配合得比较默契，在以草图的形式商定方案的主要方向后，便直接着手用三维软件尝试建模展亭的形态，在建模的过程中相互讨论单元体、组合、拼接方式、高低层次、功能形式等问题。其间，受测者 B 两度使用资料搜寻的方式，对座椅的条形交叉构造方式和围合形态进行案例搜集和分析，两人综合案例资料，在商讨中有效率地互相配合并找出解决策略。在此阶段，研究者希望彼此能在自然的情境下进行对话，并无任何的时间限制，图 5-4 为方案效果图。

图 5-4：一组设计方案效果图

2. 组内交流关键步骤原案截取

（1）设计前期分析

定性—基地：A1/A: 我刚查资料，看这个小广场位于生活区，周围都是居民，所以比较常来这里的应该都是附近居民。

定性—人群：A3/B: 估计平时老人和小孩来得比较多，那肯定要有坐下来休息的地方。

定性—人群：A4/A: 嗯，这是肯定要的，而且小孩也要能在这个亭子里玩，比如爬来爬去、钻来钻去之类的，让他们能自己开发玩法。

定性—行为：A5/B: 你这个想法挺好的，每个人可以有不同的玩法。老人也可以在这里下棋、休息、晒太阳。

构想：A6/A: 所以，也不能和普通亭子一样，顶部完全遮蔽起来。

问题：A7/A: 那我们就可以考虑色彩不要太单一，丰富一点，小孩一般会比较喜欢。但对老人来说，色彩多了，会不会觉得眼花缭乱？

知识：A8/A: 不会，我之前在养老院做过关于色彩的调查问卷，最后得出的结论是老年人非常喜欢色彩丰富的公共设施。

想法整合：A9/B: 哦，这样啊，那我们就在颜色上大胆一点。还有材料和结构一定要考虑防风防雨的问题。

讨论：A10/B: 木材感觉和周围的环境看起来比较和谐，亲和力更强一点，但可能不适合用在这种广场上。

替代：A11/A: 对啊，我觉得金属会比木材更坚固耐用一点。

补充：A13/A: 而且如果我们选金属的话，结构形态的选择比较多。可以是网状的、多孔的、条状的，而且这些结构排水都不成问题。

构思：A14/B: 单元模块化的形式肯定是最方便省钱的，结合条状的结构拼接的方式也很简单，插在一起就行，和梳子梳头发一样。

资料收集：A15/B: 这是我刚刚找的案例，这些拼接方式我们都可以参考。

资料收集：A16/A: 在这之前，我们先定下来单元的形式比较好。你看这是我之前研究鲁班锁结构的资料。

构想：A17/A: 这些是我提取出来的单元体结构，我们可以在这个基础上再衍化一下，就像这样。

平行：A19/B: 一共有这 6 种形式，结合我们刚刚说的拼接方式，这在结构形态上有很大的自由。

基地—补充：A20/B: 我们再看看场地的具体位置吧，如果放到这里的话，嗯，开口可以对着这里，对着广场主入口的方向。

回溯—平行：A21/A: 在这个基础上，因为需要有两个方向，所以像这种拐角就需要有这种结构的单元体（手绘），这样在展亭的整体形态上我们就比较好把握。

回溯—构思：A22/A: 这种结构方式挺好，它不限制方向，可以水平方向拼接，也可以垂直方向拼接，单元体和单元体之间也没有限制，金属材料也比较坚固，直径够了的话对高度也没有要求。我们就在这个基础上继续吧，再来看看这 6 个单元体的组合方式。

　　…………

（2）细节讨论

想法整合：A52/B：这几种组合方式基本上包括了我们想要的功能，还得注意一下等级关系，别太平。

平行：A52/A：基本上就是这样，每一个都是条状的长方体，其中有几个是 L 型的组合。这个凹凸是按照你刚刚说的那个想法。

补充：A53/B：对，但这个竖向的缺口和它那个横向的缺口长宽不是一样的，对不起来，必须得插进去，所以这个缺口对不对到一起无所谓的。条形的结构能交叉起来就行了。

评论：A56/A：是这样吧，把这个插进另一个的缝隙里，刚刚建模的时候这两个的宽度是一样的，所以正好能插进去。

想法整合：A57/A：这个反正都是条状的，要么是顺着方向，要么是十字交叉，就看怎么合适了。反正最后是要围合起来的，关键看怎么走过去了。

评论：A58/A：不过这样看起来确实有点奇怪，太复杂了。或许我们不应该打破这个条形的形态，不要弄这么多十字交叉。

补充：A59/A：你看这个拱门，这是最高的了，可以作为主入口，两边也可以当座位。

平行：A60/B：可以，左边也设置一个低一点的拱门，可以是另外一个入口，像这样。

评论：A61/B：现在基本是这样，人放在里面是这种感觉的，基本上是有三个层次。

发散：A62/A：你看这个整体形体怎么围合比较合适啊，左边这种好像有点累赘了，没有整体感，而且也没有能增加什么额外的功能，反而会不大好坐，但右边这个稍微好点吗？

评论：A63/B：左边这个好一点，但是最后多出来个垂直方向的小尾巴好像没什么用，把它去掉，然后再把最后一个单元体的方向转一下。

…………

　　联结性设计：过程可视化的产品设计

## 二、第二组设计过程说明

### 1. 设计过程概要

第二组也是相同的设计任务和设计要求。本次设计共约花 5.5 小时，受测者 C 和受测者 D 两人在开始设计任务前，受测者 C 提议先进行任务分工，两人共同讨论任务书的要求、基地情况和人群需求，随后分方向进行资料和案例的收集，受测者 C 负责搜索传统亭子的背景文化、类型和结构特征的相关资料，受测者 D 负责当代展亭的功能特征和典型案例搜集，这一阶段约花费了 70 分钟。在各自整理完搜集到的资料后，两人共同讨论项目定位和主要概念，在对设计主概念搜寻的设计阶段约花 35 分钟，概念细节处理阶段花了 53 分钟，回溯报告花了 40 分钟，交流讨论花了 20 分钟，3D 建模共 65 分钟。下面简单说明两位受测者（受测者 C、受测者 D）在主概念的搜寻和概念细节处理两个阶段的实验内容。

通过第二组的两位成员前期的设计任务研究，考虑基地位置、目标人群的角色与需求，决定以城市叙事载体的主题作为展亭设计的切入点。随后，在空间要素的呈现中，城市作为"点"，以 11 个主题划分转折形态。之后进行基地分析，考虑了使用者行为、当地特色、传统亭子的文化传承和形态元素，将上述设计策略整合，提出一个以多链接模式为主的组构方式。确定方案后，又开始对此设计想法进行相关案例的资料搜寻。两位受测者在模型绘制过程中，能够善用各种 3D 软件的特性，将数位模型来回转换，其共使用了草图大师、犀牛、keyshot 三种软件，皆是为了完成上阶段的概念设计，见图 5-6。另外，受测者在本次设计最后 5 分钟内，

图 5-5：二组设计过程记录　　　　　　　　　　　　　　图 5-6：二组设计方案效果图

使用笔纸工具，快速地将之前的设计构想以手绘草图的方式呈现出来。有关二组的设计结果，见图 5-5。

在合作交流设计中，讨论内容包含新出现的设计想法、展亭的形态和基地的关系以及下一阶段的构筑方式、未来可能会采用的新想法等，两位受测者并皆能对对方的设计内容提出自己的想法，也分享自己的先前案例和知识，之后双方就此议题进行对话。总体而言，讨论的内容着重在展亭形态和功能的合理性上，彼此交换意见，也进行沟通。下表 5-2 为两人对话原案的截取，图 5-6 为与基地场景合成的设计效果图。

| 设计单元 / 受测者 | 内容 | 原案资料 | 影像截图 |
| --- | --- | --- | --- |
| B46/C | 调整顶棚 | 所有的基本就是围绕刚刚咱们定的中心点，以折线的形式向外发散 | |
| B47/C | 调整顶棚 | 垂直方向是由三个层级，这里还需要微调一下连接角度 | |
| B48/C | 调整顶棚 | 我现在把框架里面加上面 | |
| B49/D | 组建桌椅 | 这里可以围绕这个桌子组建座椅，我先把这个拉起来 | |

| 设计单元／受测者 | 内容 | 原案资料 | 影像截图 |
|---|---|---|---|
| B50/D | 顶棚和座椅相连 | 现在把这个转换成椅子，这里还有点卡卡的，我在调那个……它的形状。就是下面那个是椅子，隔壁那个是桌子 | |
| B51/D | 调整顶棚和座椅 | 它的那个接的地方有点断开，衔接不上，我把它弄成这样，看起来协调了一点吧 | |
| B52/C | 调整入口方向 | 你把这个桌椅的切口调向这个广场的入口 | |
| B53/C | 调整间隔 | 我再把桌椅之间的空间调到差不多的距离 | |

表格来源：作者根据研究整理

表 5-2：二组设计原案片段截取

2. 组内交流关键步骤原案截取

（1）设计前期分析

定性—基地：B2/C：根据这周围的环境，这里还挺适合有个凉亭一样的建筑，可以给来这儿玩的人坐一下，遮阳避雨之类的。

基地情况：B4/D：我刚刚看了一下周围的建筑功能和环境的资料，有一个小学的分校，是一到三年级的，上午和下午都有很多家长来这儿接孩子，有骑电瓶车来的，也有住周围的步行的。

目标人群：B5/C：对，我查的这周围还有两所幼儿园，每个幼儿园大概两三百人。在这个公园里主要有看孩子的老人和周围的居民。

知识整合：B8/D：我总结一下，平时白天在这里看孩子的比较多，还没上幼儿园的小孩，大概1-3岁，还有就是看护小孩的老人，附近退休的居民，年龄大概50-70岁。到了周末，中青年人可能会多一些，这离千佛山、大佛头的景点都挺近的，旅游的人也很有可能顺着旅游路逛到这里来。

平行：B10/D：那从功能上来说就是得有老人坐着乘凉、休息的地方，小孩需要有玩耍的场地，因为主要使用人群是老人和孩子，所以该凉亭一定要避免安全隐患，需要考虑孩子的身高、老人腿脚不便等因素。如果在整体设计中能够加入智能元素为该凉亭提供功能性以及安全性上的保障，应该会有更好的效果。

补充：B11/C：嗯，是的，应该加上一些智能的互动，不仅是为旅游的人，特别是为平时经常来这里打发时间的人，考虑加一些他们能用到的互动功能。

发散：B12/C：而且这些在使用上不要太复杂，平时都是老人和小孩来这儿玩得比较多，复杂了，他们用不了。除了这些，还有什么需要现在定一下？方向？色彩？形态？

规范：B13/D：凉亭的颜色设计一方面要注重整体，需要和公园和谐统一。

评论：B14/C：我认为凉亭的形态应该具有表现力。颜色需要醒目。因为晚上在该处游玩的人会更多。

补充：B16/D：还需要注意该凉亭的功能开发，如让老人下棋、供孩子合影留念。

构思：B17/C：结构上应该创新，尽量避免过于类同化的设计，体现出咱们独有的设计语言。

构思：B19/D：我觉得应该在凉亭的顶部下功夫，把设计性体现在上面。

规范：B20/C：还需要注意整体结构的统一，如果顶部过于突出，我觉得会有不稳定的感觉。

资料收集：B22/D：主要在颜色上注意两者的统一。我倾向于用这种造型（展示图片）。

评论：B23/D：结构应该避免之前那一版本的设计，感觉顶部和柱子不统一。

规范：B24/C：那还是要将立面和侧面做一体化设计。

新概念：B35/C：在一体化的结构内，用智能屏幕做一个更具视觉效果的顶棚。

补充：B36/D：虽然顶面不是一个平面，但可采用多块屏幕。

替代：B38/D：对，所以还是每一个平面都是长方形，这样更利于后期的视频放映。

补充：B39/C：嗯，但需要一个后台系统控制整个智能顶棚。

评论：B40/D：我认为现在这个凉亭的整体形态可以了，但是顶棚的颜色和柱子看起来不太协调，可以再微调一下。

补充：B41/D：嗯，可以把饱和度提高一点。

（2）细节讨论

平行：B46/C：所有的基本就是围绕刚刚咱们定的中心点，以折线的形式向外发散。

规范：B47/C：垂直方向是由三个层级，这里还需要微调一下连接角度。

补充：B48/C：我现在把框架里面加上面。

新概念：B49/D：这里可以围绕这个桌子组建座椅，我先把这个拉起来。

评论：B50/D：现在把这个转换成椅子，这里还有点卡卡的，我在调那个……它的形状。就是下面那个是椅子，隔壁那个是桌子。

规范：B51/D：它的那个接的地方有点断开，衔接不上，我把它弄成这样，看起来协调了一点吧！

评论：B52/C：你把这个桌椅的切口调向这个广场的入口。

补充：B53/C：我再把桌椅之间的空间调到差不多的距离。


## 三、第三组设计过程说明


### 1. 设计过程概要

第三小组设计阶段共约花 5 小时，在设计前期阶段对设计主概念的搜寻和讨论约花 1 小时，在概念细节处理阶段花了 30 分钟，在这个阶段延续主概念，并侧重于设计对象的形态、结构、材质、色彩及细部建构方式等方面。在该小组两人交流讨论共同设计的过程中，笔者发现受测者 E 很明显对团队的设计进程有着重要的影响，受测者 F 主要辅助受测者 E 安排的工作和任务，因此两人对设计概念和方向交流讨论的时间相对另外两组明显简短，只占了全部设计阶段的三分之一。

受测者 E 一开始即发动受测者 F 对凉亭设计的相关信息进行快速、大量的搜寻，根据使用者的需求以及场地的情况，定位设计的主概念和服务功能。而基于主概念的演化，他们约花了 20 分钟的时间使用纸笔工具，快速地将之前的设计构想以手绘草图的方式呈现出来。之后进行基地分析，考虑了使用者行为和特色，将上述设计策略整合，提出一个网状拼接结构为主，并能快速、简易组装完成的模块化设计方案，确定此方案后，开始对此设计想法进行 3D 建模，之后，花了大部分的时间约 90 分钟进行渲染输出的操作，此阶段主要着重在数位媒材的操作行为转变上，大部分使用犀牛、Keyshot 和 Photoshop 软件作为最终结果的呈现工具。表 5-3 为两人对话原案的截取，图 5-7 为设计内容资料和方案效果图。

| 设计单元 / 受测者 | 内 容 | 原案资料 | 影像截图 |
| --- | --- | --- | --- |
| C12/E | 单元体 | 现在需要把每个单元体建出来，根据刚刚咱们总结的行为方式就可以 | |
| C13/E | 单元体 / 行为方式 | 一个坐着的，一个站着用的小亭子 | |
| C14/E | 单元体 / 行为方式 | 还需要几个桌子，这个简单一点就行，但高低还是有点差别的好 | |

| 设计单元/受测者 | 内　容 | 原案资料 | 影像截图 |
|---|---|---|---|
| C15/F | 调整形态 | 可以在这几个块上搭个板子，把这几个东西连起来 | |
| C16/F | 细节处理/排水 | 还是镂空的网格比较好，不会显得太平，也不用担心存水 | |
| C17/F | 组合形态 | 我这样弄两块板，把这几个小方块串起来 | |
| C18/E | 组合形态 | 可以，桌子和小亭子可以试试放在这周围 | |

表 5-3：三组设计原案片段截取

2. 组内交流关键步骤原案截取

（1）设计前期分析

定性—基地：C2/E: 该区域处于千佛山附近，整体环境依山而建，在南侧可以看到山脉。

定性—基地：C6/E: 周围高楼不多，主要是一条马路，该小广场在马路南侧，周围有一些绿色植被。

目标人群：C10/E: 该小区根据现场调研能看出来老人和小孩比较多，偶尔有年轻人路过。

基地—构思：C11/E: 所以该广场有一整块平地，周边有林荫小道连接马路。我们这个凉亭还是不能占据太多空间，应该尽量在较小的区域实现错落有致的设计。

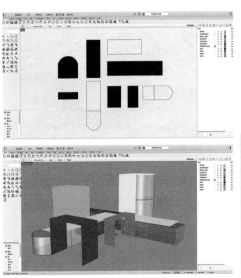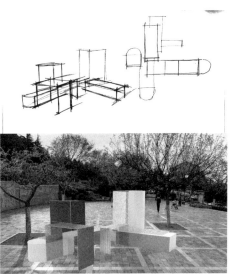

图 5-7：三组设计内容及方案效果图

构思—新概念：C12/E: 根据上面谈到的以及该场地的环境，可以采用模块化设计。通过多种立方体或者各种立体图形的组合，形成一个完整凉亭。

规范：C15/E: 基本结构是这样没问题，同时需要注意下该凉亭的实际作用，以及如何将多种形态的模块单位进行组合。

知识整合：C18/E: 这样基本的形态和结构就可以确定下来，由多个立方体作为主结构。同时由圆柱体、扇形等结构进行拼接组合。

补充：C22/E: 现在各几何体进行拼接组合的时候不能只关注形态，我觉得还需要根据场地和服务人群，在设计中突出该凉亭的服务功能。

发散：C23/E: 比如在这一块，这种组合方式可以供多人聊天，如果我们把椅子的位置围成团，还能够让坐在这儿的人面对面。

补充：C24/E: 对，这样一块区域可以在中间桌子那里放上棋盘。我看很多公共场所有专门用于公共空间下棋的装置，一般是象棋居多。

形态—构思：C25/E: 嗯，增添完这些细节，但整体结构还是要采用网状的，这样也利于排水。

评论：C26/F: 我觉得这种形态结构，采用金属材料比较合适。类似这种。

构思—新概念：C27/E: 下面是关于功能区。用色彩划分功能区。

补充—评论：C28/E: 但色彩要统一，也不能太乱，要不加上孔洞，容易眼晕。

补充：C29/F: 以一个主色的色阶为主，加一两个对比色，我选的配色方案有紫色、绿色、黄色。你可以看下。

替代：C34/E: 我认为颜色还是太跳，有点冲突，整体颜色可以再偏灰一点。然后橄榄绿，渐变的红色，和座椅上的柠檬黄搭配在一块感觉还挺好。

（2）细节讨论

知识整合：C12/E: 现在需要把每个单元体建出来，根据刚刚咱们总结的行为方式就可以。

功能—规范：C13/E: 一个坐着的，一个站着用的小亭子。

形态—发散：C14/E: 还需要几个桌子，这个简单一点就行，但高低还是有点差别的好。

形态—补充：C15/E: 可以在这几个块上搭个板子，把这几个东西连起来。

结构—替代：C16/F: 还是镂空的网格比较好，不会显得太平，也不用担心存水。

平行：C17/F: 我这样弄两块板，把这几个小方块串起来。

平行：C18/E: 可以，桌子和小亭子可以试试放在这周围。

# 第三节 原案分析记录与模型生成

## 一、原始实验资料整理

研究分析资料将根据实验过程中的对话内容、设计过程草图，并以拍摄之影音记录作为实验分析辅助，从三方面来解析整个实验中发生的设计过程。实验结束之后，整理DV影音档案、口语文字档案、图面影像档案、设计过程草图、任务实验说明册、最终设计展示板、设计成果发表档案等资料形态。

## 二、编码与转译

根据第三章原案资料的转译方法和建立编码体系的规则，本研究专注在与设计相关的谈话中，锁定设计概念记录，从双方沟通的过程中截取概念相关的口语资料，借此分析合作设计过程对于设计成果的影响。

此步骤的分析基于原案分析的记录，包含三组设计图资料，即设计全过程影像资料、设计师资料以及回溯报告。三组回溯报告与公开交流的口语资料以及设计过程影片是主要的分析资料，分析方式会基于口语中描述到的每一个"设计单元"，并搭配所涉及的设计过程影像片段进行编码。而回溯过程所对应的影片是作为辅助口语内容的资料，受测者在回溯过程中会用一些手势来辅助表达口语内容，当然这个过程需要通过录制视频的方式来补其不足，让研究者在做资料分析时能对全部的设计想法做更加正确且详细的解读。分析过程包含三个主要的步骤：首先，将口语资料转译为文字资料，之后给予分析判断，最后再针对每一个断句编码。其次，在转译部分，需搭配设计过程的影像资料，断句则以一个设计想法为一个单位，最后，将每一个断句依据编码系统编码，并从结果讨论关于团队设计过程的想法互动关系。编码依据第三章讨论的建立编码的规则，在这里为了方便最后结果的讨论，以英文A、B、C、D作为设计主要概念方向提出编码符号，对这些概念所延伸的讨论给予A1、B1、C1、D1、D2等编码符号，表5-4将呈现第一组设计团队中一小部分资料，以呈现编码与转译细节说明。

| 设计单元编号<br>（片段 S101） | 编码 | 誊写 | 解释 |
|---|---|---|---|
| A1–001 | A | 我们可以做一个模块化的设计 | 讨论过程中，A1 首先提出用模块化的方式。 |
| A2–002 | A1 | 对，做一个模块化组合的装置，能够快速组装和拆卸，也能方便运输 | A2 在这个概念的基础上进一步提出在结构上采用能够快速拆装的方式，演化了 A1 的概念 |
| A2–003 | B | 每一个模块的色彩可以不同，这样在视觉上能增加丰富性 | A2 在色彩上提出了一个新的想法 |
| A1–004 | C | 放在室外的话，也得考虑用防水的材质 | A1 在材料上提出的设想，与上一个概念没有关系 |
| A2–005 | D | 拼接方式上你有什么好的意见吗？是不是互相插在一起的那种比较好？ | A2 在拼接方式上提出新的概念 |
| A1–007 | D1 | 你是说像那种带凹槽的板，两个凹槽十字形相互拼插那种吗？ | A1 根据 A2 的想法，进一步询问具体的方式，是对上一步的推进 |

表格来源：作者根据本研究整理

表 5–4：编码的范例

## 三、构建联结性设计模型

根据上述对原案资料的转译和编码，在模型的构建上就以此将每一个系列内部给予全部的联结，如：D、D1、D2 全部连在一起，最后再根据第三章建立的联结规则探讨系列与系列之间的联结关系，如 E1 与 D 建立联结，这样的方式可以清楚地区分每个概念的走向。在此基础上更进一步的分析方法是在 D 系列内，探讨联结类型时，根据"P- 平行、I- 补充、N- 新概念、A- 替代、T- 发散"的五原则，具体在第三章有详细的阐述。图 5-8 分别显示了三个小组的联结模型结果。

在模型的呈现方式上，研究将各组的合作模式分为两个阶段，其分界点的判断是以最终提案发表的设计内容的概念为指标，例如第一组在成果发表时为以模块化的拼接形式作为凉亭设计的主要概念，研究通过原案资料找到此模块化设计概念原始点，在过程中做出分割线。

第一部分：搜寻主要概念——概念发想的阶段，讨论各种可能之方案，寻找团队最终关键概念。

第二部分：概念细节处理——延续主概念，并侧重于凉亭形态、功能、结构、色彩、材质与使用情景方式等方面。

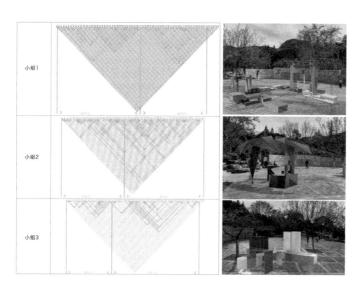

**图 5-8：三组联结模型**

　　观察三个小组的联结模型可看出，在设计过程中概念演化的情形，包含着设计单元的多寡以及单元之间联结的密集性，而由两阶段的切割可以观察设计团队在进入主要发展概念之前与之后的差异性。其中，第一组模型中形成的联结结构是最为庞大的，每一个设计单元间的前后联结都非常密集，说明了设计的概念并不是凭空出现，前半段属于发想部分，后半段承袭先前概念进一步在细节处理上加强密集且深入；第二组联结模型在初期呈现许多概念区块跳动的结构，代表着搜寻主概念的量多，当确定一发展概念，进入细节处理时期，单元间的联结度相对较高，但并没有形成网状和明显的区块，反映出细节不够深入，呈现疲乏空洞之态；第三组的联结密度相对松散，概念演变情形则较为空洞，无论是搜寻主概念或是细节处理虽有连贯但是讨论并不深入，在实验观察的过程中也发现成员间的合作参与度并不是非常高，出现了一人主导的局面。下一节中，将会从联结密度、关键步骤、关键路径以及关键步骤的位置等方面，进一步分析三个小组的设计过程所体现出来的联结性思维的认知特性，来探讨不同联结模型所隐含的信息内容。

# 第四节　实验结果分析

## 一、联结结构

设计过程中的联结关系、设计师与设计师之间的思维碰撞以及创造力的产生等问题都可以通过联结结构进行分析。当通过联结模型去分析联结结构时，联结的密度指数是一个重要指标。因为通过联结的密度指数能够看到联结数量和设计单元数量之间的比例关系，因此联结指数是观察设计生产率的重要指标之一。由于本实验操作是比较三组设计团队的设计过程和结果，每个组都需要独立进行设计和讨论，因此本研究先从设计单元数量来讨论，观察三个小组设计想法产生的情况，见表5-5。

| 组别 | 成员 | 设计单元 | 公开讨论 | 总数 |
|------|------|---------|---------|------|
| 第一组 | A | 25 | 20 | 75 |
| | B | 30 | | |
| 第二组 | C | 44 | 22 | 108 |
| | D | 42 | | |
| 第三组 | E | 54 | 9 | 102 |
| | F | 39 | | |

表格来源：作者根据本研究统计

表 5-5：设计概念数量

从分析结果及对实验过程来观察，由于实验的设定是需要受测者在设计过程中，从初步构想通过一步步讨论、画图，最终得到完整的设计渲染图，因此，从表5-3可看出，在设计过程初始阶段，同组的两位设计师想法数量都是比较高的；而在设计收尾阶段，受测者主要是将前面的设计想法做最后的整理，因此皆着重在渲染图的完成输出，因而产出的设计想法数也较少。而在群体公开交流阶段时，受测者需对回溯的内容做讨论，从表5-3可知，第三组讨论的想法数量明显偏低，这是因为两位设计师对于各自的设计理念都不是十分熟悉，从而无法进行较深入的讨论，也就没有产出较多的想法；但前面两组的设计师相对来讲对彼此都更加熟悉，除了反映在设计想法数量上，从图5-9也可看出在讨论阶段中，与第三组相比联结明显变多，表示想法被拿出来重新讨论和评估的机会变高，其中，两位受测者的讨论内容则会根据自己的背景知识和个人经验，对另一位受测者的某个想法提供转变的新机会；而通过图5-8中第一组的设计则可发现，在两位受测者的回溯过程中，彼此会对其设计内容进行即时的讨论，可见在越来越熟悉彼此设计内容的情况下，讨论会更加频繁，双方会提出更多的设计意见。

　　如果进一步观察和分析三组设计师在设计过程中的互动关系，则需要从下面要讨论的联结指数来观察设计单元，如第四章所述，联结的密度指数是设计阶段中联结活动数量的快速指示，反过来又暗示了设计者实现综合的过程中所做的努力。从下面表5-6来看，可先对本实验的设计过程做一个总体的分析。以本实验结果为范例，联结指数的计算如下：

| 组别 | 设计单元 | 联结节点 | 联结指数 | 正向联结 | 反向联结 | 全部联结 | 联结指数 |
|------|---------|---------|---------|---------|---------|---------|---------|
| 第一组 | 75 | 380 | 3.73 | 513 | 380 | 513 | 5.03 |
| 第二组 | 108 | 234 | 2.17 | 279 | 357 | 420 | 3.89 |
| 第三组 | 102 | 117 | 1.56 | 117 | 190 | 190 | 2.53 |

表格来源：作者根据本研究统计

表 5-6：联结指数

　　从表5-6的结果来看，独立观察单次设计的联结指数，其联结密度随着设计的进展逐次降低，这可能是因为在设计概念初始阶段，需要在短时间内发展出多样的想法，使得想法之间有较高的联结机会；而随着设计的深入，设计师开始聚焦于解决概念想法后的实际建造问题，发散的思考模式逐渐转向有指向性的思考，着重于部分少数的想法来继续发展，联结数也相对减少，因而单次设计的联结数缺乏对前后次设计的联结数目的考虑，使得整体设计部分的统计结果得到较高的联结指数。

　　另外，三个小组的联结模型，在设计前期产生的设计想法有较高的机会影响之后的想法产生，也就是会有较多的正向联结；同样地，在设计后期产生的设计想法有较高的机会受前面的想法影响，也就是会有较多的向后联结，而具影响力的设计单元与联结数较高有关，也是最有可能产生创造力的地方。因此，从联结模型的图形结构来看，出现在早期的设计想法会有较高的机会成为有创造力的想法，这或许验证了里卡多·索萨（Ricardo Sosa）和约翰·杰罗（John S. Gero）在设计创造力的研究中[1]所谈过的有关创造力的发生与想法出现的时间及时机有密切相关的论点。"时间"对设计过程中的评估是一个很重要的影响因子，讨论某一想法的时间长短和此想法最终是否继续保留有很大相关性，时间越长则越有机会对之后的设计想法产生影响。

## 二、关键步骤

根据第四章所述，关键步骤的判定是指包含丰富联结的设计单元，并且其联结可包含正向联结、反向联结或者将二者相加。本实验分析统计了每一个设计单元的联结数，其中，三个组别中的关键步骤见表 5-7。

| 关键步骤数量 | | | |
|---|---|---|---|
| 组　别 | 正向联结 | 反向联结 | 正反向联结 |
| 第一组 | 24 | 18 | 26 |
| 第二组 | 6 | 9 | 7 |
| 第三组 | 5 | 2 | 1 |

表格来源：作者根据本研究统计

表 5-7：关键步骤在设计过程中出现的比例

根据统计，表 5-7 为三组关键步骤中向前与向后连结分布状况，首先通过联结模型的图像建构出关键步骤在两个方向的概念聚集数，找出在同一条联结线上的关联节点，如累积到 5、6、7、大于 8 四个数量层次，给予标示记录。这些关键步骤在联结模型上方标记">"（正向联结）、"<"（反向联结）、"｜"（正反向联结）三种符号，见图 5-8、图 5-9、图 5-10。

---

1 Sosa R., Gero J. S. Design and Change: a Model of Situated Creativity[J]. Creative situations, 2003.

而从本实验的分析结果中可看到，第三组在整个设计过程中，绝大多数的想法产生都是较为零碎、片段的，与其他想法的关联程度小，而仅有非常少数的关键想法会将这些大部分的零碎想法串联起来；第二组的关键步骤数量不论正向反向相对第三组都要多一些；在这三组中，第一组的关键步骤数量最多。

在三个小组的联结模型中，可以发现除了第二组的首个关键步骤为反向联结，第一组和第三组的关键步骤的位置均以正向联结开头，三个小组也均以反向联结结尾。但其实通过仔细观察第二组的联结模型不难发现，虽然首个关键步骤是反向联结，但这里其实是对前几个单元的总结，而第21个设计单元才是后续讨论的开始。关键步骤的位置不是随机的，它们主要发生在相互关联的大区块和小区块的开头和结尾，以正向联结作为开头，并以反向联结作为结尾。而这种模式在逻辑上是可以解释的。每一组紧密相连的单元组合，都有一些共同的内容；否则，它们之间就不会有大量的联系。因此，合乎逻辑的是，许多后续的设计单元联结回最初的单元之一，这些单元在特定的单元组合中引入主题内容。同样，根据相同的逻辑，在设计过程转向其他问题之前处理该内容的最后一步，将联结回位于前列的参与特定组合区块或阶段的讨论最多的设计单元。当然，如果一个问题没有解决，或者探索时间很短且有限，并且在相同的块中出现了与问题相关的问题，在这种情况下，就可能没有最终的反向联结作为总结，就像第三组的联结模型中的第一个组块的情况一样。同样，在相反的情况下也是如此，也就是说，组块中的关键步骤可能没有初始的正向联结，但可能有最终的反向联结。

除此之外，经过对比还可以发现没有关键步骤或非常少的情况下，其生成的联结模型也是一个比较无序的结构，问题可能出在缺乏重要的决定以及设计过程因缺乏连贯性而导致联结关系薄弱。在第二组的联结模型中，可以发现关键步骤出现在没有逻辑过程的位置，例如单元60。而出现这种情况的原因是许多重复的设计想法对过程贡献不大。

综上，从对三个小组联结模型的分析过程中可以看出一个设计过程的关键步骤非常重要，不仅在数量上可以体现出设计过程的质量和设计师之间想法的互动状况，而且可以在其出现的位置帮助理解设计活动的认知特征和推理的过程结构。在两个方向上的关键步骤的平衡比例表明，提出的想法被跟进和检查的，并且在设计者继续前进之前得出关于它们的适当性和实用性的结论，这是专业程度的标志，即没有时间或精力浪费在无法进一步发展的想法上；同时，也没有任何想法是在没有经过至少一些探索的情况下被放弃的。

## 三、关键路径

关键路径意为一段设计过程的关键步骤序列。因此，根据前一小节所定义的关键步骤，此小节着重讨论二者相加部分的关键步骤，即同时具备正向联结和反向联结的设计单元。通过前文对三组设计过程所生成的联结模型的对比，第一组呈现出结构相对良好的模式。因此，本研究就以此作为讨论关键路径的范例。表5-8即列出第一组在本实验中所有同时具有正反两个方向的关键步骤，共26个，得到如图5-11全部受测者的关键路径，并观察其设计推理与互动过程。

| 编号 | 关键步骤 | 设计单元编号/受测者 | 标题 |
|------|---------|------------------|------|
| 1 | I> | 3/A | 形式：为适应不同类型的公共空间——模块化组合 |
| 2 | I> | 5/A | 遮挡、座位、拱门、光影 |
| 3 | I> | 6/A | 拼接方式：互相交叉组合 |
| 4 | I> | 9/A | 组合的方式能方便运输、组合和拆除 |
| 5 | I> | 12/A | 构想1：传统的榫卯结构 |
| 6 | <I | 22/B | 资料收集：关于榫卯的相关构造 |
| 7 | I> | 23/A | 构想2：在组合方式上只利用榫卯的基本原理 |
| 8 | I> | 24/B | 模块化组合——榫卯正负结构 |
| 9 | <I | 25/A | 形态调整，无关功能 |
| 10 | <I | 33/A | 整体的形态呈半围合状 |
| 11 | I> | 37/B | 资料搜索：先前案例 |
| 12 | <I | 47/B | 资料搜索：建构资料库 |
| 13 | <I | 50/B | 场地分析 |

| 编号 | 关键步骤 | 设计单元编号／受测者 | 标题 |
|------|----------|---------------------|------|
| 14 | ▷ | 55/B | 想法整合：使用人群＋行为方式 |
| 15 | ▷ | 57/A | 目标案例：蛇形画廊历年展厅设计 |
| 16 | ▷ | 58/A | 资料收集：金属结构 |
| 17 | ▷ | 61/B | 尝试组合的单元体形态 |
| 18 | ▷ | 62/B | 尝试调整单元体形态 |
| 19 | ▷ | 78/B | 尝试单元体组合后的形态 |
| 20 | ▷ | 79/B | 结合行为分析调整尺度 |
| 21 | ◁ | 82/B | 调整凉亭整体围合方式 |
| 22 | ◁▷ | 85/B | 单元体色彩调整 |
| 23 | ◁▷ | 86/A | 金属结构——防风防水 |
| 24 | ◁ | 89/A | 组合节点细部构造——固定组合方式 |
| 25 | ▷ | 91/B | 预期渲染输出 |
| 26 | ▷ | 121/A | 制作效果图 |

表 5–8：关键路径列表

　　观察表 5–8 关键步骤的内容和在设计过程中的分布，可以发现关键步骤多为概念性的想法，而关键路径就是观察设计过程中重要概念的思考脉络。如受测者 A 的提出凉亭设计的主要概念为模块化组合，并以单元化的几何形体来迎合模块化的构想；受测者 B 的设计意象则是根据设计任务中城市公共空间和凉亭设计这两个主要方向，结合使用者的行为方式，设计凉亭的主要机能。从本实验的关键路径中，皆可看到这些想法的踪迹。然而，从关键想法所建构出来的关键路径，可以观察到设计概念演变的过程（设计前期），但缺乏检视凉亭设计实际建造的内容（设计后期），如在后期的设计内容中只有一个关键想法，也未描述最终的成果，研究者较难从中得知设计结果为何；但可以确定的是，成为关键想法的这些设计想法，对整个设计过程的设计思考具有最大的影响力，几乎所有的关键想法都能在设计进展中，一直保留其概念到设计最后并呈现出其具体成果，并贡献到领域知识中；而那些中间曾经出现过的非关键想法，在设计过程中很可能会面临被淘汰或是转换成其他想法的命运，无法呈现在最终的成果上。由此可知，关键想法是经过一连串的筛选所保留下来的想法，而关键路径则成为此设计的设计推理主轴。

而进一步观察关键路径，设计想法虽然是由跳跃的思考模式而来，但设计结果却是由想法一步一步演变而成，在这里再一次证明了联结性思维在设计过程中的重要性，创造力是由一连串相关联的想法所聚集而成的结果，此可从受测者 A 和受测者的关键路径来看，设计是经由上一个想法加入下一个想法，一个一个累积而成的一个设计成果。其中能清楚看出群体想法相互影响的过程，虚线箭头表示两个想法之间相互影响的关系，如 3 影响了 24 的想法产生，也可以说 24 的想法产生部分是受到了 3 的影响。

这些结果表明，设计推理的复杂过程是非线性的，至少就重要的（关键的）设计动作而言，每一步实际上都是双刃剑：它向前联结，但它也确保与已经取得的成果是一致的，它验证了迄今为止所做的工作，着眼于从这一点出发的方法。联结性设计思维是一种认知策略，保证了设计推理的效率和有效性：它保障了设计过程的连续性，同时也保证了在过程中取得进展，并且满足为正在设计的实体维持坚实和全面的设计理念的需要。这两个方向的关键步骤展示了创造性思维中的发散与收敛的思维模式，体现了结构和内容之间的平衡。如同前文在关键步骤的研究中得到的结论，关键步骤在设计思维中具有重要意义，并且关键步骤中的正向联结和反向联结在联结模型中占据了相当明确的位置，同样，关键步骤也反过来代表了设计思维和推理的过程，从而可再一次证明，设计过程的目的是将大量的问题综合成子解决方案，并最终成为一个全面的解决方案。

## 本章小结

本章的实验研究希望通过原案分析法对设计思维过程的记录和联结模型的分析，能够更加了解设计师之间的互动影响，同时对设计过程的理解及其对设计结果的影响有所帮助。因此，本实验基于对联结性设计思维方法以及设计模型研究，通过设计题目及实验流程的设立以及对实验对象的选择，将前期研究所存在的问题及有待考证的设计实践结果放入到该实验中。通过该实验，着重对设计过程中有关设计内容结构、主要概念的提出、细节演化、语义内容和动态发展特性的联结性设计思维特征进行以数据为依托的深层研究。

这一过程需要对认知数据进行收集和处理，从而获得原始认知分析数据。通过对初始素材的编码与转译，用联结模型实现内容与过程的可视化表达。通过不同的视觉表现形式呈现数据与文本，并将设计结构和设计过程信息清晰地展示出来。实现联结性认知的分解表达。最后通过联结图形结构、联结密度、关键步骤与关键路径的量化与定位捕捉，对认知以及认知中的内涵进行综合分析，从而帮助设计师对设计方案和设计过程进行评估，同时有效验证理论模型。

# 结论

本文在设计认知研究领域中，选取了蕴含丰富信息的思维数据，并通过构建联结模型实现思维数据的结构性转化和设计推理过程中信息的挖掘，从而对设计过程中的联结性思维进行深入研究。基于原案分析法和联结模型的联合运用实现了设计过程从语言到图表的转化以及可视化表达，编码系统和关联机制的拓展分析深入剖析了联结性设计思维的表现，促进了对设计认知隐性知识的显化表达，并通过可视化的方式呈现出在设计过程中所体现的联结性思维。最终通过对设计结构图形、联结密度、团队合作效率、设计过程中的关键步骤、关键路径以及创造力体现等具体设计参数的研究与实验，深入分析联结性设计思维在推理过程中的机制和特征，将复杂的设计思维过程可视化，有助于设计师及团队用理性、逻辑和验证的方法分析展开的设计过程，分析其中的优势和不足，进而便于进一步优化设计中遇到的问题。文章的主要成果和结论如下：

## 一、从"联结"这一概念入手，指出联结性设计思维是在当代复杂新环境中进行设计工作所需关注的认知主线

联结是人类智能运作中一个主要的认知因素，是臆测一物随之唤醒另一物的倾向，这种唤醒倾向可能引发自两物间的相似性、在时空里的邻近性、相联的频率程度或因果关系等。经过心理学领域的研究可以得知，"联结"是人类在记忆里组织知识、回忆知识的方式，脑中知识是由许多不同联结的知识区块组成的。联结性思维的特点就是以经验为基础，思考时往往从具体事物出发，大胆设想，触类旁通。而设计就是做联结组合的过程，如果一个设计师能将记忆中的一个知识团做出特殊联结，回忆它，并应用于设计中，则此设计结果会是脱俗的，也会是有创造力的。同样，在设计中将知识信息多样化的联结形态，是解释设计师有设计创造力的重要概念。

在设计综合阶段试图将收集到的数据组织、操作、修剪、过滤，最终可以用来支持全面、连贯的设计解决方案，是联结性设计思维在设计过程中的体现。产生、检查和调整想法是一个经过大量小步骤发展的过程，只有当实现这些想法的设计行为彼此一致，才有可能实现某些事情。具有创造性的设计拥有一个良好集成的解决方案，能够处理必须解决的许多问题，

并且体现了连贯、新颖、全面的"主导思想"，将设计从单纯的解决问题提升为社会、艺术、技术或一般文化表达，为广大公众所欣赏。一个有创新性的概念不是一个"分离的东西"，相反，所有的设计决策都必须与它兼容，这也是联结性思维的意义所在。因此，理解设计动作之间的联结属性有助于理解产生良好集成的设计作品的本质，也是捕捉设计认知和行为本质的最佳思维方式。

传统的设计研究侧重于通过对实践经验的总结，以及对设计师灵感、直觉等潜能的挖掘，随着时代发展，生存语境发生的巨大变化使人们开始从研究设计对象本身到研究设计背后的关系和成因，在设计研究领域开始注重了解设计活动中所运用或涉及的认知机制，尤其是对设计过程在思维层面的定量化挖掘，例如从事心理实验、收集分析数据、试图解释设计过程中复杂的心理活动和认知现象。只有深入探究设计过程和相关现象的本质，才能进而探索设计过程中概念的产生、方案的演化、创造力的形成条件以及设计过程的内容和结构对设计结果的影响，等等。因此，提出主体设计思维联结性的课题，解析复杂设计内涵，探索抽象思维活动，抓住以此提升设计能力的一种源头和主线。

## 二、明晰"联结性设计思维"在设计过程中的表征和运行模式

本研究针对设计问题不良性、关系不确定性和结构不统一等复杂认知问题，把设计过程中的增量思维划分成独立的小单元，分析每一个独立单元间的联结关系。设计单元是推理过程中语义文本、草图、手势、表情等多维数据，转译为一个想法、一个决策或一个步骤，它在某种程度上改变了设计的状态，即相对于在这一单元之前的状态。除此之外，在团队设计中，设计单元是其中一个成员提出的一个建议或设想得到其他成员的响应和认可，并继续发散讨论。设计单元的内容是按时间顺序生成的，综合起来表达了设计思维的过程。每个设计单元不是作为独立的形式自主生成的，它们会形成不同长度的连续体，彼此之间是相互关联或者相互联结的关系。这些联结的模式既不是事先预设的，也不是以任何方式固定的，但是可以根据规则和经验确定每一个设计单元间的序列关系。

正向联结和反向联结是联结性设计思维中的两个关键表征。当设计者提出一个设计想法

时，后续所做的决策可能会受其影响或启发，与之建立起正向联结关系，这里涉及的思维层面的模式是发散性的；当设计者进行评估或者评价时，会回顾已经完成的部分，以确保当前的工作和之前的能够良好地匹配，并且建立起反向联结，而这里涉及的思维层面的模式即收敛性的。设计作为一项创新性的行为包含着大量的认知活动，可以说在设计过程的前期阶段要实现的综合，实际上是发散性思维和收敛性思维的循环应用。其中构思阶段的正向联结和评估阶段的反向联结彼此频繁地相互建立关联，是在循环检验实施方式和基本原理。

在过程中解析出来的设计单元，彼此之间一定不是单独产生的，而是以各种方式相互关联的。在此基础上建立起的正反两个方向的联结性设计思维表征，可以说是发散性思维和收敛性思维的循环应用。基于创造力和设计中的创造性思考，明晰创造力的知识在创造力的搜寻空间中只是问题空间的节点，而这些节点之间的联结线段是形成创造力更重要的因素，并从联结性设计思维的视角提出三个产生创造力的策略，分别为联想与重组、推论以及建立"实用关联"的搜索过程。最后，在团队合作中联结性设计思维的研究中，把团队合作设计理解为共同探究和想象的过程，即一种反思活动期间现有的工具和材料，以一种新颖的方式创造性地汇聚在一起，在这样的过程中，每个阶段之间的联结、迭代、检验起到了核心的作用，从而产生新的创造力。

## 三、在原案分析法的基础上，通过时间序列的角度描述设计全过程的认知活动，构建围绕设计情境、针对研究目标、贴合认知规律的联结性设计思维模型

首先对联结性设计思维的表达方法、记录方法、分析方法以及在团队合作中的方法进行研究。在联结性设计思维的表达方法中，思维导图、概念图法及原案口语分析法为黑箱中运行的思维推理过程提供了有效直观的显化，是实现联结性设计认知特性量化研究的前提基础。随后的第二节是对联结性设计思维的记录方法研究，其中也分为三个步骤，第一步为将原案资料转译成文字，之后给予分析判断；第二步再针对每一个断句进行编码，进而建立编码体系；第三步是对建立联结关系的规则进行分类，用以表明所发生的思维类型，并根据设计

单元的内容建立联结机制。在面对团队合作的复杂设计团队成员的交互过程，根据现有团队合作阶段行为及沟通模式的研究，构建合作原案的编码与分析体系，在设计过程中思维、语言、草图、情境行为等各种信息的变化以外对内在结构、关联形式表征出的设计认知的内在规律进行分析，为获取联结性设计中的认知特征信息数据来源提供基础。

通过描述现有的设计认知理论模型中对设计认知过程中联结关系的探讨，笔者发现虽然现在相关的理论模型已经较为丰富了，但真正具有整合性与针对性的理论模型还是非常欠缺的，所以该联结图表是建立在思维可视化基础上，构建联结设计模型，从时间序列的角度描述设计全过程的认知活动，并通过所形成图形特征对设计过程中的内容单元之间的联结性进行量化表达，主要包括联结图形、联结密度、关键步骤和关键路径的特征，通过这些特征可以观察设计过程中设计想法的整体发展、重要想法在整个设计过程中所扮演的角色，以及详细检视设计推理过程。

## 四、通过理论联系实践的方式，利用联结性设计思维与方法对设计过程进行分析并探索其实际应用价值

文章最后的实验部分，希望通过原案分析法对设计思维过程的记录和联结模型的分析，能够更加了解设计师之间的互动影响，同时对设计过程的理解及其对设计结果的影响有所帮助。因此，实验基于对联结性设计思维方法以及设计模型研究，通过设计题目及实验流程的设立以及对实验对象的选择，将前期研究所存在的问题及有待考证的设计实践结果放入到该实验中。通过该实验，着重对设计过程中有关设计内容结构、主要概念的提出、细节演化、语义内容和动态发展特性的联结性设计思维特征的量化表达进行深入分析和研究。

通过对设计过程的认知数据采集和预处理，得到认知分析的原始数据。通过对原案资料的转译与编码，实现联结模型对认知数据的过程性和内容性的可视化表达。联结性特征量化的数据通过不同的可视化表达形式，简洁地呈现设计过程认知的内在信息和结构，实现联结性认知的分解表达。最后通过联结图形结构、联结密度、关键步骤与关键路径的量化与定位捕捉，实现了认知中的综合分析，更加综合与深入分析设计认知内涵，可提升设计者对自己

设计过程中的反思分析，甚至对设计者不足之处进行诊断，评价局部设计方案的优劣，有效地验证理论模型的有效性。

本文通过原案分析、特征量化处理等相关方法，结合设计认知理论模型构建了联结性设计思维模型，并提出对后续研究发展的展望。首先是原案资料编码转译自动化处理的发展。本文在对设计原案资料及联结机制的处理上多以主观经验为主，因此本文使用的仍然是人工判断节点联结关系后的数据，这一过程的改善将会大大提升分析过程的效率和水平，特别是在多团队和跨领域的团队合作项目中。

同时联结模型的拓展延伸分析还可以进一步丰富加强，本文的研究仅仅涉及团队设计的过程和概念内容，尚未涉及对团队成员关系的研究。而团队成员的讨论数据中隐含着大量的交互信息，在此基础上拓展对团队成员角色的研究将扩宽本文联结模型的全面性。对于联结模型方法应用的有效性和局限性的探索仍然需要更多的实例分析加以验证和总结。本文仅仅基于单一实验过程对联结性设计模型进行了验证，想要发现其中的问题还需要更多的对设计实践案例的应用分析。

# 参考文献

## 一、著作

### 1. 中文著作

[1] 陈超萃. 风格与创造力：设计认知理论 [M]. 天津：天津大学出版社，2016(12): 65.

[2] 胡越. 建筑设计流程的转变：建筑方案设计方法变革的研究 [M]. 北京：中国建筑工业出版社，2012(5): 22.

[3] 司马贺著，武夷山译. 人工科学：复杂性面面观 [M]. 上海：上海科技教育出版社，2004: 3.

[4] 克里斯托弗·亚历山大著，王昕度，周序鸣译. 建筑模式语言 [M]. 北京：知识产权出版社，2002.

[5] 奈杰尔·克罗斯著，任文永，陈实，沈浩翔译. 设计师式认知 [M]. 武汉：华中科技大学出版社，2013(4): 91-92.

[6] 柏拉图著，王晓朝译. 柏拉图全集第一卷：申辩篇、克里托篇、斐多篇 [M]. 北京：人民出版社，2015.

[7] 谢平. 探索大脑的终极秘密：学习、记忆、梦和意识 [M]. 北京：科学出版社，2018.

[8] 洛克著，关文运译. 人类理解论 [M]. 北京：商务印书馆，1959.

[9] 大卫·休谟著，关文运译. 人性论 [M]. 北京：商务印书馆，2016.

[10] 托马斯·哈代·黎黑. 心理学思想的主要流派 [M]. 上海：上海人民出版社，2013.

[11] 大卫·休谟著，吕大吉译. 人类理智研究 [M]. 北京：商务印书馆，1999: 23-44.

[12] 黄俊杰. 东亚儒学史的新视野 [M]. 上海：华东师范大学出版社，2008: 265-277.

[13] 黄俊杰. 传统中华文化与现代价值的激荡 [M]. 北京：社会科学文献出版社，2002.

[14] 南怀瑾. 孟子与尽心篇 [M]. 上海：东方出版社，2004.

[15] 张亨. 思文之际论集 [M]. 北京：新星出版社，2006: 54.

[16] 胡飞. 中国传统设计思维方式探索 [M]. 北京：中国建筑工业出版社，2007: 18-20.

[17] 艾兰，汪涛，范毓周. 中国古代思维模式与阴阳五行说探源 [M]. 南京：江苏古籍出版社，1998.

[18] 乌约莫夫著，闵家胤译. 系统方式和一般系统论 [M]. 长春：吉林人民出版社，1983：119.

[19] 李砚祖. 艺术设计概论 [M]. 武汉：湖北美术出版社，2009: 104-107.

[20] 约翰·安德森著，秦裕林，程瑶，周海燕译. 认知心理学及其启示 [M]. 北京：人民邮电出版社，2012: 45-47.

[21] 陈超萃. 设计认知——设计中的认知科学 [M]. 北京：中国建筑工业出版社，2008(9): 51.

[22] 赫尔曼·艾宾浩斯著，曹日昌译. 记忆 [M]. 北京：北京大学出版社，2014.

[23] 贾林祥. 联结主义认知心理学 [M]. 上海：上海教育出版社，2006.

[24] 尼格尔·克罗斯著，任文永，陈实，沈浩翔译. 设计师式认知 [M]. 武汉：华中科技大学出版社，2013(4): 141.

[25] 赫伯特·西蒙著，荆其诚，张厚粲译. 认知：人行为背后的思维与智能 [M]. 北京：中国人民大学出版社，2019.

[26] 舍恩著，夏林清译. 反映的实践者：专业工作者如何在行动中思考 [M]. 北京：教育科学出版社，2007.

[27] 克里斯托弗·亚历山大著，王蔚，曾引，张玉坤译. 形式综合论 [M]. 武汉：华中科技大学出版社，2010: 16-25.

[28] 霍华德·加德纳著，周晓林，张锦，郑龙，沈华进译. 心灵的新科学：认知革命的历史 [M]. 沈阳：辽宁教育出版社，1989.

[29] 马丁·J. 埃普乐，罗兰德·A. 菲斯特. 思维可视化图示设计指南 [M]. 福州：福建教育出版社，2019.

[30] 布莱恩·劳森著，范文兵，范文莉译. 设计思维：建筑设计过程解析 [M]. 北京：知识产权出版社 & 中国水利水电出版社，2007(12): 196.

[31] 霍华德·加德纳著, 沈致隆译. 智能的结构 [M]. 杭州: 浙江人民出版社, 2013(7): 127.

[32] 柯林·罗斯, 麦尔孔·尼可著, 戴保罗译. 学习地图 [M]. 北京: 中国城市出版社, 1999.

[33] 丹尼尔·卡尼曼著, 胡晓姣, 李爱民, 何梦莹译. 思考, 快与慢 [M]. 北京: 中信出版社, 2012.

[34] 布莱恩·劳森著, 范文兵, 范文莉译. 设计思维: 建筑设计过程解析 [M]. 北京: 知识产权出版社 & 中国水利水电出版社, 2007(12): 113.

[35] 蒂姆·布朗著, 侯婷译. IDEO, 设计改变一切: 设计思维如何变革组织和激发创新 [M]. 沈阳: 北方联合出版传媒(集团)股份有限公司, 万卷出版公司, 2011: 59–63.

[36] 戚昌滋. 现代广义设计科学方法学 [M]. 北京: 中国建筑出版社, 1996: 367.

[37] 迈克尔·布劳恩著. 蔡凯臻, 徐伟译. 建筑的思考: 设计的过程和预期洞察力 [M]. 北京: 中国建筑工业出版社, 2007: 15.

[38] 舍恩著, 夏林清译. 反映的实践者: 专业工作者如何在行动中思考 [M]. 北京: 教育科学出版社, 2007.

[39] 李巍. 设计概论 [M]. 重庆: 西南师范大学出版社, 2006. 2: 16–17.

[40] 杰夫·德格拉夫, 凯瑟琳·劳伦斯. 工作中的创造力 [M]. 北京: 机械工业出版社, 2005.

[41] 布莱恩·劳森著, 范文兵, 范文莉译. 设计思维: 建筑设计过程解析 [M]. 北京: 知识产权出版社 & 中国水利水电出版社, 2007(12): 115.

[42] 尼格尔·克罗斯著, 任文永, 陈实, 沈浩翔译. 设计师式认知 [M]. 武汉: 华中科技大学出版社, 2013(4): 91–92.

[43] 布莱恩·劳森. 设计师怎样思考 [M]. 北京: 机械工业出版社, 2008(6).

[44] 布鲁斯·布朗, 理查德·布坎南, 卡尔·迪桑沃, 等著, 孙志祥, 辛向阳, 代福平译. 设计问题(第二辑)[M]. 北京: 清华大学出版社, 2016(5): 6.

[45] 杜威著，许崇清译．哲学的改造 [M]．上海：商务印书馆．2002(10): 3-4.

[46] 约翰·杜威著，彭正梅译．民主·经验·教育 [M]．上海：上海人民出版社，2009(4): 179.

[47] 杜威著，许崇清译．哲学的改造 [M]．上海：商务印书馆，2002(10).

[48] 约翰·杜威著，高建平译．艺术即经验 [M]．上海：商务印书馆，2010(8).

[49] 东尼·博赞著，叶刚译．思维导图 [M]．北京：中信出版社，2009: 4.

[50] 孙易新，心智图法理论与应用 [M]．台湾：商周出版社，2014: 2.

[51] 东尼·博赞著，孙易新译．心智图法基础篇：多元知识管理系统 [M]．美国：耶鲁大学出版社，2002(9): 63.

[52] 余民宁．有意义的学习：概念构图之研究 [M]．台湾：商鼎出版社，1999: 28.

[53] 奈杰尔·克罗斯著，程文婷译．设计思考：设计师如何思考和工作 [M]．济南：山东画报出版社，2013(2): 117-141.

[54] 邓成连．设计管理——产品设计之组织、沟通与运作 [M]．台北：亚太图书，1999.

[55] 彼得·罗．设计思考 [M]．天津：天津大学出版社，1987.

2. 英文著作

[1] Bryan Lawson. Design in Mind[M]. New York: Architectural Press, 1994, (9): 107.

[2] Boden, M. A. The Creative Mind: Myths and Mechanisms[M]. London: Abacus. New York: Basic. 1990.

[3] Finke, R. A., Ward, T. M. and Smith, S. M. Creative Cognition: Theory, Research, and Applications[M]. Cambridge. MA: MIT Press. 1992.

[4] Simon H. Sciences of the Artificial[M]. 3rd ed. Cambridge: MIT Press, 1996.

[5] Nigel Cross. Developments in Design Methodology[M]. UK: John Wiley and Sons Ltd, 1984: 57-82.

[6] Marc J de Vries, Nigel Cross, D. P. Grant. Design Methodology and Relationships with

Science[M]. Springer Science & Business Media. 1993: 15−27.

[7] Pahl G, Beitz W, Feldhusen J, et al. Engineering Design: a Systematic Approach[M]. Springer, 2007.

[8] Nigel Cross, Henri Christiaans and Kees Dorst. Analysing Design Activity[M]. Chichester, UK: John Wiley &Sons, 1996.

[9] Goldschmidt Gabriela, Porter William L. Design Representation[M]. London: Springer Verlag, 2004.

[10] Lloyd, P. and Christiaans, H. Designing in Context: Proceedings of Design Thinking Research Symposium[M]. The Netherlands: Delft University Press. 2001.

[11] McDonnell, Janet and Lloyd, Peter. About: Designing − Analysing Design Meetings[M]. UK: CRC Press, 2009.

[12] Paul Rodgers, Articulating Design Thinking[M]. Libri Publishing Ltd, 2012, 4.

[13] Nigel Cross. Design Knowing and Learning: Cognition in Design Education[M]. Amsterdam: Elvier, 2001: 79−103.

[14] CharlesEastman. New Directions in Design Cognition: Studies of Representation and Recall[M]. Amsterdam: Elvier, 2001: 147−198.

[15] Scrivener, S. A. R. and Clark. , S. M. Sketching in Collaborative Design[M]. In L. Macdonald and J. Vince (Eds. ), Interacting Virtual Environment: 1994, 95−118. Chichester: Wiley.

[16] Goel, V. Sketches of Thought[M]. Cambridge, MA: MIT Press. 1995.

[17] Bromley, Karen/ Devitis, Linda Irwin/ Modlo, Marcia/ Irwin−Devitis, Linda/ Modio, Marcia, 50 Graphic Organizers for Reading, Writing and More[M]. New York: Scholastic. 1999.

[18] Pahl, G. , and W. Beitz. Engineering Design: a Systematic Approach (second edition with K. Wallace)[M]. Springer. 1996.

[19] Dubberly H. How do You Design? a Compendium of Models[M]. Dubberly Design Office, 2004, 10(8).

[20] Banathy BH. Designing Social Systems in a Changing World[M]. Springer: Plenum Press, 1996, 2−363.

[21] Hugh bubberly. How do You Design?[M]. Germany: Hatje Cantz, 2004: 7.

[22] Cross, N. Creativity in Design: Analyzing and Modeling the Creative Leap[M]. Leonardo, 1997, 30 (4): 311−317.

[23] Kathryn Best. Design Management: Managing Design Strategy, Process and Implementation [M]. London: Thames and Hudson, 2006.

[24] Clarkson, P. J. and Eckert, C. M. Design Process Improvement − a Review of Current practice'[M]. Springer. 2005: 34.

[25] Tschimmel, K. Design Creativity: Design as a Perception−in−Action Process[M]. London: Springer, 2010: 223−230.

[26] Hillier B. Space is the Machine: a Configurational Theory of Architecture[M]. Cambridge, UK: Cambridge University Press. 1996.

[27] Gabriela Goldschmidt. Linkography: Unfolding the Design Process[M]. Massachusetts: The MIT Press. 2014: 45.

[28] D. N. Perkins. the Eureka Effect: the Art and Logic of Breakthrough Thinking[M]. New York: Norton. 2001. 9: 207.

[29] Plucker, J. A. , Renzulli, J. S. Psychometric Approaches to the Study of Human Creativity. Hand Book of Creativity[M]. Cambridge: Cambridge University Press. 1999: 35−61.

[30] Michel−Louis Rouquette. Creativity[M]. Paris: QUE SAIS JE; PUF edition. 2007: 5.

[31] Amabile, T. M. Creativity in Context[M]. Boulder, CO: Westview Press, 1996.

[32] Csikszentmihalyi, M. Creativity: Flow and the Psychology of Discovery and Invention[M]. New York: Harper/Ccjllins. 1996: 107−126.

[33] Sternberg, R. J. , Kaufman, J. C. and Pretz, J. E. the Creativity Conundrum: a Propulsion Model of Kinds of Creative Contribution[M]. New York Psychology Press. 2002: 34−39.

[34] Csikszentmihalyi, M. the Domain of Creativity. In Runco, M. A. & Albert, R. S. (eds), Theories of Creativity[M]. Newbury Park, CA: Sage. 1990: 190−212.

[35] Goel V. Sketches of Thought[M]. MA. : MIT Press, 1995.

[36] Mumford, M. D. , Baughman, W. A. , & Sager. Picking the Right Material: Cognitive Processing Skills and Their Role in Creative Thought[M]. Hampton Press. 2003: 19−68.

[37] Nigel Cross, Discovering Design: Explorations in Design Studies[M]. Chicago: The university of Chicago press, 1995: 110.

[38] N. F. M. Roozenburg, J. Eekels, Product Design: Fundamentals and Methods[M]. Chichester: John Wiley& Sons, 1995.

[39] David Hildebrand. Dewey: A beginner's guide[M]. Oxford: Oneworld, 2008: 3.

[40] Kees Dorst. Frame Innovation: Create New Thinking by Design[M]. MA: The MIT Press, 2015.

[41] Steven Fesmire. John Dewey and Moral Imagination: Pragmatism in Ethics[M]. Indiana University Press, 2003(9): 67.

## 二、论文

### 1. 期刊论文

[1] 侯悦民，季林红 . 设计科学：从规范性到描述性 [J]. 科技导报 , 2017, 35(22): 25−34.

[2] 李发权，熊德国，熊世权 . 设计认知过程研究的发展与分析 [J]. 计算机工程与应 用 , 2011, 47(20): 24−27, 37.

[3] 范圣玺 . 关于创造性设计思维方法的研究 [J]. 同济大学学报 ( 社会科学版 ), 2008, 19(6): 48−54, 61.

[4] Ram, A. , Wills, L. , Domeshek, E. , Nersessian, N. Understanding the Creative Mind: a Review of Margaret Boden's Creative Mind[J]. Aritificial Intelligence, 1995(79): 111−128.

[5] 侯悦民，季林红，金德闻 . 设计的科学属性及核心 [J]. 科学技术与辩证法，2007, 24(3): 23-28.

[6] 赵江洪 . 设计和设计方法研究四十年 [J]. 装饰，2008(9): 44-47.

[7] Nigan Bayazit. Investigating Design: a Review of Forty Years of Design Research[J]. Design Issues, 2004, 20(1).

[8] 雷绍锋 . 中国近代设计史论纲 [J]. 设计艺术研究，2012, 2(6): 84-90, 117.

[9] 顾文波 . 工业设计中的系统设计思想与方法 [J]. 艺术与设计 ( 理论 )，2011, 2(12): 116-118.

[10] Chiu-Shui Chan. Phenomenology of Rhythm in Design[J]. Frontiers of Architectural Research, 2012, 1(3).

[11] Cross N. Forty Years of Design Research[J]. Design Studies, 2007: 28(1): 1-4.

[12] Grant D P. Design Methodology and Design Methods[J]. Design Methods and Theories, 13(1): 46-47.

[13] Akino. Descriptive Models of Design[J]. Special issue of design studies, 1997, 18: 4.

[14] Susan C. Stewart, Interpreting Design Thinking[J]. Special issue of design studies, 2011, 32: 6.

[15] 陈玉和 . 设计科学 : 引领未来发展的科学 [J]. 山东科技大学学报，2012, 14(4): 1-10.

[16] Nigel Cross. Descriptive Models of Creative Design: Application to an Example[J]. Design Studies, 1997, 18(4).

[17] 顾凡及 . 意识之谜的自然科学探索 [J]. 科学，2012, 64(4): 43-46, 63+4.

[18] Koch C, Greenfield S. How does Consciousness Happen[J]. Scientific American. 2007.

[19] 胡化凯 . 五行说——中国古代的符号体系 [J]. 自然辩证法通讯，1995(3): 48-55, 57, 80.

[20] 孙嘉明 . "人本全球化" : 全球化研究的新领域 [J]. 探索，2017(4): 146-152.

[21] 王黎芳 . 社会学视野中的全球化 [J]. 学习与实践，2006(4): 88-93.

[22] 廖建文，施德俊．从"连接"到"联结"：商业关系的重构，竞争优势的重建 [J]．清华管理评论，2014(9): 24−36.

[23] 周建中．系统概念的起源、发展和含义 [J]．浙江万里学院学报，2001(2): 91−94.

[24] 姚剑辉．系统概念辨析 [J]．系统工程，1985, 3(3): 58−61.

[25] 于克旺．试论系统的概念和分类 [J]．理论探讨，1986(4): 79−82.

[26] 施启良．系统定义辨析 [J]．中国人民大学学报，1993(1): 37−42.

[27] 昝廷全．系统时代：概念与特征 [J]．河南社会科学，2004(1): 125−128.

[28] 胡庆平，李丹，胡志刚．系统的定义及有关问题 [J]．昭通师范高等专科学校学报，2000(3): 5−12.

[29] 张本祥．"系统"概念辨析 [J]．自然辩证法研究，2014, 30(5): 119−123.

[30] 叶怀义．创造，需要以系统思维为指导 [J]．系统科学学报，2019, 27(1): 98−101.

[31] 张强，宋伦，闫姣丽．系统思维方法的重要原则 [J]．西安电子科技大学学报 ( 社会科学版 )，2007(1): 20−24, 45.

[32] 张福昌．工业设计中的系统论设计思想与方法 [J]．美与时代 ( 上 )，2010(10): 9−14.

[33] 马珂，田喜洲．组织中的高质量联结 [J]．心理科学进展，2016, 24(10): 1636−1646.

[34] 葛鲁嘉．认知心理学研究范式的演变 [J]．国外社会科学，1995(10): 63−66.

[35] 徐江，王修越，王奕，等．基于语义链接的设计认知多维建模方法 [J]．机械工程学报，2017, 53(15): 32−39.

[36] G. Elliott Wimmer, Daphna Shohamy. Preference by Association: How Memory Mechanisms in the Hippocampus Bias Decisions[J]. Science, 2012, 338: 270−273.

[37]

[38] Kees Dorst, Nigel Cross. Creativity in the Design Process: Co−evolution of Problem‐Solution[J]. Design Studies, 2001, 22(5).

[39] Nigel Cross, Anita Clayburn Cross. Observations of Teamwork and Social Processes in Design[J]. Design Studies, 1995, 16(2).

[40] Gabriela Goldschmidt, Dan Tatsa. How Good are Good Ideas? Correlates of Design creativity[J]. Design Studies, 2005, 26(6).

[41] 李发权，熊德国，熊世权．设计认知过程研究的发展与分析 [J]. 计算机工程与应用，2011, 47(20): 24−27, 37.

[42] 谢友柏．现代设计理论和方法的研究 [J]. 机械工程学报，2004(4).

[43] Willemien Visser. Simon: Design as a Problem−Solving Activity[J]. Art + Design & Psychology, 2010: 11−16.

[44] 范圣玺．关于创造性设计思维方法的研究 [J]. 同济大学学报 ( 社会科学版 ), 2008, 19(6): 48−54, 61.

[45] Brinkmann, A. Graphical Knowledge Display−Mind Mapping and Concept Mapping as Efficient Tools in Mathematics Education[J]. Mathematics Education Review, 2003(16): 35−48.

[46] Lowe, R. K. Diagrammatic Information: Techniques for Exploring its Mental Representation and Processing[J]. Information design journal, 1993, 7(1): 3−17.

[47] Schon Donald A. , Wiggins Glenn. Kinds of Seeing and Their Functions in Designing[J]. Design studies, 1992, 13(2): 135−156.

[48] A. T. Purcell, J. S. Gero. Drawings and the Design Process[J]. Design Studies, 1998, 19(4).

[49] Goldschmidt, G. the Dialectics of Sketching[J]. Creativity Research Journal. 1991, 4(2): 123−143.

[50] Kavakli, M. , Scrivener, S. A. R. , and Ball, L. J. Structure in Idea Sketching Behaviour[J]. Design studies, 1998, 19(4): 485−517.

[51] Schön, D. A. and Wiggins, G. Kinds of Seeing and Their Functions in Designing[J]. Design studies, 1992, 13(2): 135−156.

[52] Liu, Y. −T. Creativity or Novelty?[J]. Design Studies, 2000(21): 261−276.

[53] Goldschmidt, G. the Dialectics of Sketching. Creativity Research Journal[J]. 1991, 4(2): 123−143.

[54] Verstijnen, I. M. , Hennessey, J. M. , Leeuwen, C. , Hamel, R. , and Goldschmidt, G. Sketching and Creative Discovery[J]. Design studies, 1998(19): 519−546.

[55] Liu, Y. −T. Is Designing One Search or Two? a Model of Design Thinking Involving Symbolism and Connectionism[J]. Design studies, 1996, 17(4): 435−449.

[56] Egan, M. Reflections on Effective Use of Graphic Organizer[J]. Journal of Adolescent and Adult Literacy, 1999, 42(8): 641−645.

[57] Gabora, L. Revenge of the Neurds: Characterizing Creative Thought in Terms of the Structure and Dynamics of Memory[J]. Creativity Research Journal. 2010, 22 (1): 1−13.

[58] Gero, J. S. Fixation and Commitment While Designing and its Measurement[J]. Journal of Creative Behavior, 2011, 45 (2): 108−115.

[59] 万延见，李彦，熊艳等 . 基于创新认知思维过程多参与者协同创新设计研究 [J]. 四川大学学报 ( 工程科学版 ), 2013, 45(6): 176−183.

[60] Masaki Suwa, Terry Purcell, John Gero. Macroscopic Analysis of Design Processes Based on a Scheme for Coding Designers' Cognitive Actions[J]. Design Studies, 1998, 19(4).

[61] 赵红斌，王琰，徐健生 . 典型建筑创作过程模式研究 [J]. 西安建筑科技大学学报 ( 自然科学版 ), 2012, 44(1): 77−81.

[62] 龚尤倩 . 行动研究中的反映对话 [J]. 中国社会工作 , 2016(25): 24−25.

[63] Gericke, K. , Blessing, L. , Comparisons of Design Methodologies and Process Models Across Disciplines: a Literature Review[J]: Proceedings of the 18th International Conference on Engineering Design (ICED 11), 2011.

[64] Kees Dorst, Judith Dijkhuis. Comparing Paradigms for Describing Design Activity[J]. Design Studies, 1995, 16(2).

[65] Goldschmidt, G. , and Weil, M. Contents and Structure in Design Reasoning[J]. Design Issues, 1998, 14(3): 85−100.

[66] Goldschmidt, G. the Dialectics of Sketching[J]. Creativity Research. 1991, 4(2): 123−143.

[67] Hillier, B. A Note on the Intuiting of Form: Three Issues in the Theory of Design[J]. Environment and Planning B: Planning and Design, 1998, 25: 37−40.

[68] Masaki Suwa, Barbara Tversky. What do Architects and Students Perceive in Their Design Sketches? a Protocol Analysis[J]. Design Studies, 1997, 18(4).

[69] Schön D. A. Designing as Reflective Conversation with the Materials of a Design Situation[J]. 1992, 5(1).

[70] Gabriela Goldschmidt. the Designer as a Team of One[J]. Design Studies, 1995, 16(2).

[71] Remko van der Lugt. Developing a Graphic Tool for Creative Problem Solving in Design Groups[J]. Design Studies, 2000, 21(5).

[72] David Botta, Robert Woodbury. Predicting Topic Shift Locations in Design Histories[J]. Research in Engineering Design, 2013, 24(3).

[73] 田友谊. 西方创造力研究 20 年：回顾与展望 [J]. 国外社会科学, 2009(2): 122−130.

[74] Gabriela Goldschmidt, Dan Tatsa. How good are good ideas? Correlates of design creativity[J]. Design Studies, 2005, 26(6).

[75] 钟祖荣. 近 20 年西方创造力研究进展：心理学的视角 [J]. 北京教育学院学报 ( 自然科学版 ), 2012, 7(4): 23−29.

[76] T. J. Howard, S. J. Culley, E. Dekoninck. Describing the Creative Design Process by the Integration of Engineering Design and Cognitive Psychology Literature[J]. Design Studies, 2008, 29(2).

[77] 贾绪计, 林崇德. 创造力研究：心理学领域的四种取向 [J]. 北京师范大学学报 ( 社会科学版 ), 2014(1): 61−67.

[78] Eysenck, Hans J. Creativity and Personality: Suggestions for a Theory[J]. Psychological Inquiry, 1993, 4(3): 147−178.

[79] 张亚坤, 陈龙安, 张兴利等. 融合视角下的西方创造力系统观 [J]. 心理科学进展, 2018, 26(5): 810−830.

[80] Sternberg R. J. the Assessment of Creativity: an Investment−based Approach[J]. Creativity Research Journal, 2012, 24(1): 3−12.

[81] K. L. 凯特纳, 张留华. 查尔斯·桑德斯·皮尔士: 物理学家而非哲学家 [J]. 世界哲学, 2005(6): 107−112.

[82] Nigel Cross, Anita Clayburn Cross. Observations of Teamwork and Social Processes in Design[J]. Design Studies, 1995, 16(2).

[83] Rianne Valkenburg, Kees Dorst. the Reflective Practice of Design Teams[J]. Design Studies, 1998, 19(3).

[84] Paulus, P. B. Groups, Teams, and Creativity: the Creative Potential of Idea−generating Groups[J]. Applied Psychology: An International Review, 2000(49): 237−262.

[85] Elizabeth B. −N. Sanders & Pieter Jan Stappers. Co−creation and the New Landscapes of Design[J], CoDesign, 2008(4): 5−18.

[86] Maaike Kleinsmann. Barriers and Enablers for Creating Shared Understanding in Co−Design Projects[J]. Design Studies, 2008, 29(4).

[87] Marc Steen, Co−Design as a Process of Joint Inquiry and Imagination[J]. Design Studies, 2013, 29(2).

[88] Kees Dorst. The Core of "Design Thinking" and its Application[J]. Design Studies, 2011, 32(6).

[89] 姬志闯. 经验、语言与身体: 美学的实用主义变奏及其当代面向 [J]. 哲学研究, 2017(6): 113−119.

[90] Carl DiSalvo, Design and the Construction of Publics[J]. Design Issues, 2009, 25(1): 48−63.

[91] Marc Steen, Co−Design as a Process of Joint Inquiry and Imagination[J]. Design Studies, 2013, 29(2).

[92] 杨修志. 浅析杜威对"经验"与"理性"概念的改造 [J]. 汉字文化, 2018(18): 100−

101.

[93] 陈亚军. 实用主义研究四十年——基于个人经历的回顾与展望 [J]. 天津社会科学, 2017(5): 33-39.

[94] 刘放桐. 重新认识杜威的"实用主义" [J]. 探索与争鸣, 1996(8): 46-48.

[95] 赵国庆, 陆志坚. "概念图"与"思维导图"辨析 [J]. 中国电化教育, 2004(8): 42-45.

[96] 赵国庆. 概念图、思维导图教学应用若干重要问题的探讨 [J]. 电化教育研究, 2012, 33(5): 78-84.

[97] 徐洪林, 康长运, 刘恩山. 概念图的研究及其进展 [J]. 学科教育, 2003(3): 39-43.

[98] Goldstein, J. Concept Mapping, Mind Mapping and Creativity: Documenting the Creative Process for Computer Animators[J]. SIGGRAPH Comput. Graph. 2001, 35(2): 32-35.

[99] 希建华, 赵国庆, 约瑟夫·D. 诺瓦克. "概念图"解读: 背景、理论、实践及发展——访教育心理学国际著名专家约瑟夫·D. 诺瓦克教授 [J]. 开放教育研究, 2006(1): 4-8.

[100] Goldstein, J. Concept Mapping, Mind Mapping and Creativity: Documenting the Creative Process for Computer Animators[J]. SIGGRAPH Comput. Graph. 2001, 35(2): 32-35.

[101] 朱学庆. 概念图的知识及其研究综述 [J]. 上海教育科研, 2002(10): 31-34.

[102] Darke Jane. the Primary Generator and the Design Process[J]. 1979, 1(1).

[103] Masaki Suwa, Terry Purcell, John Gero. Macroscopic Analysis of Design Processes Based on a Scheme for Coding Designers' Cognitive Actions[J]. Design Studies, 1998, 19(4).

[104] 陈超萃. 认知科学与建筑设计: 解析司马贺的思想片段之二 [J]. 台湾建筑, 2015.

[105] Suwa, M. Content-oriented Protocol Analysis Coding Scheme[J]. Key Centre of Design Computing and Cognition. 1998.

[106] Masaki Suwa, John Gero, Terry Purcell. Unexpected Discoveries and S-invention of Design Requirements: Important Vehicles for a Design Process[J]. Design Studies, 2000, 21(6).

[107] Günther, J. , E. Frankenberger, and P. Auer. Investigation of Individual and Team Design

Processes[J]. In Analysing Design Activity, ed. N. Cross, H. Christiaans, and K. Dorst. Wiley. 1996：117−132.

[108] John S. Gero, Udo Kannengiesser. the Situated Function−Behaviour−Structure Framework[J]. Design Studies, 2003, 25(4).

[109] Masaki Suwa, Barbara Tversky. What do Architects and Students Perceive in their Design Sketches? a Protocol Analysis[J]. Design Studies, 1997, 18(4).

[110] Remko van der Lugt. Developing a Graphic Tool for Creative Problem Solving in Design Groups[J]. Design Studies, 2000, 21(5).

[111] Remko van der Lugt, R. Brainsketching and How it Differs from Brainstorming[J]. Creativity and Innovation Management, 2002(11): 43−54.

[112] Netinant, P. , Elrad, T. & Fayad, M. E. a Layered Approach to Building Open Aspect−Oriented Systems: a Framework for the Design of On−demand System Demodularization[J]. Communcation ACM, 2001, 44(10): 83−85.

[113] Peeters, M. , Tuijl, H. , Reymen I. , Rutte C. the Development of a Design Behavior Questionnaire for Multidisciplinary Teams[J]. Design Studies, 2007, 28(6): 623−643.

[114] Malone, T. W. and K. Crowston, the Interdisciplinary Study of Coordination[J]. ACM Computing Survey, 1994, 26(1): 87−119.

[115] Simon Austin, Andrew Baldwin, Baizhan Li, Paul Waskett. Analytical Design Planning Technique: a Model of the Detailed Building Design Process[J]. Design Studies, 1999, 20(3).

[116] Nigel Cross, Anita Clayburn Cross. Observations of Teamwork and Social Processes in Design[J]. Design Studies, 1995, 16(2).

[117] Newton D'souza. Investigating Design Thinking of a Complex Multidisciplinary Design Team in a New Media Context: Introduction[J]. Design Studies, 2016, 46.

[118] 侯悦民, 季林红. 设计科学：从规范性到描述性 [J]. 科技导报, 2017, 35(22): 25−34.

[119] Hansson S O. Decision Theory: a Brief Introduction[J]. Techniques of Automation &

Applications, 2005, 12(3): 1−94.

[120] Baron J. the Point of Normative Models in Judgment and Decision Making[J]. Frontiers in Psychology, 2012(3): 577. doi: 10. 3389fpsyg. 2012. 00577. 2012: 1−7.

[121] Grant D P. Design Methodology and Design Methods[J]. Design Methods and Theories, 13(1): 46−47.

[122] Papalambros P Y. Design science: Why, What and How[J]. Design Science, 2015(1): 1−38.

2. 学位论文

[1] 赵伟 . 广义设计学的研究范式危机与转向——从"设计科学"到"设计研究"[D]. 天津：天津大学 , 2012.

[2] 王俊文 . 系统思维下以主题为基础的知识文件模型 [D]. 台北：国立台湾科技大学 , 2007.

[3] 黄英修 . 设计早期阶段构想发展的认知行为及电脑模拟之研究 [D]. 新竹：台湾国立交通大学 , 1999.

[4] [4] Adams R S. Cognitive Processes in Iterative Design Behavior[D]. NY: University of Washington, 2001: 3−81.

[5] 黄英修 . 从专家、风格到创造力的形成过程之认知行为探讨 [D]. 新竹：台湾国立交通大学 , 2005.

[6] Gryskiewicz, S. S. a Study of Creative Problem Solving Techniques in Group Settings[D]. University of Lodon, 1980.

[7] 林颖谦 . 情境故事法对跨领域合作设计的影响——以使用者导向创新设计课程为例 [D]. 台湾：国立台湾科技大学设计研究所 , 2010.

[8] 陈政祺 . 专家设计师搜寻策略之设计思考研究 [D]. 新竹：台湾国立交通大学 , 2000.

[9] Remko van der Lugt, R. Sketching in Design Idea Generation Meetings[D]. Faculty of Industrial Design, Delft University of Technology, 2001.

3. 其他

[1] 林慧君. 思维可视化及其技术特征 [C]. 中国人工智能学会计算机辅助教育专业委员会. 计算机与教育：实践、创新、未来——全国计算机辅助教育学会第十六届学术年会论文集. 中国人工智能学会计算机辅助教育专业委员会：中国人工智能学会计算机辅助教育专业委员会, 2014: 708-713.

[2] Behdad S, Berg L P, Thurston D, et al. Synergy between Normative and Descriptive Design Theory and Methodology[C]//Proceedings of the ASME 2013 International Design Engineering Technical Conferences and Computers and Information in Engineering Conference IDETC/ CIE 2013, August 4-7, 2013, Portland, Oregon, USA, 1-15.

[3] Philosophy Index-normative[EB/OL]. 2017-07-10.

[4] List C. Levels: Descriptive, Explanatory, and Ontological[EB/OL]. 2016.

[5] Hatchuel A, Weil B. C-K theory: Notions and Applications of a Unified Design Theory[C]//Herbert Simon International Conference on "Design Science". Lyon (France), 15-16 March 2002, 1-22.